新印象

NEW IMPRESSION

怪客小嘉 编著

Premiere Pro CC 2018 短视频剪辑基础与实战

400分钟 教学视频

人民邮电出版社
北京

图书在版编目（CIP）数据

新印象Premiere Pro CC 2018短视频剪辑基础与实战/
怪客小嘉编著. -- 北京 : 人民邮电出版社, 2021.1（2021.11重印）
ISBN 978-7-115-53515-3

Ⅰ. ①新… Ⅱ. ①怪… Ⅲ. ①视频编辑软件 Ⅳ.
①TP317.53

中国版本图书馆CIP数据核字(2020)第039505号

内容提要

本书是一本能让读者高效掌握短视频剪辑技法的教程。全书共7章，主要介绍Premiere在短视频剪辑中的必备工具和操作技法，短视频剪辑的核心思路和常用技法，并用两个电影感短视频剪辑实训进行综合练习。本书还对自媒体网络节目的运营和剪辑注意事项做了介绍，并通过真实案例进行剖析。

本书在内容讲解过程中加入了较多实用的提示。这些提示是作者在工作中积累的技术经验或行业的相关规则，可以帮助读者快速了解互联网短视频的创作思维和剪辑技巧。除此之外，本书还提供了在短视频剪辑过程中Premiere常见问题的解决办法，详情见附录。

为方便读者学习，随书附赠案例的素材文件、实例文件、效果文件和在线教学视频。

本书适用于自媒体视频创作人士和有Premiere视频剪辑基础的初、中级人员阅读。本书内容是在Premiere Pro CC 2018的基础上进行编写的，请读者安装相同或更高的软件版本来学习。

◆ 编　　著　怪客小嘉
　责任编辑　张丹阳
　责任印制　马振武
◆ 人民邮电出版社出版发行　　北京市丰台区成寿寺路11号
　邮编　100164　　电子邮件　315@ptpress.com.cn
　网址　https://www.ptpress.com.cn
　天津图文方嘉印刷有限公司印刷
◆ 开本：787×1092　1/16
　印张：11.75　　　　2021年1月第1版
　字数：359千字　　　2021年11月天津第3次印刷

定价：129.80元

读者服务热线：(010)81055410　印装质量热线：(010)81055316
反盗版热线：(010)81055315
广告经营许可证：京东市监广登字20170147号

精 彩 案 例 展 示

2.9 添加字幕 051

教学视频	添加字幕	学习目标	掌握添加字幕的方法

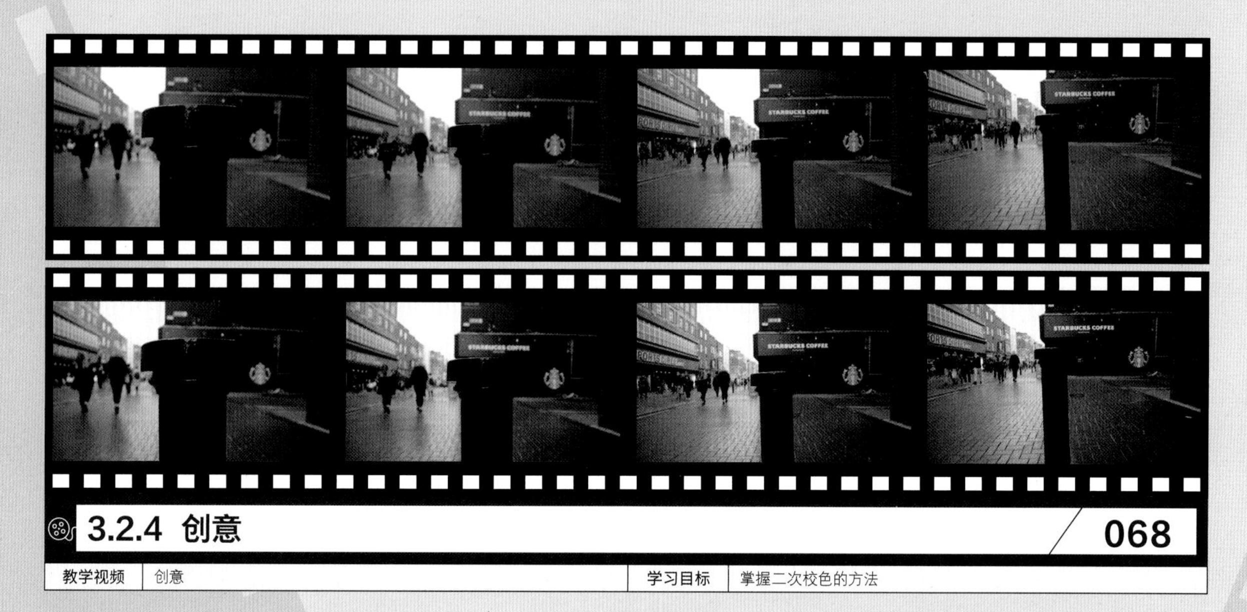

3.2.4 创意 068

教学视频	创意	学习目标	掌握二次校色的方法

3.2.5 HSL辅助 070

教学视频	HSL辅助	学习目标	掌握“HSL辅助”功能的使用方法

精 彩 案 例 展 示

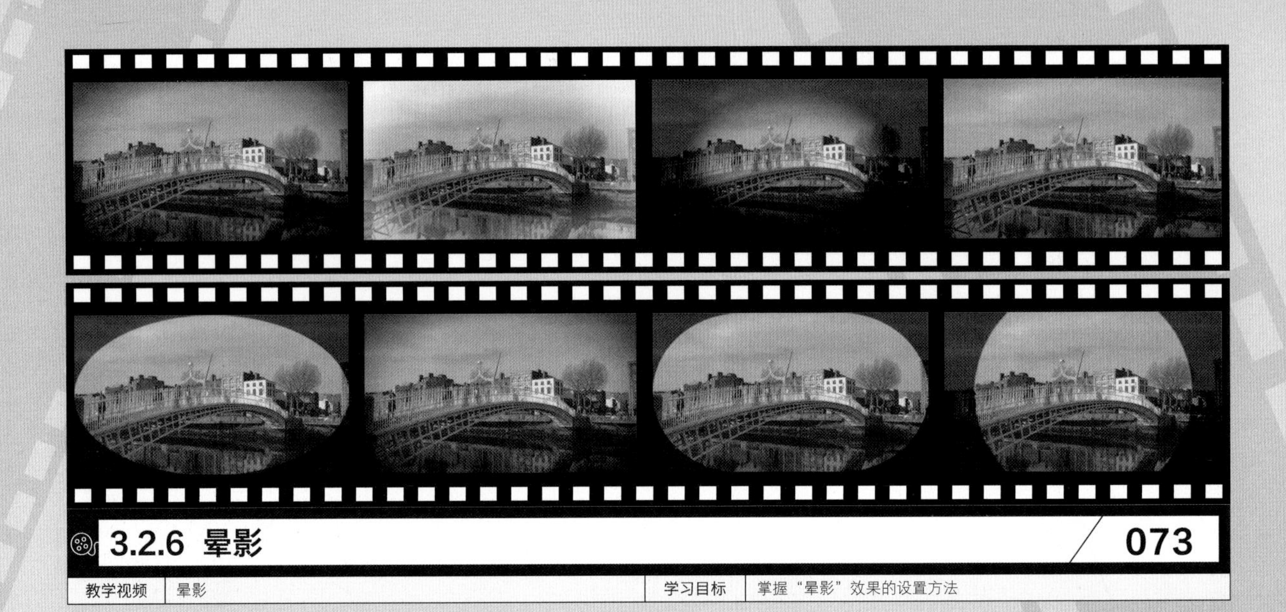

3.2.6 晕影 073

教学视频	晕影	学习目标	掌握"晕影"效果的设置方法

3.2.8 使用JW LUT进行调色 076

教学视频	使用JW LUT进行调色	学习目标	掌握JW LUT的使用方法

4.3.1 拉镜转场 108

教学视频	拉镜转场	学习目标	掌握拉镜转场的设置方法

精　彩　案　例　展　示

4.3.5 渐变擦除转场 119

教学视频	渐变擦除转场	学习目标	掌握渐变擦除转场的设置方法

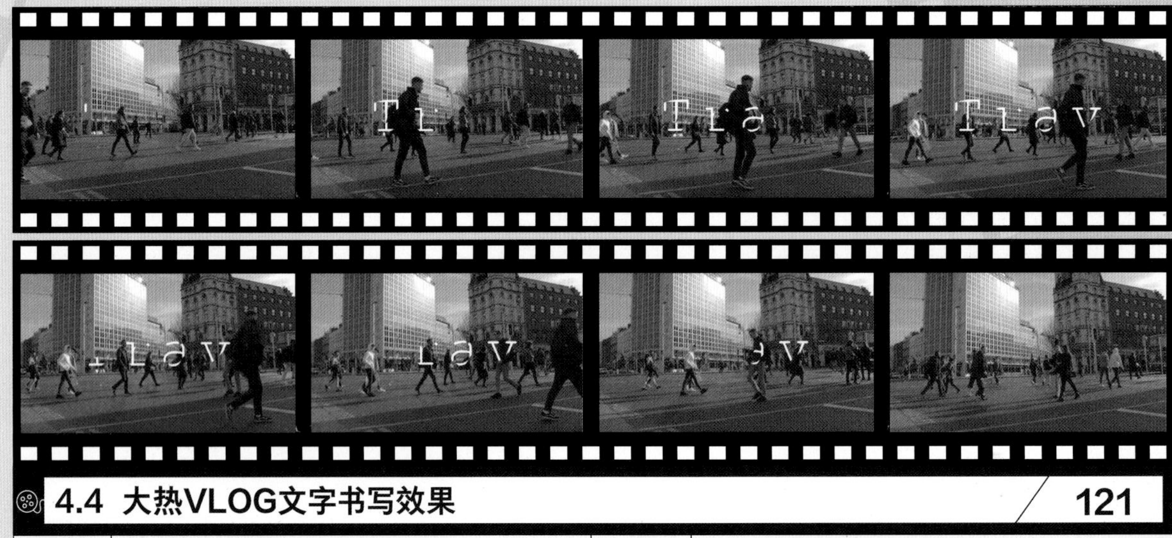

4.4 大热VLOG文字书写效果 121

教学视频	大热VLOG文字书写效果	学习目标	掌握文字书写效果的制作方法

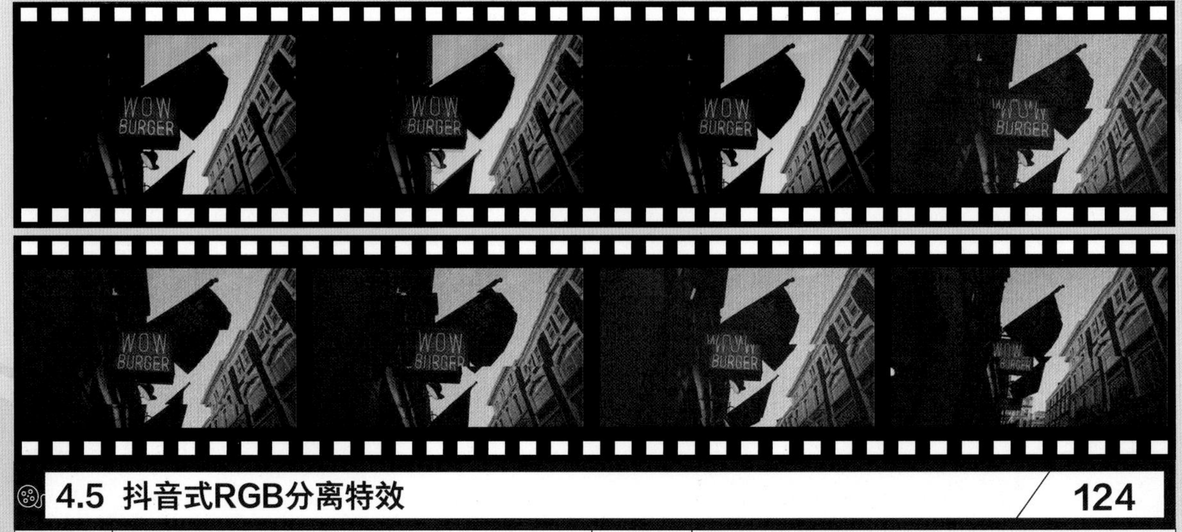

4.5 抖音式RGB分离特效 124

教学视频	抖音式RGB分离特效	学习目标	掌握RGB分离特效的制作方法

精　彩　案　例　展　示

5.1 欧洲印象·街巷随拍剪辑　130

教学视频	欧洲印象·街巷随拍剪辑	学习目标	掌握短视频的制作方法

5.2 随性生活•说走就走的旅拍剪辑

教学视频	随性生活•说走就走的旅拍剪辑	学习目标	掌握短视频的制作方法

导 读

版式说明

文件索引：文件位置，读者可以通过书中路径在学习资源中找到对应的文件，并根据需求来使用这些文件。

步骤：图文结合的讲解，帮助读者厘清制作思路和熟练掌握操作方法。

教学视频：相关剪辑技术和短视频制作的教学视频，读者可以边看边学习。

效果二维码：相关剪辑技术和短视频的剪辑效果，读者可以扫码观看。

标示文字：重要的知识点或操作要点，书中有淡紫色色条，可以提示读者接下来的操作目的和厘清整个操作的流程。

提示：短视频剪辑过程中的相关操作技巧、参数设置建议和相关规则，帮助读者快速提升操作水平和适应行业要求。

视频静帧展示：剪辑实例的最终效果图展示。静帧图片让读者预览当前操作技术的效果，帮助读者有目标地学习接下来的知识。

学习建议

在阅读过程中，发现有生涩难懂的内容时，请观看教学视频，视频中有详细的操作演示和延伸讲解。

书中的“单击”“双击”，均默认使用鼠标左键操作。

读者完成书中实例和剪辑操作后，可以根据自己的想法对当前文件进行修改，也可以用当前文件制作自己想要的效果，并在“短视频剪辑学习交流群”中讨论相关问题。

在学完某个内容后，读者可以用生活中随处可见的对象巩固练习。

前言

关于短视频的剪辑

互联网的不断发展，使在线视频已经成了网络分享的主流形式。4G网络的普及，使短视频的舞台也变得越来越大。那么短视频剪辑的技术重心在哪？视频剪辑师应该追求剪辑速度还是片子质量？为什么选择操作难度偏高的Premiere？这是很多人都提出过的疑问。

短视频是影视剪辑的缩影，它的重点在于视频的故事感和情绪节奏。不同于After Effects视频效果，使用Premiere进行短视频剪辑的重点不是各种特效，而是各个镜头之间的联系、整个短视频的故事完整性和情绪的表达、视频色调及内容与音频节奏的搭配等。

关于本书

本书共分为7章。为了方便读者更好地学习，本书所有操作性内容均有**教学视频**。

第1章：快速进入剪辑状态，主要介绍Premiere的工作界面和操作逻辑，择重点讲解在短视频剪辑中Premiere常用的工具和功能。

第2章：短视频剪辑的流程与基本技术，主要介绍短视频的剪辑流程和剪辑思路，并重点讲解在剪辑流程中各环节常用的剪辑工具和操作技法。

第3章：短视频的精剪技术，主要介绍如何提高短视频的画面和声音质量，包括视频调色、音频色值调整、音效控制、添加水印、制作动态图形、稳定抖动的画面、制作21：9宽屏视频和代理剪辑工作流等内容。

第4章：短视频的流行剪辑技法，主要介绍短视频的各种添加效果和剪辑技法，包括根据背景音乐剪辑、慢动作与升格、流行的转场、文字书写效果、抖音式RGB分离、老电影效果和电视彩条等制作方法。

第5章：电影感短视频剪辑实训，主要介绍如何通过整理、排列、调色、音频处理和添加效果等全流程操作对一系列素材视频进行剪辑工作，包括两个综合短片实例。

第6章：自媒体网络节目秘籍，主要介绍自媒体网络视频的运营模式和相关规则，以及视频剪辑技巧及注意事项，帮助读者剪辑出高质量的短视频。

第7章：自媒体网络视频案例剖析，主要介绍如何真正地将本书所讲解的视频剪辑技术、思路与真实网络视频平台的运作机制相结合，制作出有价值的视频。

附录A：Premiere常见问题解决办法，主要介绍在短视频剪辑过程中Premiere常见问题的解决办法。

作者感言

随着“用短视频分享生活”与“人人皆是自媒体”的热潮越来越火，视频制作也从一项职业行为发展为普通人也可以完成的日常娱乐项目。作为一个独立的视频制作人，我很早就对Premiere 这款软件开始了钻研，也总结了不少技巧与心得。此次非常荣幸地得到了人民邮电出版社有限公司数字艺术出版分社的邀请，编写这本短视频剪辑技术的教程。我由衷地想把一些当下主流的软件操作流程与剪辑技巧分享给广大读者，于是本着“手把手教学”的初衷，着重加入了一些自媒体视频制作与运营的经验，希望对具备一定视频剪辑基础且想要自行开创自媒体网络频道的读者有一定的帮助。

编者

2019年10月

资源与支持

本书由“数艺设”出品，“数艺设”社区平台（www.shuyishe.com）为您提供后续服务。

配套资源

素材文件：提供实例制作所用素材，读者可下载后自行练习。

实例文件：提供实例文件的源文件，读者可详细观察各参数的具体设置。

效果文件：提供实例文件的效果文件，读者扫描实例旁的二维码观看效果。

在线教学视频：提供案例制作的教学视频，读者扫描案例旁的二维码观看在线教学视频。

资源获取请扫码

“数艺设”社区平台 为艺术设计从业者提供专业的教育产品

与我们联系

我们的联系邮箱是 szys@ptpress.com.cn。如果您对本书有任何疑问或建议，请您发邮件给我们，并请在邮件标题中注明本书书名及ISBN，以便我们更高效地做出反馈。

如果您有兴趣出版图书、录制教学课程，或者参与技术审校等工作，可以发邮件给我们；有意出版图书的作者也可以到“数艺设”社区平台在线投稿（直接访问 www.shuyishe.com 即可）。如果学校、培训机构或企业想批量购买本书或“数艺设”出版的其他图书，也可以发邮件联系我们。

如果您在网上发现针对“数艺设”出品图书的各种形式的盗版行为，包括对图书全部或部分内容的非授权传播，请您将怀疑有侵权行为的链接通过邮件发给我们。您的这一举动是对作者权益的保护，也是我们持续为您提供有价值的内容的动力之源。

关于“数艺设”

人民邮电出版社有限公司旗下品牌“数艺设”，专注于专业艺术设计类图书出版，为艺术设计从业者提供专业的图书、U书、课程等教育产品。出版领域涉及平面、三维、影视、摄影与后期等数字艺术门类，字体设计、品牌设计、色彩设计等设计理论与应用门类，UI设计、电商设计、新媒体设计、游戏设计、交互设计、原型设计等互联网设计门类，环艺设计手绘、插画设计手绘、工业设计手绘等设计手绘门类。更多服务请访问“数艺设”社区平台www.shuyishe.com。我们将提供及时、准确、专业的学习服务。

目 录

目 录

第4章 短视频的流行剪辑技法

第5章 电影感短视频剪辑实训

目 录

第6章 自媒体网络节目秘籍

第7章 自媒体网络视频案例剖析

第 1 章

快速进入剪辑状态

视频剪辑，顾名思义是对视频素材长度的剪裁和建立在现有素材基础上的编辑，即消去不需要向观众展示的部分，完成影片故事的流畅讲述，并对视觉、听觉层面的表现力进行增强与修饰。视频剪辑是一个流程式的工作，快速进入状态是尤为重要的。本章主要介绍剪辑工作的必备条件，以帮助读者迅速进入剪辑流程。

1.1 素材是必备条件

作者发现很多读者在刚开始使用素材进行剪辑的时候，会陷入不少误区或产生不正确的心态，例如，“Premiere的功能很强，不管素材是什么样的，都能剪出一个像样的东西”“素材只有这么多，就将就着用吧，反正后期要剪”“这个视频不好看，都是剪辑人员的问题”。

上述例子都是过度夸大Premiere功能性的错误理念。这些理念会让视频制作者陷入一种困境，从而阻碍视频创作者的进步。事实上，如果前期拍摄的视频片段（素材）自身属性很差，例如，曝光、构图、白平衡、噪点、稳定性（抖动）或画面趣味度存在不足，都可能导致视频制作的最后一步——视频剪辑以不满意告终。因此，在视频剪辑中遇到难题的时候，不妨回头想一想前期素材的拍摄有哪些需要改进的地方，千万不能陷入“因为吃了十个饼饱了，就把功劳全部给第十个饼”的误区。

综上所述，视频剪辑的素材一定要精挑细选，甚至需要在打开软件之前就根据视频的后期需求进行选择。下面列举几种明显不合格的素材。

第1种：过度欠曝或过曝、白平衡失衡（过度偏黄/蓝/红/绿）、画面过度抖动，以及满画面噪点等一切因技术原因而违背初始创作意图的素材。使用这种素材不仅会增大后期编辑的工作量，还达不到预想的效果。

第2种：不符合故事基调的素材。使用这种素材会使整个影片失去中心主题，让观众或客户产生疑惑，甚至抵触。例如，在制作现代都市感主题宣传影片中加入顺手拍摄的老巷子，在制作校园生活影片时插入喧哗的酒吧，以及在咖啡店广告片中大幅加入店内的器材设备而不是侧重体现店内产品与文化，这都是不可取的。

除此之外，读者一定要记住，并不是使用的素材越多，剪辑的效果越好。

提示 视频素材的来源是多样化的。剪辑师使用的素材可以是商用电影机、单反/微单相机、DV等大型设备拍摄的视频，也可以是手机、GoPro等小型设备录制的视频，甚至可以是近年来风靡的无人机航拍视频。也就是说，所有具备捕捉动态影像功能的设备生成的视频都可以是后期视频剪辑的素材来源。

1.2 新建视频剪辑项目

可能很多没有使用过Premiere软件的读者会对“项目”这个词有点陌生，以至于打开软件之后不知道怎么新建一个任务。其实Premiere中的“项目”就代表着其他非专业软件里面的任务或文件。视频或影片的后期制作工序是一个多元化、混合性的项目实施过程，包含对画面的处理、对色彩的设计、对动态图形的设计、对特效的制作，以及对人声、背景音乐和音效等内容的调整与设计。一个极为专业的制作团队可能会将这些工序分给不同的人去做，如剪辑师、调色师和音频工程师，每次的编辑都属于一次工程项目。

启动Premiere，系统会自动打开“开始”对话框，项目类型包含“项目”和“团队项目”两种。读者可以简单地将前者理解为个人工作项目，将后者理解为团队工作项目，如图1-1所示。读者可以直接选择“新建项目”来进行学习。另外，对话框右侧会显示最近打开的一些项目，读者可以直接单击项目来进入相应项目。

图1-1

选择“新建项目”后，打开“新建项目”对话框，读者可以对项目的名称、存储位置和渲染程序进行设置。设置“名称”为“项目1”（序号）；设置“位置”为比较容易找到的存储位置，若无特殊要求可保持默认；设置“渲染程序”为拥有GPU加速功能的程序，例如作者使用的是“Mercury Playback Engine GPU加速（OpenCL）”；单击“确定”按钮确定，如图1-2所示。此时，就会进入Premiere的工作界面。

提示 Premiere还支持NVIDIA的“CUDA加速”。总之，只要读者的计算机硬件支持Premiere的渲染加速功能，就会有相应的加速选项可供选择。开启加速功能可以使整个Premiere的剪辑过程和最终的渲染过程变得非常流畅，避免在剪辑过程中出现卡顿与闪退等现象。其他选项对剪辑的影响并不是很大，保持默认即可。

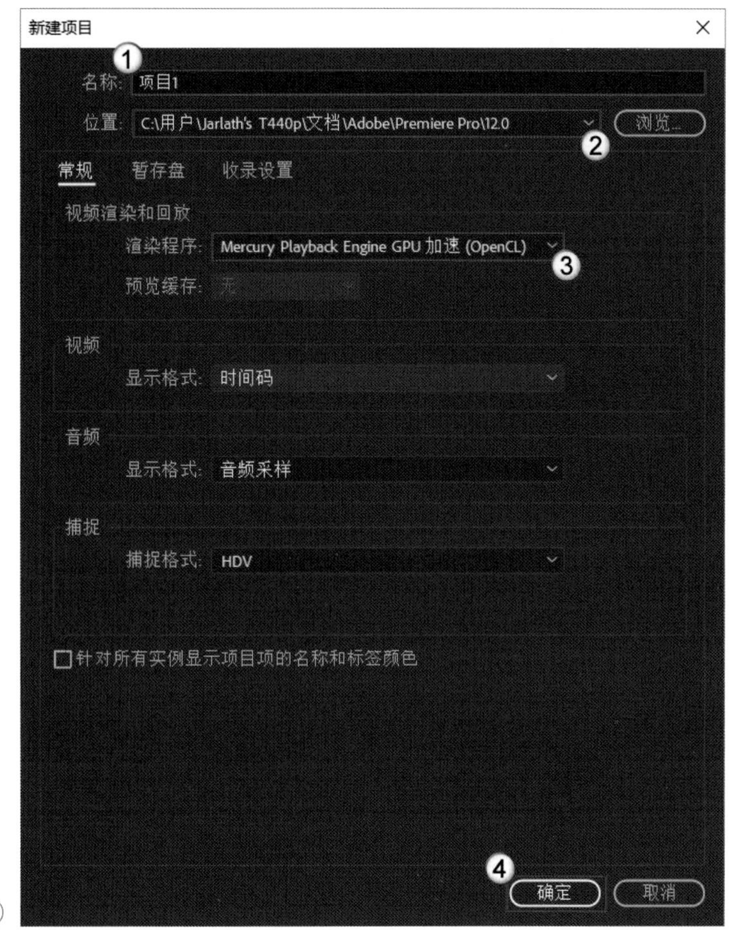

图1-2

1.3 认识Premiere工作界面

如果读者从来没有使用过任何Adobe公司（Premiere、Photoshop等软件的隶属公司）旗下的软件，现在一定会被眼前复杂的界面吓到。作为一个已经使用过数款相关专业软件的用户，作者在一开始看到这个操作界面的时候也被吓到了，甚至产生了要放弃学习该软件的想法。如果读者此时也有同样的感受，请先别急着放弃，其实它比想象中要简单许多。

1.3.1 三大工作面板与操作逻辑

素材文件	无	教学视频	三大工作面板与操作逻辑
实例文件	无	学习目标	掌握Premiere的界面组成

扫码看教学视频

启动Premiere，新建项目，即可打开工作界面。首先要申明一点：Premiere这款软件绝非仅面向影视制作的专业人士。读者之所以认为这款软件仅适用于专业人士，是因为大部分人已经习惯了单一工作区的操作逻辑，如Word，而Premiere的工作界面则像是由很多小工作面板无序拼接出来的，让人第一眼看上去就感觉不知道该从哪里下手。

事实上，Premiere的基本操作逻辑并非单一工作区，它是由三大工作面板组成的，分别是“项目”面板（序号①），“时间轴”面板（序号②）和“节目”面板（序号③），如图1-3所示。

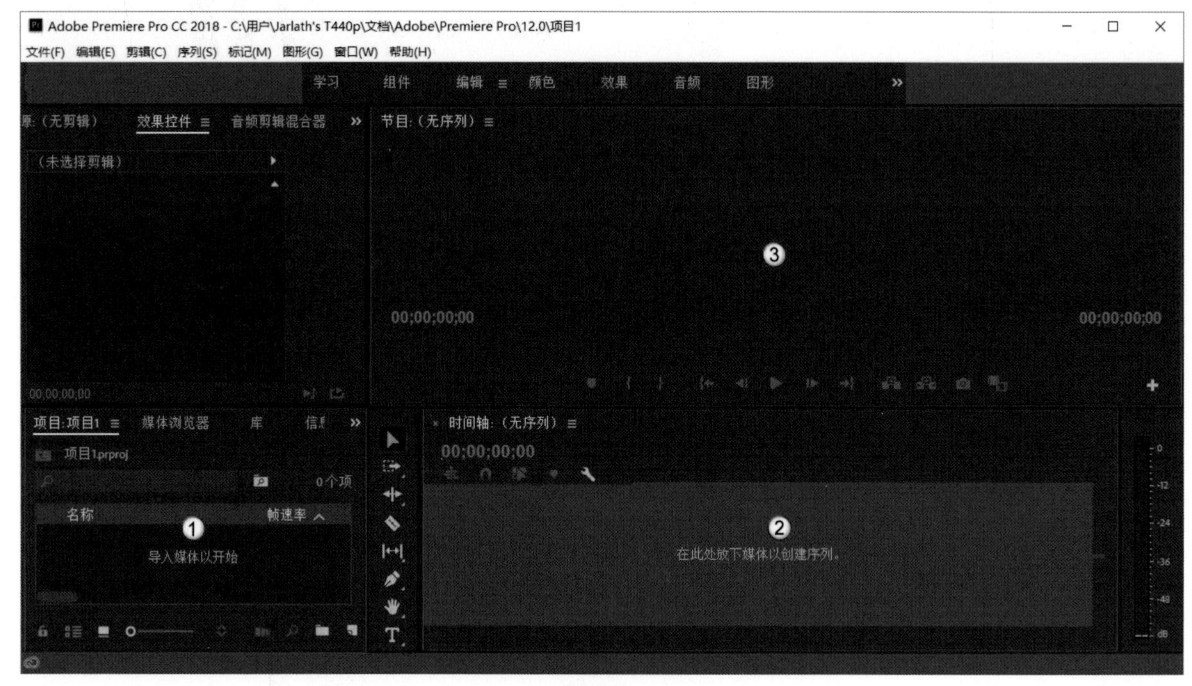

图1-3

①“项目”面板，即素材面板，显示导入的具体视频素材，即视频剪辑原材料（视频、音频）。

②“时间轴”面板，即序列面板，是整个视频剪辑项目的核心区域。视频素材的剪断、拼接、添加背景音乐和添加后期特效等工作都将在这一区域完成。

③“节目”面板，即回放面板，主要用于实时显示或播放目前剪辑的视频画面，方便剪辑师对视频或影片进行修改。

提示 如果将在Premiere中剪辑视频比作烹饪一道菜，那么“项目”面板就是厨房的备菜区，“时间轴”面板则是一口炒锅，“节目”面板则为我们的眼睛。因此，整个剪辑的过程就像是在备菜区整理好所有食材（处理素材），然后在炒锅里对食材进行翻炒加料（剪辑工作），最终用我们的眼睛来观察锅里的菜（预览效果）。

相信读者此时已经对Premiere多重工作面板的操作逻辑有了更加深刻的理解，甚至对这个复杂的软件产生了一丝兴趣。深层次理解软件的操作逻辑不仅能让读者更加了解软件设计师的设计思路，还能让读者更快速地接受并记忆软件的使用方式，而不至于每次使用软件时都需要去翻阅教学书籍，造成知而不通的困扰。这也是作者不用很长的篇幅来介绍软件各个角落的原因。

1.3.2 没有主工作区

扫码看教学视频

素材文件	无	教学视频	没有主工作区
实例文件	无	学习目标	掌握Premiere的各个工作区

工作区切换工具栏处于Premiere工作界面顶端，其中列出了“学习”“组件”“编辑”“颜色”“效果”“音频”“图形”工作区名称，如图1-4所示。除“学习”工作区是官方小技巧界面之外，其他工作区都是根据不同剪辑阶段的具体需求，对各工作面板进行了不同的设定和排布的。当执行不同的剪辑任务时，读者只需要进入与之对应的工作区即可。下面简单介绍一下重要的工作区，具体操作将在后续的内容中讲解。

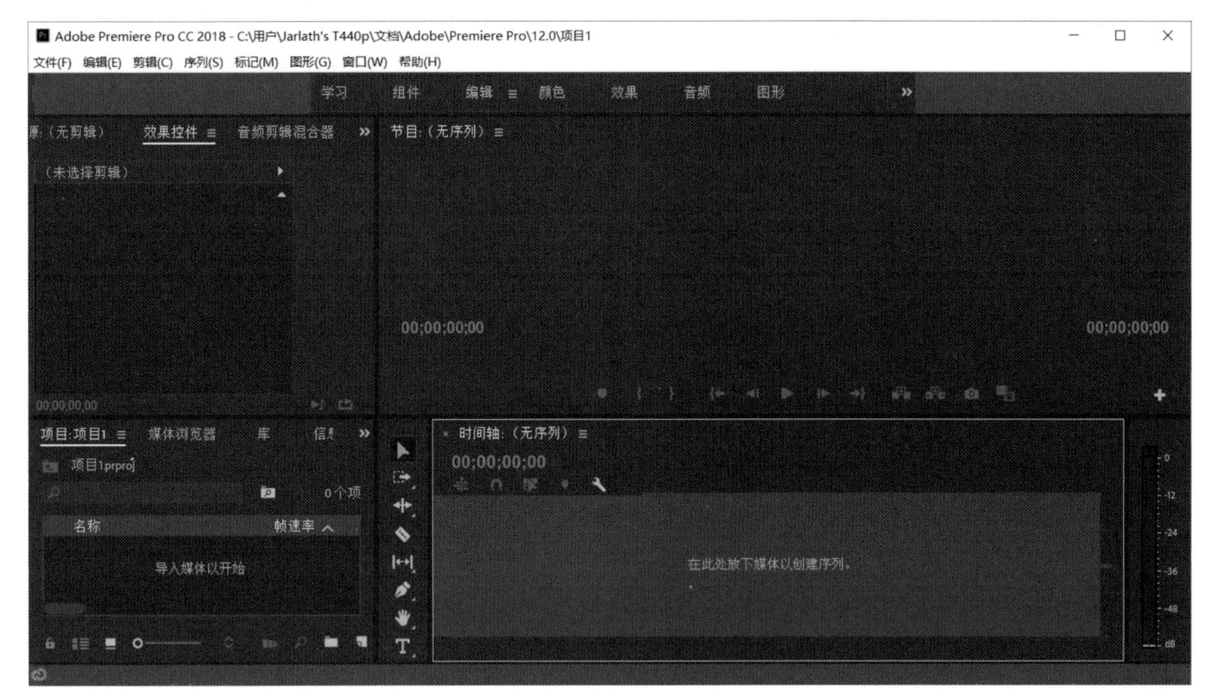

图1-4

“组件”工作区

“组件”工作区主要用于处理视频。进入“组件”工作区后，会看到“项目”面板被大幅度调大，如图1-5所示。这样非常方便读者导入和整理视频素材。因为“节目”面板和“时间轴”面板也同时存在于这一工作区，所以读者不仅可以导入和整理视频素材，还可以对视频素材进行基础剪辑。

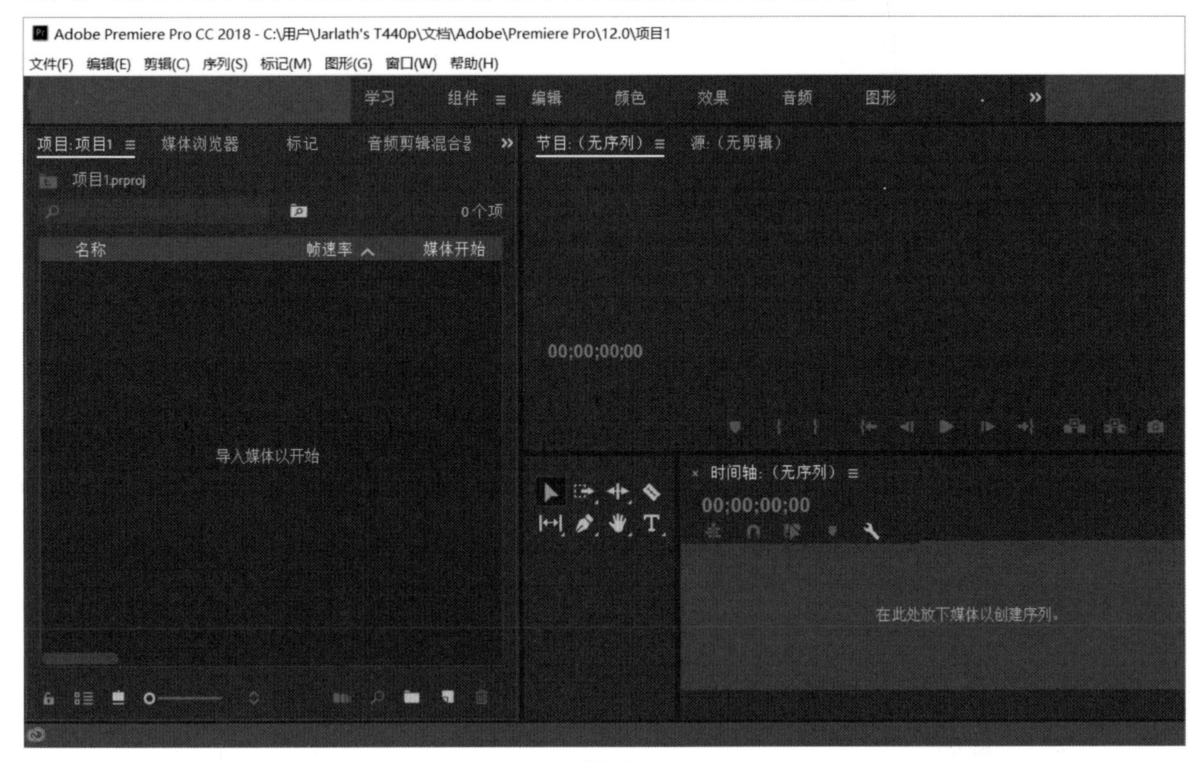

图1-5

“颜色”工作区

“颜色”工作区主要用于完成视频调色的工作。进入“颜色”工作区后，“Lumetri颜色”面板（调色主面板）与“Lumetri范围”面板（调色监视面板）就自动加入了工作区，如图1-6所示。

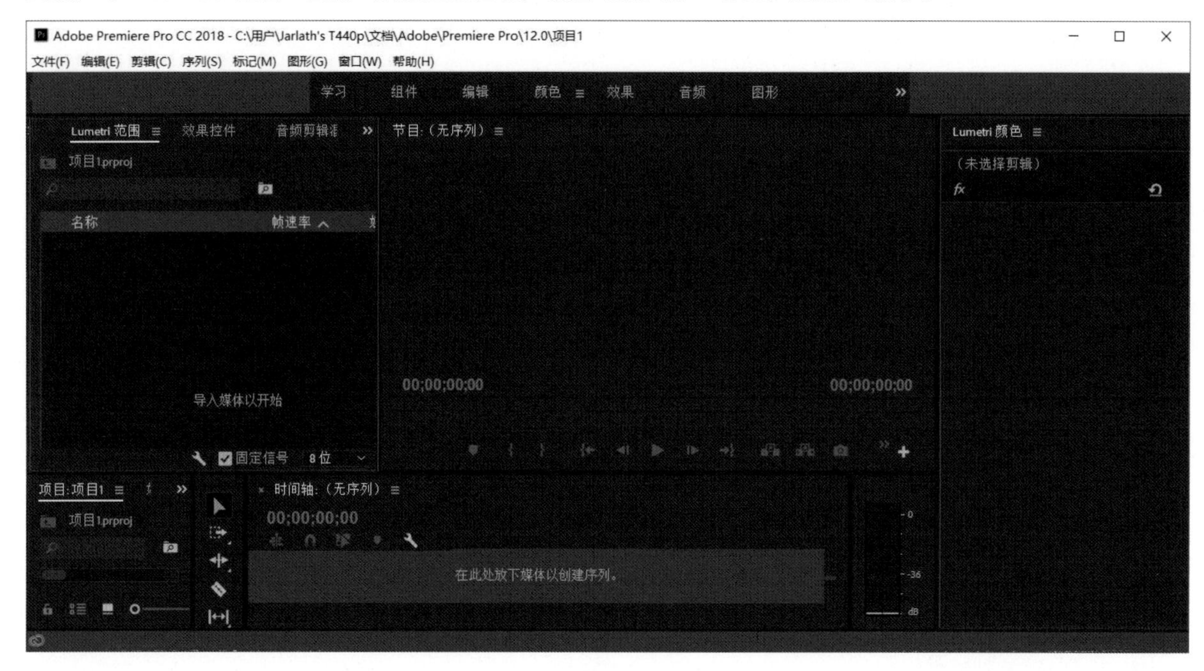

图1-6

“效果”工作区

“效果”工作区主要用于为视频添加后期效果。进入“效果”工作区后，“效果”面板（后期特效搜索与添加面板）与“效果控件”面板（效果设置面板）就自动加入了工作区，如图1-7所示。

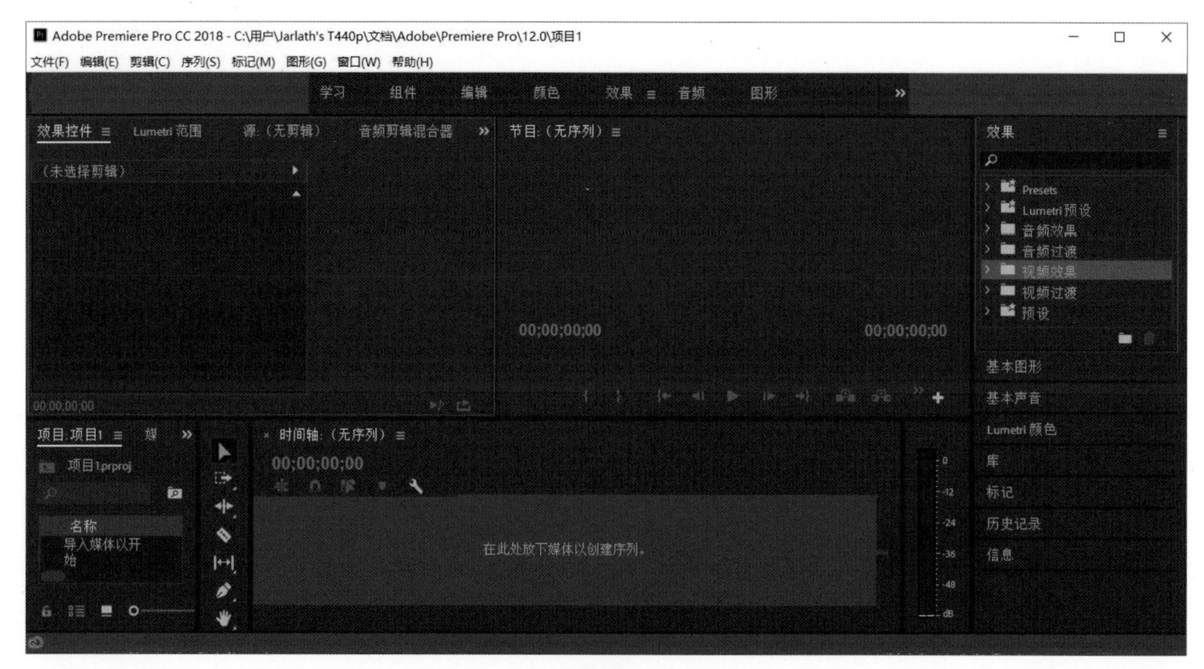

图1-7

“音频”工作区

“音频”工作区主要用于调整视频的声音效果。进入“音频”工作区后，“音轨混合器”面板（调音面板）就自动加入了工作区，如图1-8所示。

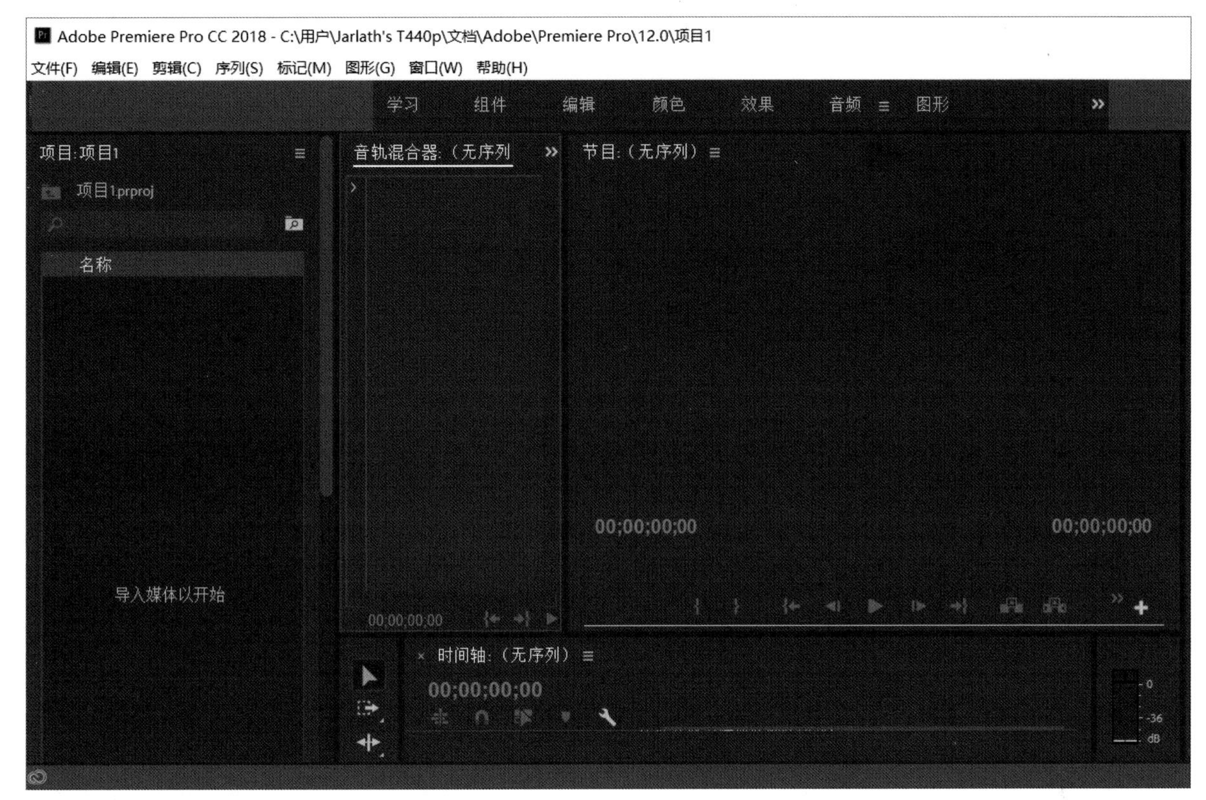

图1-8

提示 Premiere的剪辑过程不是固定在单一工作区中作业的，而是在不同的工作区来回切换，然后搭配不同的面板对视频的画面、声音和特效内容等进行高效率处理。这也是将Premiere说成是没有主工作区的软件的原因。

1.4 导入视频素材

在学习导入视频素材之前，请大家注意一点：虽然此处叫“导入素材”，但文件并没有被真正地放入Premiere或项目文件中，只是以一种类似于链接的形式存在。因此，如果硬盘中的文件被删除，那么项目文件将无法成功链接到这些文件。导入视频素材的方法主要有3种，下面依次介绍。

1.4.1 在“项目”面板中导入

扫码看教学视频

素材文件	素材文件>CH01>视频素材	教学视频	在“项目”面板中导入
实例文件	无	学习目标	掌握导入素材的方法

切换到“组件”工作区，在“项目”面板中右击，在弹出的快捷菜单中选择“导入”命令，在弹出的“导入”对话框中选择视频素材文件，单击“打开”按钮 打开(O) ，如图1-9所示。

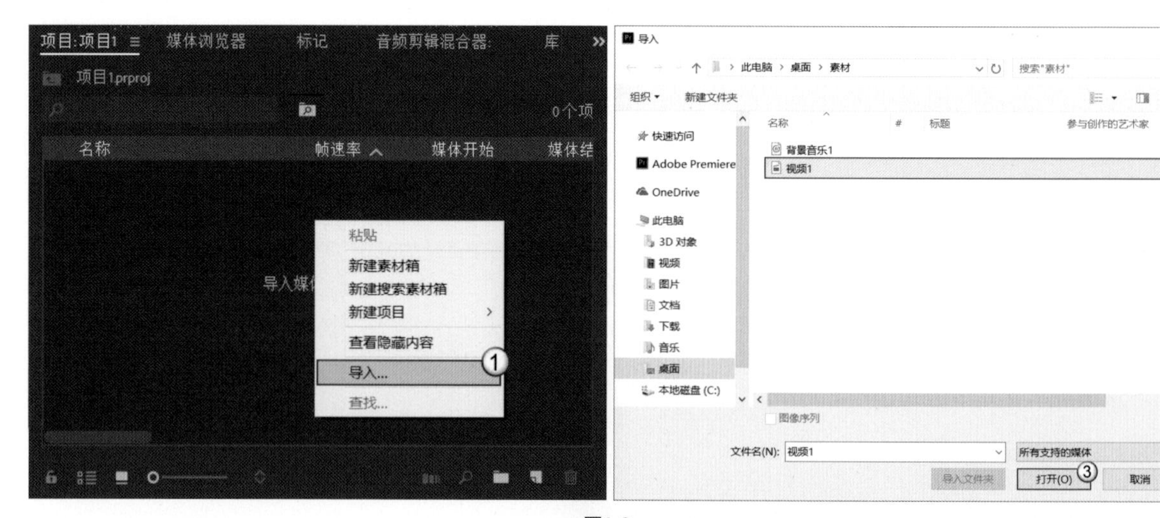

图1-9

此时，视频素材文件会以列表的形式排列在“项目”面板中。读者可以在“项目”面板左下角单击“列表视图”按钮和“图标视图”按钮来切换视频素材的显示状态，如图1-10所示。

提示 虽然视频素材文件有两种显示模式可供选择，但是“列表视图”模式更加适合高效率的剪辑。

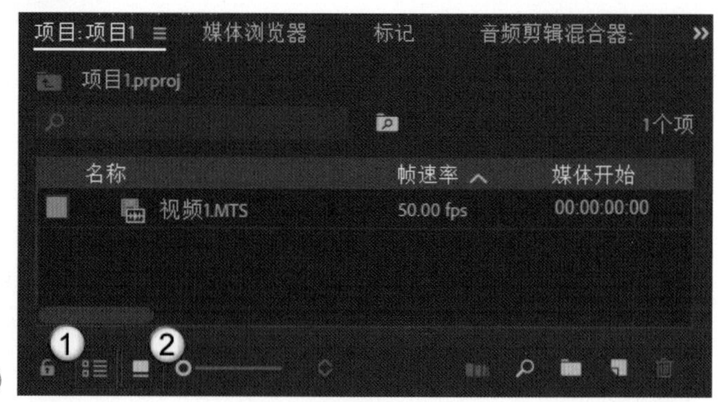

图1-10

1.4.2 在“媒体浏览器”面板中导入

扫码看教学视频

素材文件	素材文件>CH01>视频素材	教学视频	在“媒体浏览器”面板中导入
实例文件	无	学习目标	掌握导入素材的方法

进入“媒体浏览器”面板，在左侧的“本地驱动器”（或移动硬盘）中选择素材所在的文件夹，面板右侧会显示出可导入文件列表，在需要导入的文件上右击，在弹出的快捷菜单中选择“导入”命令，即可导入相关视频素材，如图1-11所示。此时，素材文件会显示在“项目”面板内。

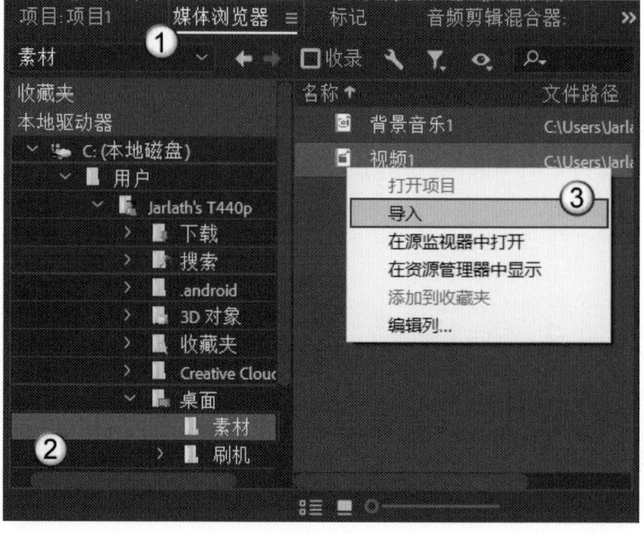

图1-11

1.4.3 直接拖动到面板中导入

素材文件	素材文件>CH01>视频素材	教学视频	直接拖动到面板中
实例文件	无	学习目标	掌握导入素材的方法

这是大部分软件都具备的功能，即直接将素材文件从计算机硬盘拖动到“项目”面板中，如图1-12所示。此时，素材文件会显示在“项目”面板中。这种方式最为方便快捷，非常适合批量导入文件。

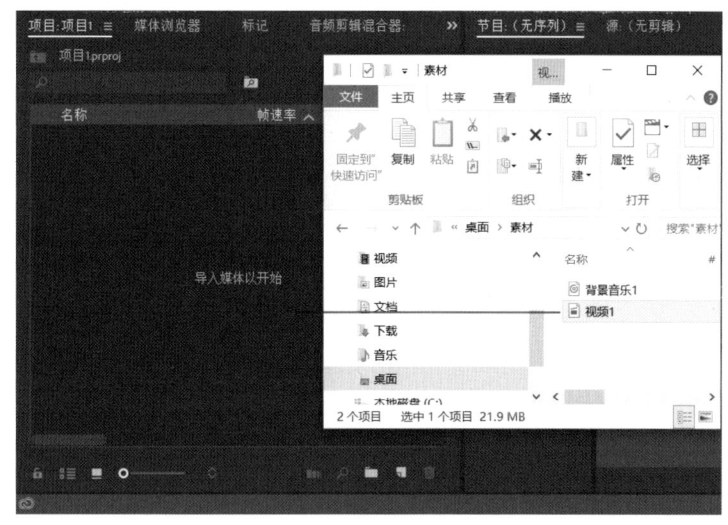

图1-12

1.5 组织视频素材

素材文件	素材文件>CH01>视频素材	教学视频	组织视频素材
实例文件	无	学习目标	掌握整理视频素材的方法

视频剪辑并不是将一段视频和一段背景音乐导入Premiere中混合并导出的简单过程，而是将多个、多种类型的视频素材进行整合、编辑，以及进行生产力输出的一个过程。因此，在一次视频剪辑的项目中，可能导入的素材有成百上千个，素材的总存储大小甚至高达太字节（TB）级（1TB=1024GB）。为了避免出现被庞大的视频素材数量扰乱剪辑思绪的情况，剪辑者在视频剪辑的前期准备阶段一定要将素材归类整合，让素材保持良好的组织性，以确保剪辑工作能高效率进行。

对于归类整合来说，比较有效的方式就是为不同的素材建立不同的素材箱，如视频、音频、背景音乐、音效和图片等。单击“项目”面板右下角的“新建素材箱”按钮■，即可在“项目”面板中新增素材箱，然后逐一重新命名，如图1-13所示。建立好所有的素材箱之后，即可将素材按照1.4节介绍的导入视频素材的方法将视频素材导入到对应的素材箱中。

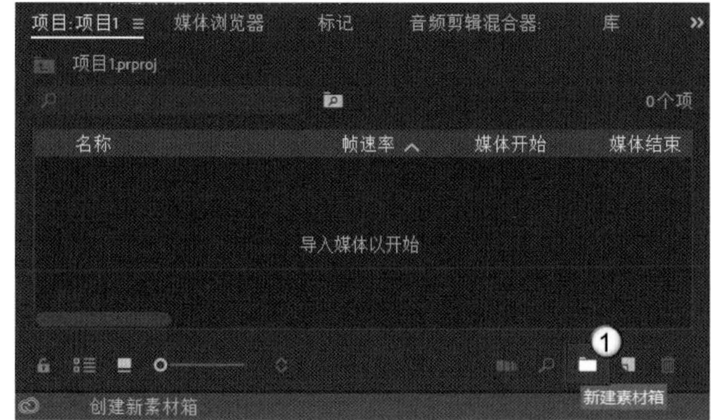

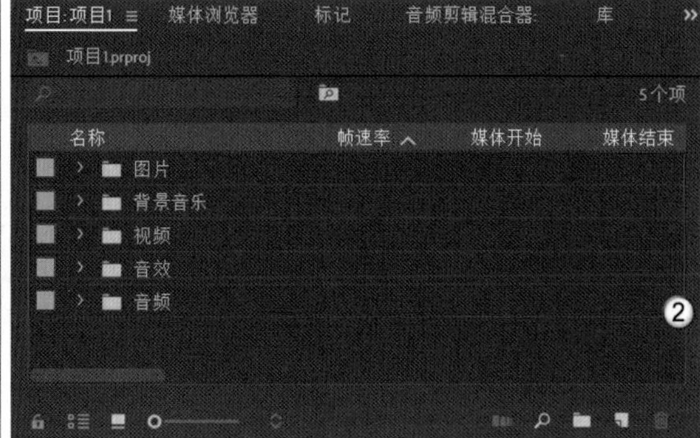

图1-13

提示 当然，读者也可以提前在计算机硬盘中创建好相关文件夹并进行分类和整理，然后直接按照1.4.3节介绍的直接拖动到面板中的方法将这些文件夹拖动到“项目”面板中，如图1-14所示。另外，在视频剪辑工作中途，可能需要导入其他类型的素材与文件，如After Effects动画文件或Premiere内置的旧版标题文件，此时仍然需对这些新的素材文件进行分类并添加新的素材箱。

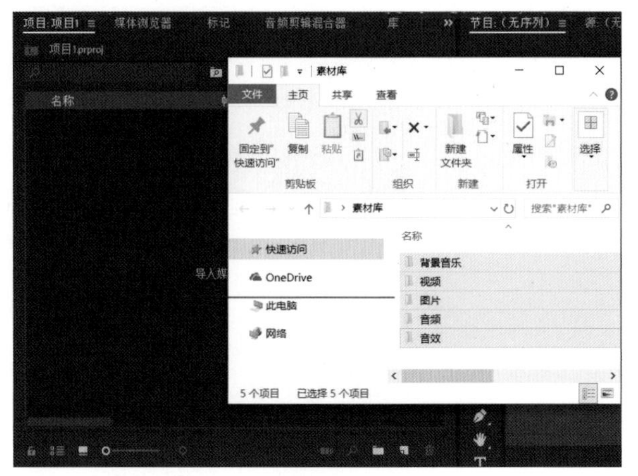

图1-14

为了方便区分素材箱，读者可以对这些素材箱的颜色进行更改。选择其中一个素材箱，然后右击，在弹出的快捷菜单中选择“标签”命令，在子菜单中选择需要使用的颜色即可，例如将“芒果黄色”改为“蓝色”，如图1-15所示。

图1-15

提示 当素材箱的数量足够多时，修改标签的颜色能协助剪辑师在庞大的素材箱列表中更加直观、迅速地找到需要使用的素材。

1.6 掌握常用工具

在进行视频剪辑之前，读者还需要掌握一些常用的剪辑工具。常用的剪辑工具都在靠近“时间轴”面板的一个小面板内（以下称为工具面板），如图1-16所示。

图1-16

1.6.1 选择工具

扫码看教学视频

素材文件	素材文件>CH01>视频素材	教学视频	选择工具
实例文件	无	学习目标	掌握选择轨道中素材的方法

“选择工具”▶是进入Premiere软件之后默认选中的工具，主要用于执行Premiere剪辑过程中最为基础的操作，如选择对象和拖动视频素材。

单选

单击“视频1”，即可将其选中，被选中的素材颜色由蓝色变为了灰白色，如图1-17所示。

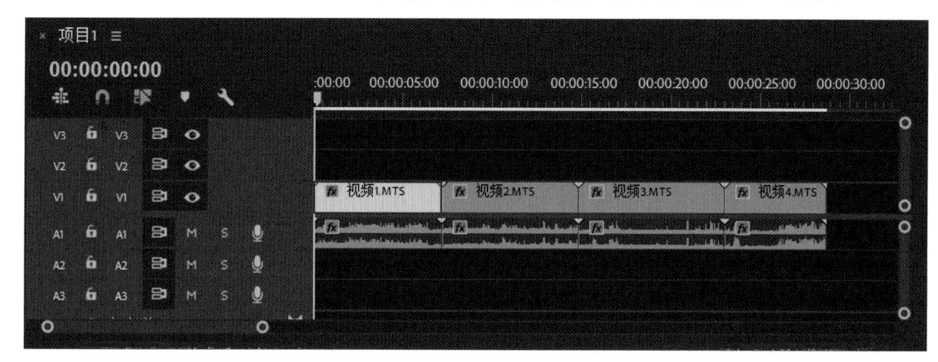

图1-17

框选

选择“选择工具”▶，在“时间轴”面板内按住鼠标左键拖动鼠标，可以框选多个素材，如图1-18所示。

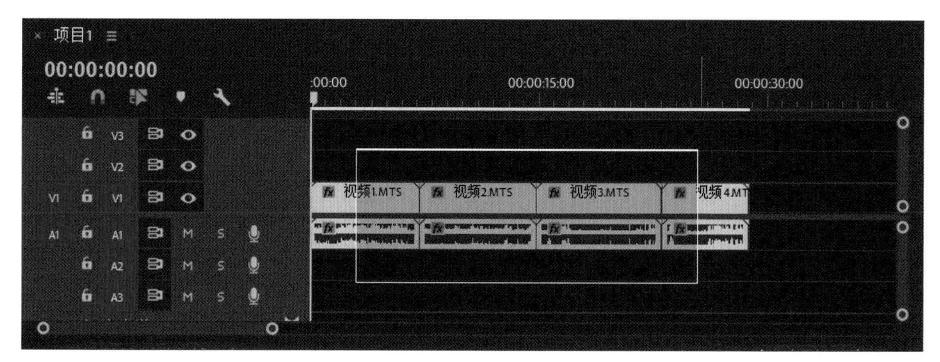

图1-18

缩短/拉伸

选择“选择工具”▶，将鼠标指针放置于任意素材的任意边缘（左边缘或右边缘），按住鼠标左键，向左或向右拖动鼠标即可将该素材缩短或拉长。图1-19所示为通过“选择工具”▶将“视频1”缩短为原长度的一半的前后对比效果。

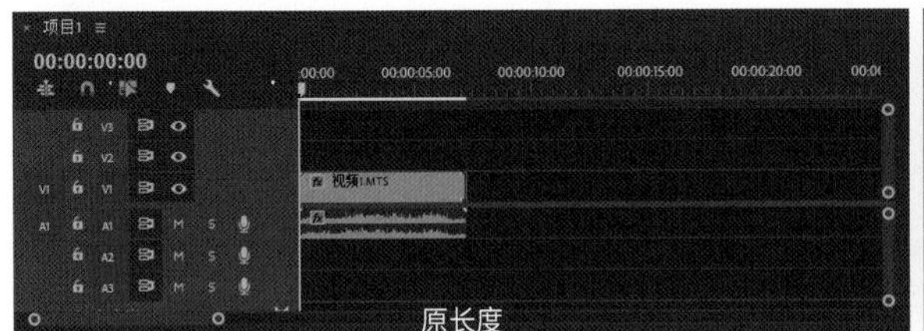

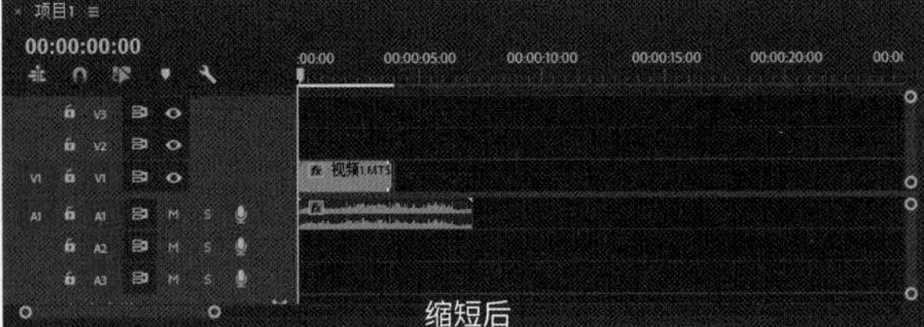

图1-19

提示　缩短或拉长并不会改变原视频的真实长度，只是起到了一个截取的效果。例如，对于一段长度为10秒的视频，我们可以通过这种方式将视频的长度缩短到5秒（截掉后面5秒的内容），也可以将其从5秒再次拉回到10秒（还原到原视频长度），但绝不可能将视频扩大到12秒，因为原视频只有10秒。这一功能可以帮助我们剪掉不需要的视频片段。

1.6.2 轨道选择工具

扫码看教学视频

素材文件	素材文件>CH01>视频素材	教学视频	轨道选择工具
实例文件	无	学习目标	掌握轨道内容的选择方法

工具面板中的第2个工具是选择轨道的工具组，其包含两个工具。在工具上按住鼠标左键，即可展开工具列表，包含“向前选择轨道工具”和“向后选择轨道工具”，如图1-20所示。

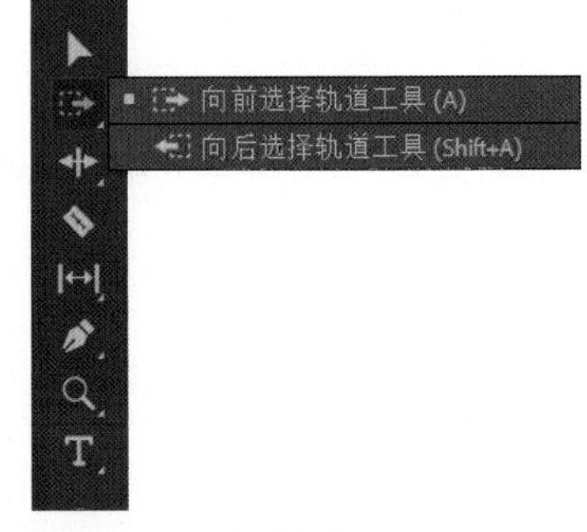

图1-20

当“时间轴”面板中的素材变多，排布较为复杂时，很显然通过“选择工具”▶进行框选操作已经不能满足需求了，因为框选操作很有可能漏选一些在边角处的小素材。此时，轨道选择工具组中的工具便大有用处了。

选择“向前选择轨道工具”，单击任意一段素材，如“视频2”，那么以这段素材为起始点，沿着时间轴向右所有轨道中的素材（包括视频和音频）都会被选中，如图1-21所示。

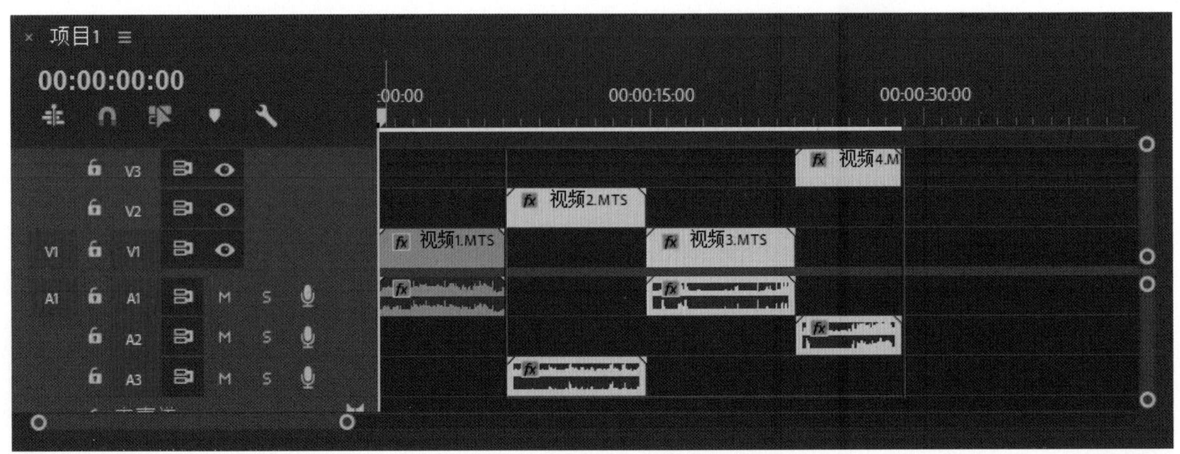

图1-21

如果按住Shift键选择素材，那么可以只选中单行轨道中的所有素材。例如，通过这种方式选择“视频1”，那么只有轨道V1上的“视频1”和“视频3”被选中，如图1-22所示。

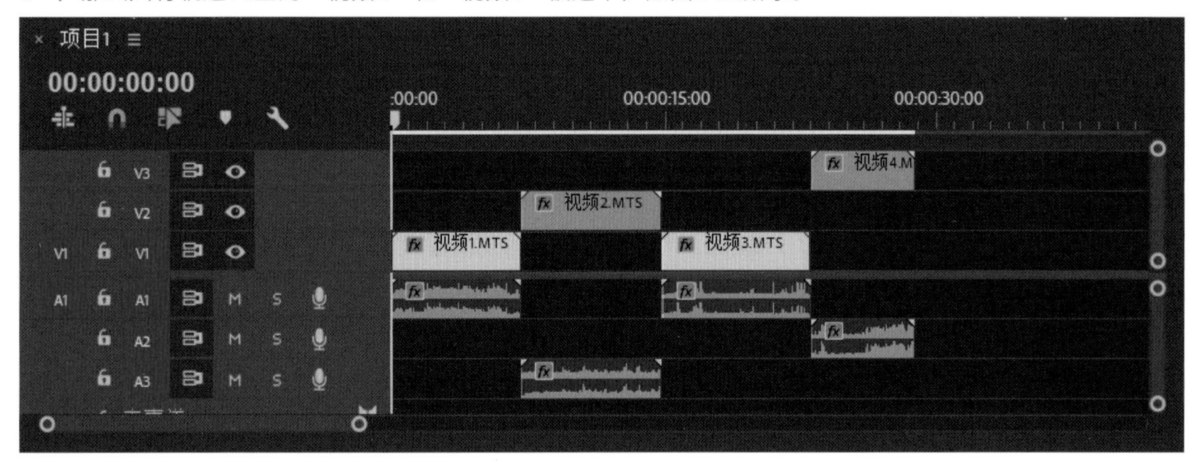

图1-22

提示　同理，“向后选择轨道工具”则是选中包括选中素材在内的，沿着时间轴向左的所有轨道中的素材或单个轨道中的素材。

1.6.3 编辑工具

扫码看教学视频

素材文件	素材文件>CH01>视频素材	教学视频	编辑工具
实例文件	无	学习目标	掌握编辑轨道素材的方法

编辑工具组包含“波纹编辑工具”、“滚动编辑工具”和“比率拉伸工具”，如图1-23所示。这3种工具非常相似，但功能是截然不同的，因此非常容易让读者混淆。下面主要介绍“波纹编辑工具”和“滚动编辑工具”。

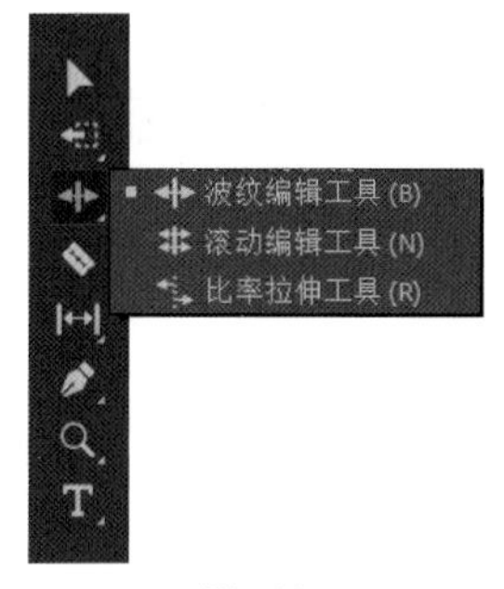

图1-23

波纹编辑工具

当使用“选择工具”缩短视频时，相邻视频并不会跟着发生移动，因此这两段视频之间可能会产生一个缺口，如图1-24所示。此时需要进行额外的操作才能将这两段视频再次衔接起来，很显然这样的操作逻辑并不能满足我们的需求。

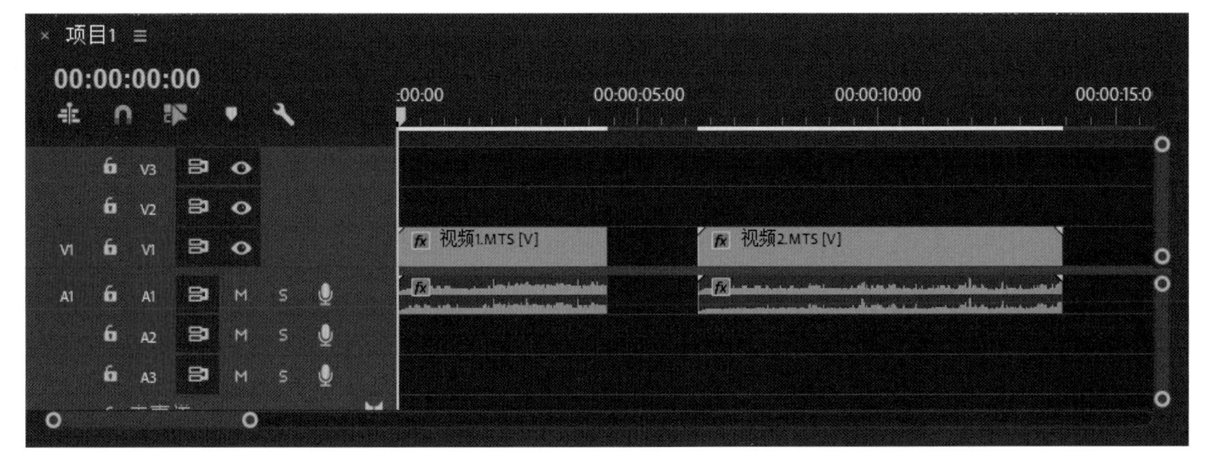

图1-24

当使用“波纹编辑工具”缩短“视频1”后，与之相邻的“视频2”会无缝衔接上来；再用同样的方式拉长“视频1”，相邻的“视频2”会被推开，如图1-25所示。在这两次操作中，“视频2”的长度并没有发生任何变化，它只是配合着“视频1”长度的变化进行了位置的移动。

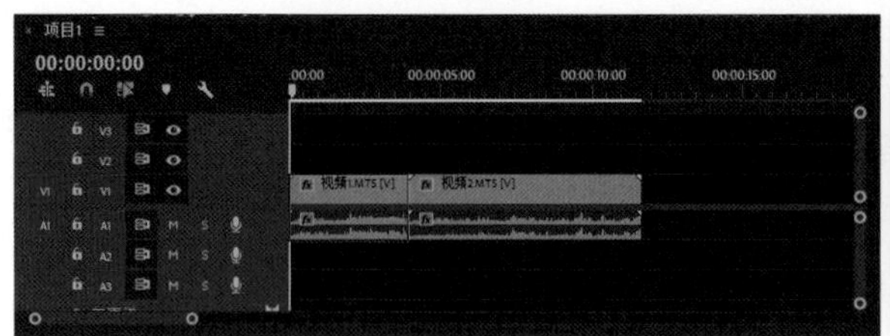
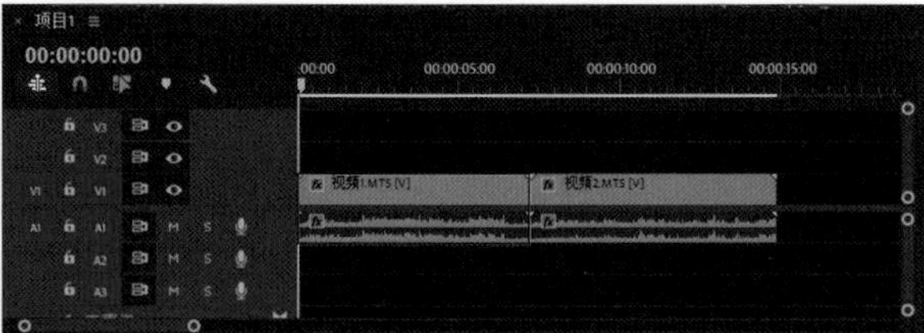

图1-25

滚动编辑工具

切换到“滚动编辑工具”，缩短或拉长“视频1”时，相邻的“视频2”的位置便不会再产生变化，而是它的长度发生了变化。如果“视频1”被拉长，那么“视频2”则会被缩短，如图1-26所示。这种模式更适合于调整“视频1”与“视频2”的转场位置。

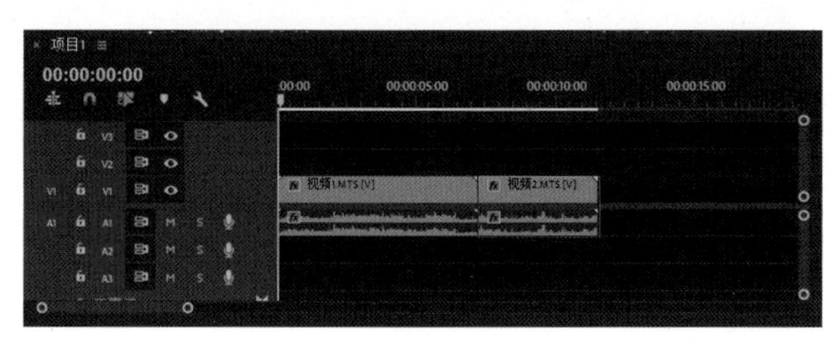

图1-26

1.6.4 剃刀工具

扫码看教学视频

素材文件	素材文件>CH01>视频素材	教学视频	剃刀工具
实例文件	实例文件>CH01>剃刀工具	学习目标	掌握剪切素材的方法

“剃刀工具”处于工具面板的第4位，能执行剪辑软件最基本的剪断操作，即对视频、音频、图片和调整图层等一切可以放置在“时间轴”面板中的素材在任意帧位置剪断操作。例如，选中“剃刀工具”，在“视频1”的两个不同位置各单击一次，即将“视频1”分成了3个部分，两个被剪断的位置生成了两条竖线，如图1-27所示。

图1-27

提示

虽然“视频1”已被剪成了3部分，但是这3部分仍然是无缝连接在一起的。只要不移动任意一段素材的位置，那么在播放“视频1”的时候就不会产生任何的卡顿。

1.6.5 外滑/内滑工具

扫码看教学视频

素材文件	素材文件>CH01>视频素材	教学视频	外滑/内滑工具
实例文件	实例文件>CH01>外滑/内滑工具	学习目标	掌握衔接视频的方法

“外滑工具”和“内滑工具”处于工具面板的第5位，如图1-28所示。“外滑工具”和“内滑工具”与“波纹编辑工具”和“滚动编辑工具”类似，但“波纹编辑工具”和“滚动编辑工具”主要用于处理相邻素材的衔接性或转场点，“外滑工具”和“内滑工具”处理的是一段素材与左右两端相邻素材间的联系，即3段素材间的联系。

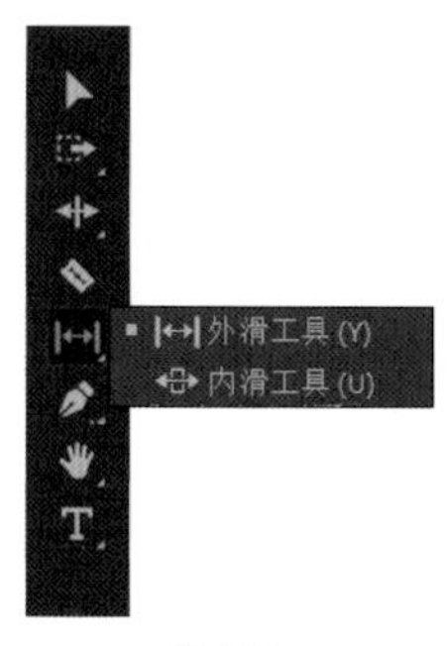

图1-28

外滑工具

对于上述描述，读者可能会觉得有点抽象，下面举个例子来说明。这里使用“外滑工具”对“视频2”与“视频1”和“视频3”之间的联系进行编辑，如图1-29所示。接下来选择“外滑工具”，并选择“视频2”，然后按住鼠标左键不放，向左或向右拖动鼠标。

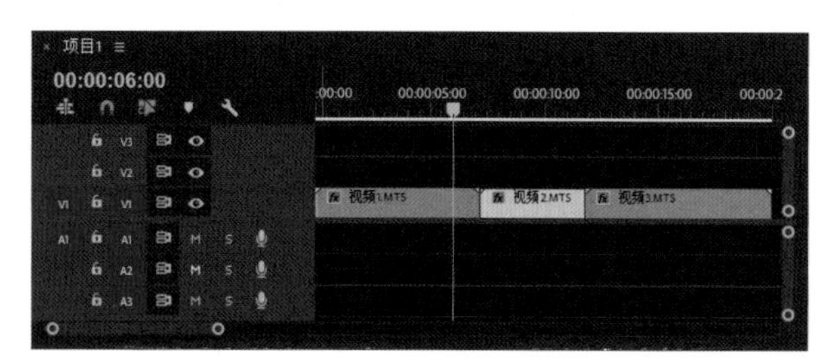

图1-29

提示 为了方便读者理解，请将“视频1”“视频2”“视频3”的长度进行调整，让“视频2”小于真实长度，具体原因会在后面介绍。

在拖动时，“节目”面板中会出现4个画面，如图1-30所示。画面①是此时“视频2”的起始播放帧画面和其位置的时间显示，即00:00:00:00时刻，代表“视频2”的起始播放帧是原素材的开始位置。画面②是“视频2”的结束播放帧画面和其位置的时间显示，即00:00:05:15时刻，代表“视频2”的结束播放帧为原素材的00:05:15的位置。画面③是“视频1”的结束播放帧画面，画面④是“视频3”的起始播放帧画面。

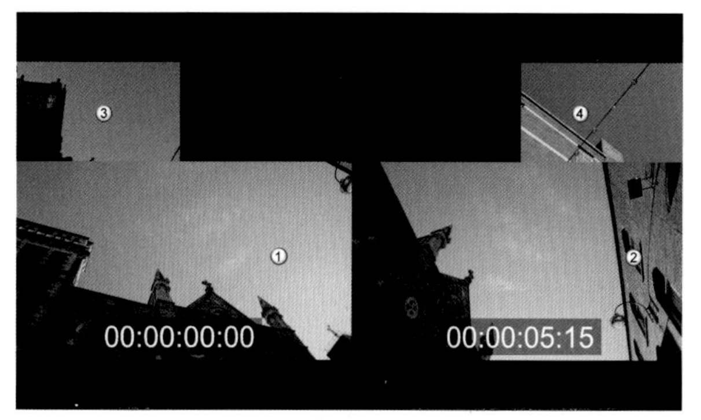

图1-30

当选择“外滑工具”，左右拖动“视频2”时，只有“视频2”的起始播放帧和结束播放帧位置的画面会产生变化，“视频1”的结束播放帧画面与“视频3”的起始播放帧画面均保持不变。

将“视频2”向左拖动时，“视频2”的起始播放帧会延后，结束播放帧提前；向右拖动时则相反。但是在起始播放帧与结束播放帧共同变化时，它们之间的时间间隔保持不变，即“视频2”的长度保持不变。

提示 “外滑工具”的操作前提是中间的视频（“视频2”）已经经过剪辑，且在“时间轴”面板中的长度并不是原素材的真实最大长度，而是原素材的一个片段。否则，该工具将不起任何作用。

内滑工具

相对于“外滑工具”让左右两边的素材保持不变，只改变中间这段素材起始播放帧与结束播放帧的工作逻辑，“内滑工具”的功能则截然相反。在使用“内滑工具”左右移动一段素材时，被拖动素材（即中间的素材）的起始与结束播放帧保持不变，而是其左边素材的结束播放帧和右边素材的起始播放帧会发生改变。

这里仍以图1-29为例，当用“内滑工具”向右拖动“视频2”时，“视频2”的长度（起始/结束播放帧）不发生改变，而“视频1”的长度被拉长，“视频3”的长度则被缩短。查看“节目”面板，会发现“视频2”的起始与结束播放帧显示在了画面③与画面④的位置，而“视频1”的结束播放帧画面及其位置的时间显示与“视频3”的起始播放帧画面及其位置的时间显示则显示在画面①与画面②的位置，如图1-31所示。

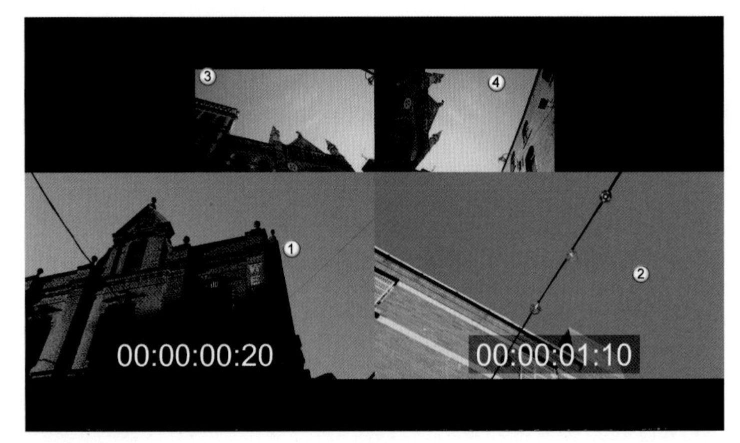

图1-31

提示 使用“内滑工具”进行编辑的前提是：如果将“视频2”左移，则“视频3”是需要经过剪辑操作的，且它的起始播放帧不能是其原素材的真实开头，否则将“视频2”左移时，“视频3”无法向左拉长。如果将“视频2”右移，则“视频1”的结束播放帧不能是其原素材的真实结尾，否则“视频1”无法向右拉长。

1.6.6 钢笔/矩形/椭圆工具

扫码看教学视频

素材文件	素材文件>CH01>视频素材	教学视频	钢笔/矩形/椭圆工具
实例文件	无	学习目标	掌握视频图案的绘制方法

“钢笔工具”、“矩形工具”、“椭圆工具”处于工具面板的第6位，如图1-32所示，主要用于在视频素材上绘制图形。

在使用“钢笔工具”时，每单击一次则会添加一个点。读者可以使用它在视频画面上添加任意点，如果这些点形成回路，则会生成一个图形。例如，在“视频1”上添加3个点，则会形成一个三角形，如图1-33所示。在形成图形的同时，“时间轴”面板中也会在“视频1”的正上方自动生成这个三角形的素材文件，默认名称为“图形”，如图1-34所示。

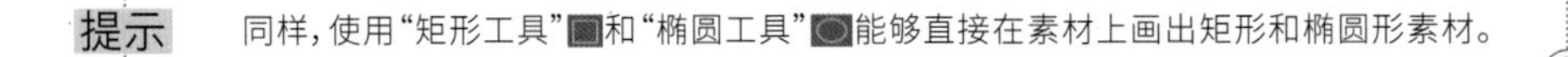
提示 同样，使用“矩形工具”和“椭圆工具”能够直接在素材上画出矩形和椭圆形素材。

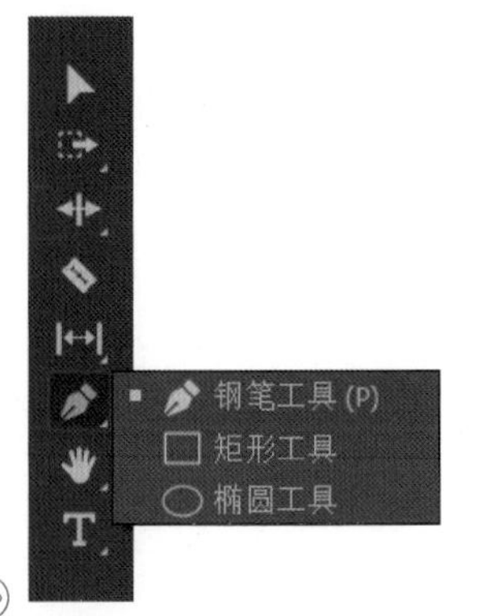

图1 32

图1-33

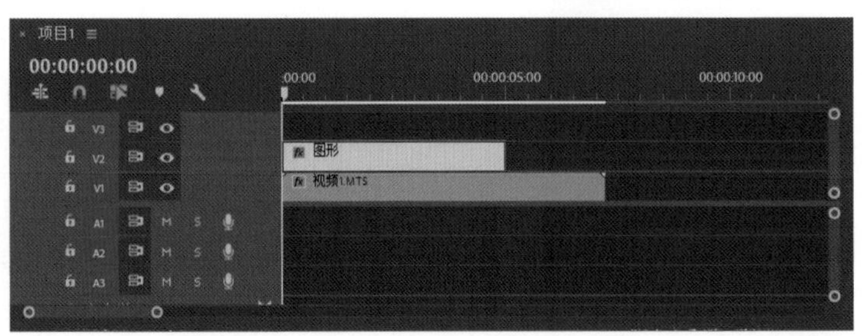

图1-34

当使用这些工具绘制任意图形之后，“效果”工作区中的“效果控件”面板中也会显示名为“形状”的设置栏，如图1-35所示。“形状”设置栏可以更改所绘图形的外观、位置和大小等。具体的应用会在后续章节进行讲解。

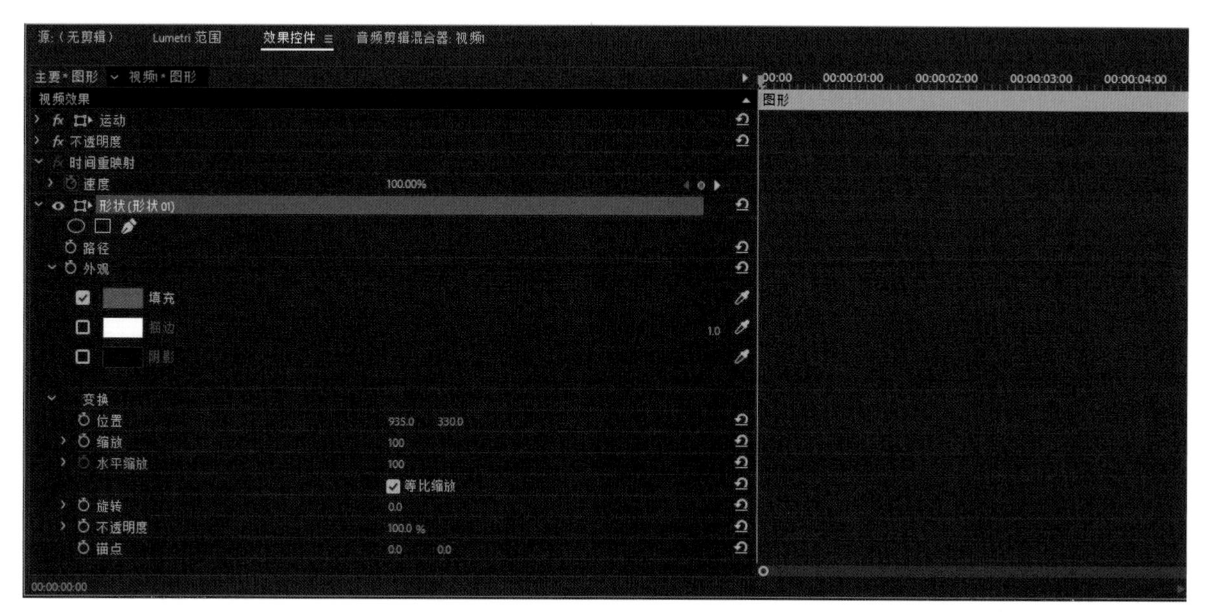

图1-35

1.6.7 手形/缩放工具

扫码看教学视频

素材文件	素材文件>CH01>视频素材	教学视频	手形/缩放工具
实例文件	无	学习目标	掌握轨道的编辑方法

“手形工具”和“缩放工具”处于工具面板的第7位，如图1-36所示。它们是在剪辑视频时常用的操作工具。

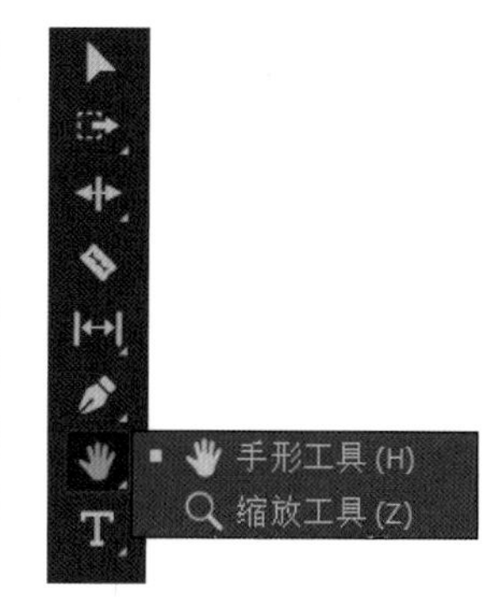

图1-36

手形工具

“手形工具”可以直接在素材上左右拖动，以实现对“时间轴”面板中所有轨道的左右拖动，且不触及任何素材（选中“手形工具”时素材无法被选中）。当“时间轴”面板中的素材特别多时，使用“手形工具”能快速有效地查看前后素材，且不会误触已编辑完毕的素材。虽然“时间轴”面板中轨道的左右拖动操作也可以通过拖动下方的控制条来实现，如图1-37所示，但“手形工具”更加方便直接。

缩放工具

使用“缩放工具”可以放大或缩小任意一段素材的显示长度（非实际素材长度）。如果想放大单个素材的显示长度，传统的方式是将“时间轴”面板中的时间线控制条移动到需要放大的素材上方（如第3段素材），然后向左拖动“时间轴”面板底部控制条右端的圆点，如图1-38所示。如果想缩小这段素材的显示长度，则向右拖动这一圆点即可。

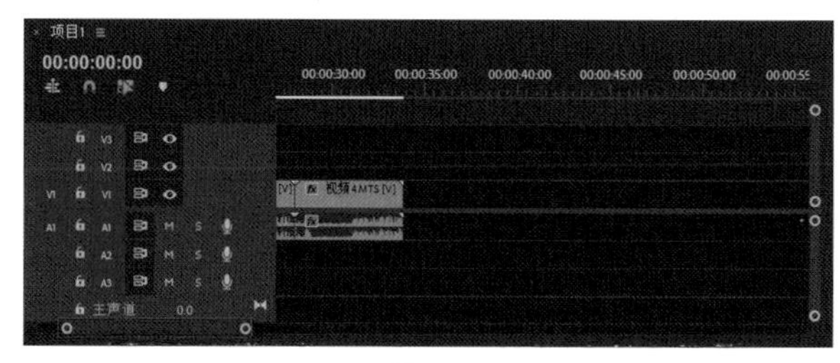

图1-37

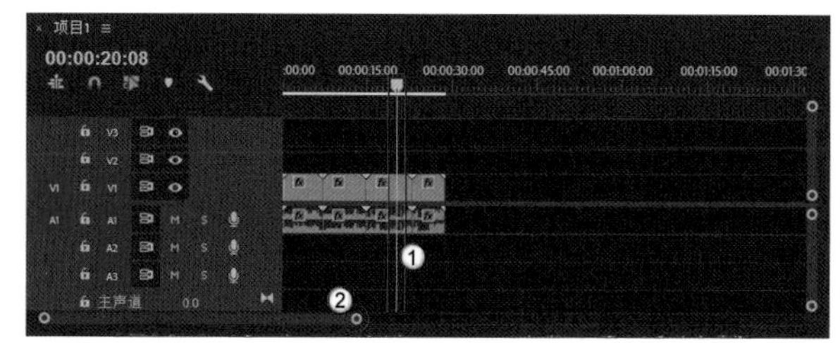

图1-38

很显然传统方式的一套操作较为复杂，且比较浪费时间。此时读者可以选中“缩放工具”，不需要理会时间线控制条的位置，只需要在第3段素材上单击数次，即可将此段素材长度放大到可编辑的长度，如图1-39所示。

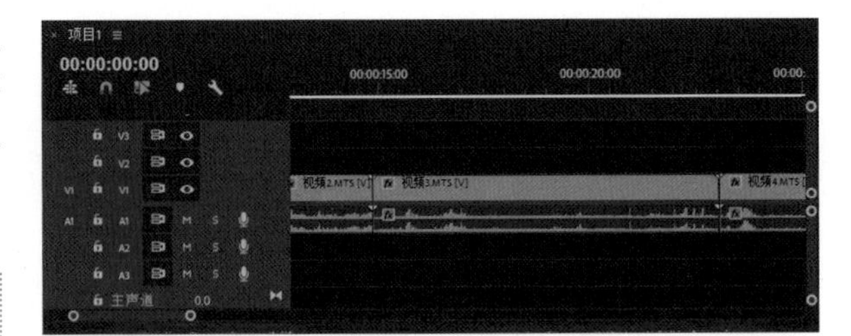

图1-39

提示　按住Alt键，使用“缩放工具”单击素材，可以缩小其显示长度。

1.6.8 文字工具

扫码看教学视频

素材文件	素材文件>CH01>视频素材	教学视频	文字工具
实例文件	无	学习目标	掌握编辑文字的方法

“文字工具”和“垂直文字工具”是工具面板中的最后一组工具，如图1-40所示，主要用于在素材上添加文字。

图1-40

选择“文字工具”，在视频中输入“文字工具”，如图1-41所示。同时，“视频1”素材的上方也会出现该文字对应的素材，默认命名为所输入文字的具体内容，如图1-42所示。

图1-41

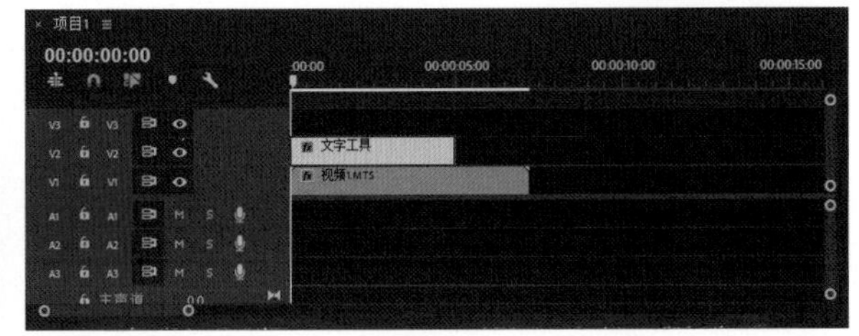

图1-42

同样，“效果控件”面板中也会出现名为“文本（文字工具）”的设置栏，如图1-43所示。在这一设置栏中，读者可以对文本的字体、字号、粗细和位置等属性进行更改。

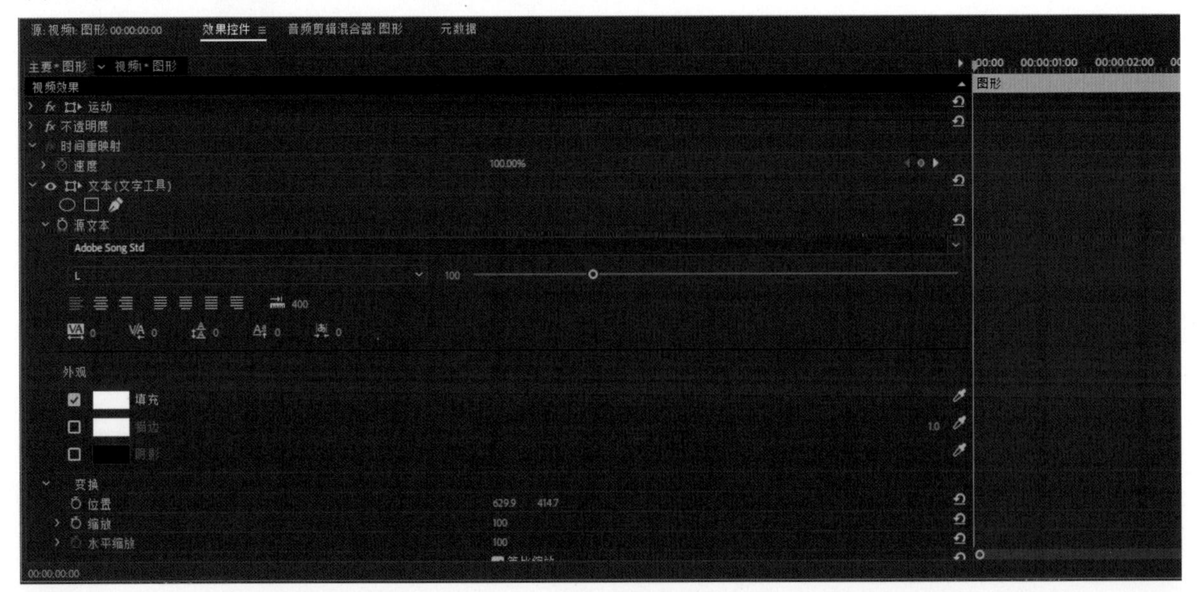

图1-43

提示　使用“垂直文字工具”可以添加竖排的文本，操作方法与“文字工具”相同。

1.7 常用快捷键

在前面的学习中，读者已经对Premiere的常用工具有了系统性的了解。这些工具就像是剪辑师“征战沙场”的“利器”，虽然不一定每次剪辑都会用到所有的工具，但是千万别忽略任意一种工具的重要性。然而，如果只会用这些工具，仅能满足一个正常的剪辑工作流，无法达到本章开始强调的高效工作流状态。对于剪辑者来说，时间就是生产力，剪辑的影片能不能在规定的时间内交稿，在很大程度上影响着视频剪辑者的职业生涯。因此，这里列出Premiere中常用的快捷键，方便大家在使用软件的过程中及时查看，如表1-1~表1-3所示。对于一些生疏的名词，后续的章节会有详细的用法解释。

表1-1

工具面板			
选择工具	V	向前选择轨道工具	A
向后选择轨道工具	Shift+A	波纹编辑工具	B
滚动编辑工具	N	比率拉伸工具	R
剃刀工具	C	外滑工具	Y
内滑工具	U	钢笔工具	P
手形工具	H	缩放工具	Z
文字工具	T	—	—

表1-2

时间轴面板			
向右1帧	→	向左1帧	←
向右5帧	Shift+→	向左5帧	Shift+←
撤销操作	Ctrl+Z	保存项目文件	Ctrl+S
添加标记	M	取消视频/音频连接	Ctrl+L
预渲染	Enter	—	—

表1-3

节目面板			
设置起始选择点	I	设置结束选择点	O
删除	Delete	沿时间轴向右移动1帧	Alt+→
沿时间轴向左移动1帧	Alt+←	沿时间轴向右移动5帧	Alt+Shift+→
沿时间轴向左移动5帧	Alt+Shift+←	—	—

执行“编辑”>“快捷键”命令，打开“键盘快捷键”对话框，读者可以根据自己的操作习惯添加和修改快捷键，如图1-44所示。

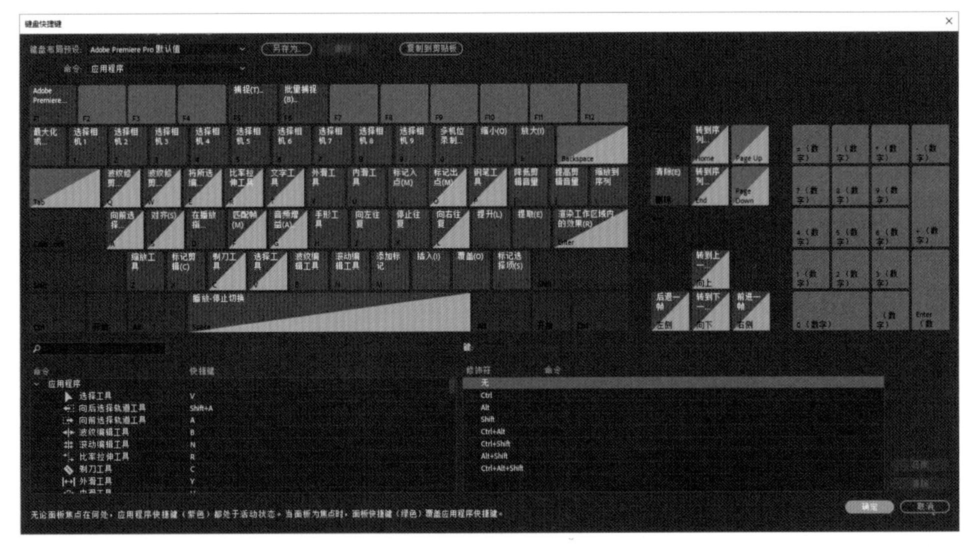

图1-44

提示

如果在使用快捷键时出现快捷键无法激活的状况，那么此时的输入法很有可能是中文状态，读者只需在使用快捷键时把输入法切换为英文状态即可。另外，大部分常用工具的快捷键均已显示在工具名称后面，读者在操作的时候尽量使用快捷键去操作，因为Premiere的操作过程是需要不断切换工具的，如果浪费大量时间用鼠标选择工具，会让工作效率大幅度降低。

1.8 创建正确的序列

扫码看教学视频

素材文件	素材文件>CH01>视频素材	教学视频	创建正确的序列
实例文件	无	学习目标	掌握序列的创建方法

序列是由一个视频或者一部影片的所有场景汇集到一起而构成的，是具备时间、逻辑和故事发展顺序的结合体。它就像一卷虚拟的录像带，可以用于播放剪辑好的视频。在剪辑视频前，需要创建一个空序列，以便将所有需要的视频与音频素材填充进去。

创建空序列的方法也很简单，执行“文件”>“新建”>“序列”命令，如图1-45所示。

打开“新建序列”对话框，该对话框几乎覆盖市场上主流单反/无反相机和电影机的预设列表，以及与它们相对应的描述，例如，适用于ARRI（电影机品牌）的预设和Digital SLR（电子单反相机）预设、索尼相机的AVCHD格式预设等。在选择预设时，首先选择机型/格式，然后选择分辨率，最后选择帧率。选择Digital SLR（机型）、1080p（1920×1080分辨率逐行扫描）和DSLR 1080p24 (电子单反相机1920×1080分辨率 24帧逐行扫描)，并对“序列名称”进行命名，如图1-46所示。当然，这里的电子单反相机序列同样也可以用于目前流行的微单（无反相机）。

图1-45

图1-46

创建完成后，读者可以在“项目”面板中查看生成的序列文件，并且“时间轴”面板中也会自动打开该文件，如图1-47所示。

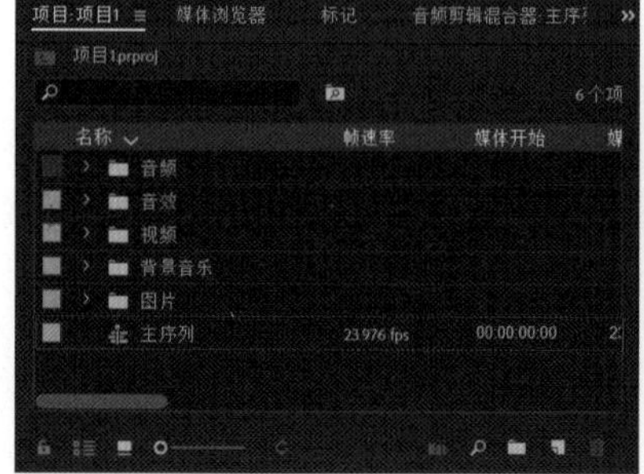

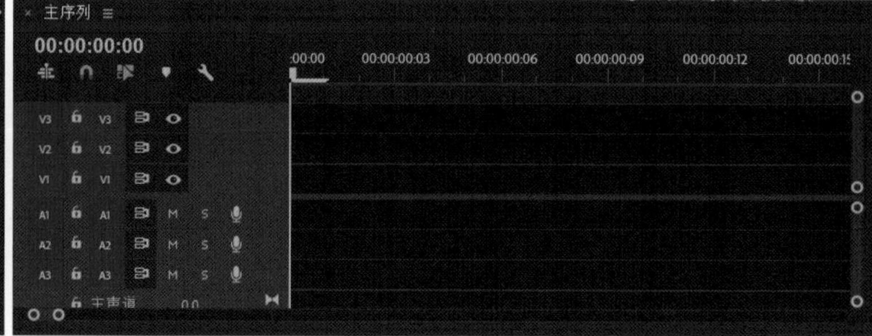

图1-47

第2章

短视频剪辑的流程与基本技术

相对于第1章介绍的Premiere基础功能，本章主要介绍如何完成一部短片的剪辑工作，主要内容包括视频剪辑中的常用工具和基本技法。对于读者来说，掌握Premiere的剪辑工具并不难，难的是将其运用到具体的视频素材中。本章主要通过具体素材的剪辑操作进行讲解，让读者在学习使用工具的过程中，也能熟悉视频剪辑相关的思路和流程。

2.1 准备前期脚本

在影视制作行业中，影片的原素材是由一个庞大团队进行规划与拍摄的，导演是真正讲故事的人，是推动整个影片制作流程前进的人。剪辑师在这个团队里仅仅是负责剪辑影片的人，他们不能对影片做过多剪辑甚至是创造性剪辑。

但对于个人商业拍摄者、创作者、网络视频自媒体创作者而言，规则是完全不一样的。每个人既是导演，也是摄像师，同时还是剪辑师。自拍、自导和自演的模式非常具有挑战性，搞砸了便会制作一系列的烂片，但是做好则能创造出一系列非常有个性、持续性风格的视频或是影片。

对于个人视频创作者来说，在没有其他人提供讲述故事思路的情况下，自己也要去做一个导演。在每次拍摄与剪辑之前，都应该做一个脚本，即使不能做一个完整的分镜头脚本（导演将影片故事情节转化为实际拍摄镜头的剧本），也要列出一个大概的思路流程。例如，这部影片的核心思想是什么，前期怎么拍，后期需不需要一些特殊的剪辑技巧等，这样可以在开始制作视频之前有一个预期。

对于个人视频创作者来说，在实际写脚本的过程中也不需要严格按照某种写作格式（本书不对分镜头脚本进行讲解，如需了解可查看相关书籍），但是脚本一定要包含重要的实际拍摄与剪辑细节。首先我们可以拟定影片的题材与题目，如果你是一位专业的影视创作者，你可以将故事写得复杂一些；如果你只是一位兴趣爱好者，那么可以先从最简单的故事写起，哪怕是流水账类的故事都没有关系，例如，写“我去采购的一天”。在拟定完题目之后，则可以按故事的发展顺序写各个场景拍摄的地理位置，在这个场景中发生了什么，做了什么，以及拍摄这个场景总共需要多少个镜头（多少个画面）和搭配的台词（如果是空镜头则注明拍摄内容）。最后按照故事发展顺序排序，举例如下。

① 在家中，穿衣服与准备。旁白：“我是一个去楼下买包泡面都要打扮一下的人，所以我花费在采购之前准备的时间可能是别人的3倍……”

② 空镜头1：从家中出发，沿途的房屋、树木与路牌。此外，我们对需要进行额外后期处理的拍摄镜头做标记。例如，在该镜头结尾处用括号标记：“空镜头1：……（‘时间重映射’效果处理）”。

当计划好所有的镜头之后，前期拍摄就会变得高效，并且在后期剪辑的过程中也只需要将素材按照脚本中写好的故事主线排布和编辑。

如果你对视频创作没有任何概念，以上这些思路可能会颠覆你之前对视频创作的看法。例如，有很多人觉得视频创作就是打开摄像机录制的单一操作过程。事实上，除电影制作之外，每一位优秀的视频创作者都会写脚本，即使是那些看似整天在网络上漫谈生活的博主，也会提前做好脚本，以便让观看者的注意力一直集中在他们的故事里。

2.2 使用回放功能

扫码看教学视频

素材文件	素材文件>CH02>视频素材	教学视频	使用回放功能
实例文件	无	学习目标	掌握整理与查看视频的方法

在写好拍摄脚本和完成素材拍摄之后，就可以着手影片后期制作了。当我们将素材简单整理，导入Premiere项目并建立序列之后，首先要做的就是在Premiere里再次查看这些视频素材以及选择实际需要放入序列的部分。此时，读者需要学会使用Premiere的回放功能，也就是在“节目”面板中预览视频。

01 设置显示效果 双击“项目”面板中的任意一段素材，此处为“视频5”，右边的“节目”面板中就会显示出“视频5”第1帧的画面，并设置视频的大小为“适合”，显示分辨率为“1/2”，如图2-1所示。此时，按

Space键（空格键），视频开始回放。

图2-1

提示

大家对上述设置的参数或许有疑问，将这两个参数展开，它们的下拉菜单如图2-2所示。

图2-2

左边的选项主要控制视频播放时的缩放大小，它只用于放大或缩小视频的观看画面，并不直接对视频进行缩放，默认为“适合”，设置的百分比越大，观看画面越大。这一功能不仅可以用于精确查看画面细节，还可以方便添加遮罩。

右边的选项主要用于控制画面的显示分辨率（清晰程度），默认选项会根据计算机的配置自动匹配。当切换到“完整”模式时，可能因计算机性能不足，视频在回放时产生卡顿，一般“1/2”模式即可满足正常的剪辑需求。如果计算机性能较差，需要根据实际情况将显示分辨率降低成“1/4”甚至更低，但是因为画面清晰度降低，可能无法给剪辑者带来直观舒适的剪辑体验。

如果读者的计算机无法满足“1/2”分辨率回放的需求，且无法流畅地操作后续章节讲解的Premiere中的特效制作，建议读者更换一台计算机。

再次强调，回放分辨率的修改只影响剪辑时的视频显示分辨率，不影响最终导出压制最终成片的分辨率。

02 控制时间轴看画面 任意拖动“节目”面板时间轴上的时间线控制条，可以查看“节目”面板中当前时刻的画面，系统会在左侧以蓝色数字显示该画面帧的实际时间，例如，当前帧的时间点为00:00:01:13，在右侧则以灰色数字显示视频的总长度，如图2-3所示。

图2-3

提示

如果读者想逐帧前进或后退，只需要按键盘上的→键或←键。另外，按住Ctrl键使用这两个键时，可以以5帧为单位前进或后退。

03 截取视频长度 如果要对视频长度进行截取，将时间线控制条移动到截取范围的开始位置，单击“标记入点”按钮（快捷键为I），然后将时间线控制条移动到截取范围的结束位置，单击“标记出点”按钮（快捷键为O）即可。截取结束后，被截取的视频部分则会在时间轴上在蓝色括号内显示，如图2-4所示。

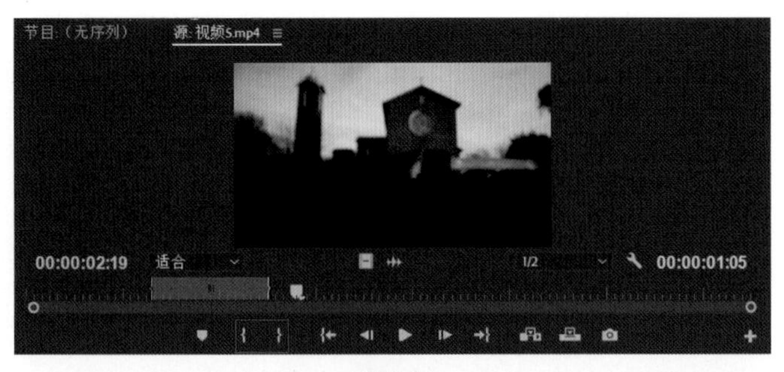

图2-4

提示

如果读者要把这段截取的视频放入序列，单击“仅拖动视频”按钮，然后拖动视频内容到序列中的视频轨道上；另外，还要用同样的方法单击“仅拖动音频”按钮，将音频内容拖动到序列中的音频轨道上。工具图标如图2-5所示。

当然，读者还可以直接将素材从“项目”面板拖动到序列中，然后使用“剃刀工具”对之进行剪裁，此方法在第1章已经介绍过。

图2-5

2.3 使用轨道的编排素材

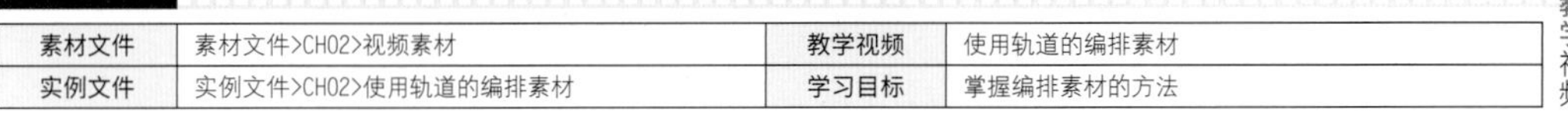

素材文件	素材文件>CH02>视频素材	教学视频	使用轨道的编排素材
实例文件	实例文件>CH02>使用轨道的编排素材	学习目标	掌握编排素材的方法

扫码看教学视频

轨道分为视频轨道与音频轨道，两个轨道相互叠加和影响。注意，视频轨道上的素材不完全受音频轨道上素材的影响，音频文件也无法放到视频轨道上。视频轨道以Video（视频）首字母V和阿拉伯数字的形式显示，如V1、V2和V3等；音频轨道以Audio（音频）首字母A和阿拉伯数字的形式显示，如A1、A2和A3等，如图2-6所示。注意，视频轨道与音频轨道以粗灰线隔开。读者可以将轨道理解为视频与音频的容器。

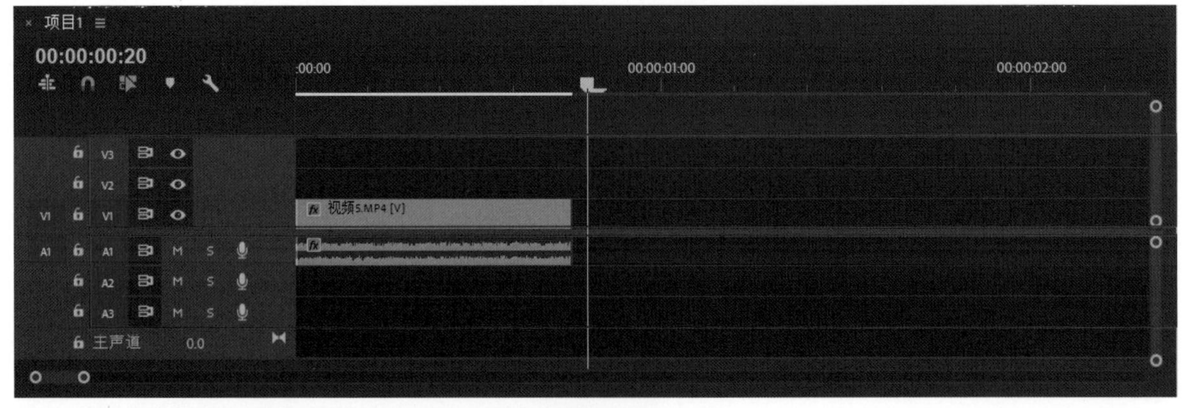

图2-6

01 拖动播放指示器 所有轨道上方的时间刻度就是整个轨道的时间轴，将时间线控制条（播放指示器）移动到哪儿，“节目”面板中就会显示当前帧的具体画面，以方便读者剪辑视频。另外，“项目”面板的左上角还会显示该帧的具体时刻，如图2-7所示。读者可以依此来观看视频的具体内容。

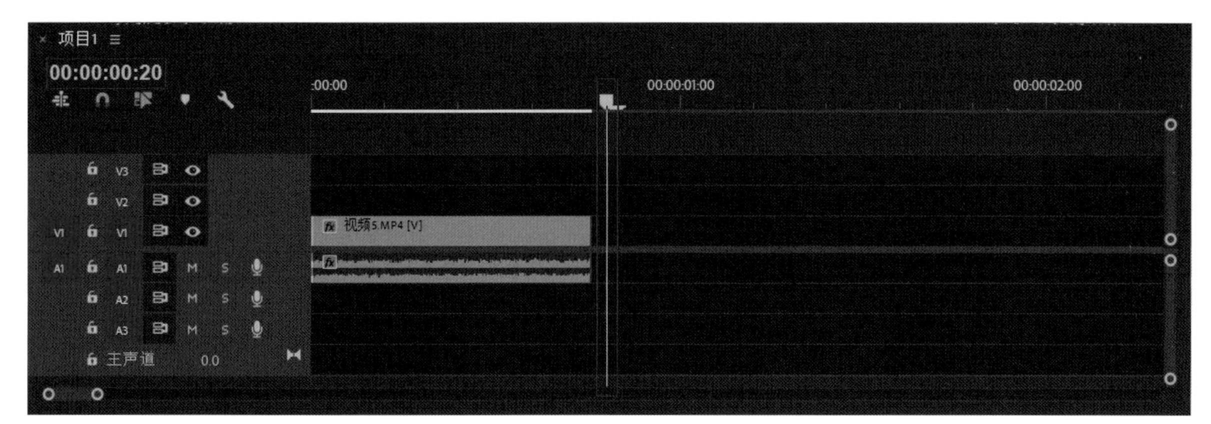

图2-7

提示 读者还可以在蓝色时刻上单击，然后输入准确的时间点，让播放指示器直接跳转到该时刻，以便直接观察。

02 放置视频素材 读者可以将时间轴理解为当前剪辑内容的播放时间长度，如果把整个影片当作一个故事，那么剪辑就是把故事的各个片段按照时间顺序放置到轨道中。图2-8所示的4个片段（“视频1”~“视频4”）按照时间顺序形成一个序列。

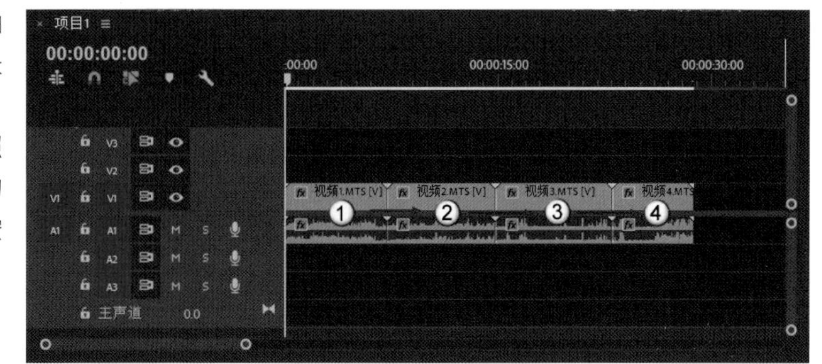

图2-8

提示

当读者把素材放置到轨道后，可以任意将它拖动到相关位置。值得注意的是，如果不通过2.2节介绍的回放功能将素材拖进轨道，而是将视频素材直接从“项目”面板中拖进轨道，那么素材的视频和音频部分会关联在一起，并分别占据一条视频轨道与一条音频轨道。此时，读者在轨道中拖动、拉伸或裁剪视频部分时，其音频部分也会连着一起拖动、拉伸或裁剪。

如果读者只想对该素材的视频或音频部分进行单独修改，那么必须取消该素材的视频和音频部分之间的关联。选择素材，按快捷键Ctrl+L即可取消关联。

03 覆盖轨道 Premiere的轨道为叠加覆盖逻辑，这类似于Photoshop的图层，因此如果一段视频的上方轨道中还有其他视频，那么这段视频将会被上方轨道中的视频覆盖。图2-9所示的“视频5”所在轨道V1的上方轨道V2中还有“视频4”，最终画面中只显示“视频4”，不显示“视频5”。

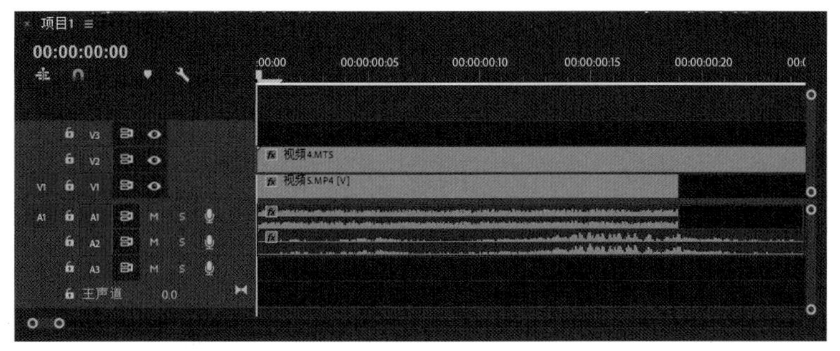

图2-9

提示 音频是否也这样呢？当然不是，对于音频部分来说，A2轨道中的音频不会被A1轨道中的音频覆盖，而是与A1轨道中的音频混合。其实这也非常符合生活常理，例如，电视机中的画面在不分屏的情况下只能存在一个，而声音却可以很多个音频混响在一起。

04 隐藏视频/播放音频 如果想让“视频4”的画面隐形，只播放“视频5”的画面，则单击视频轨道V2中的“切换轨道输出”按钮即可；如果想让音频轨道A1中的声音静音，则单击频轨道A1前端的“静音轨道”按钮（取自静音英文Mute的首字母）即可；如果想只播放单个音频轨道中的声音，则单击该音频轨道前端的“独奏轨道”按钮（取自独奏英文Solo的首字母）即可。具体的按钮位置如图2-10所示。

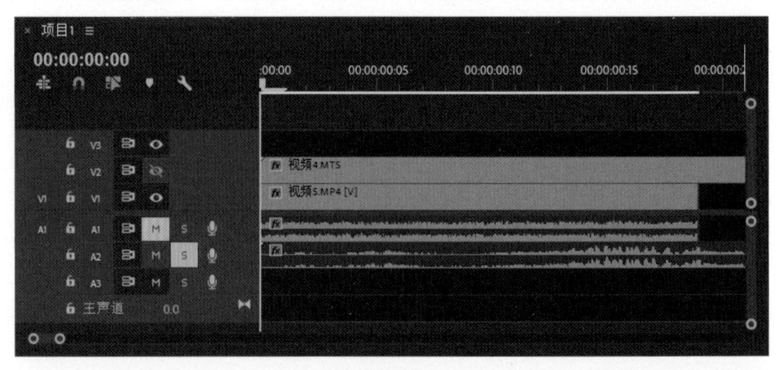

图2-10

05 锁定轨道 对序列进行复杂编辑后，如果不想让某个轨道中的素材文件因误操作而被修改，可以单击轨道前端的“切换轨道锁定”按钮，即可对该轨道进行锁定。对所有轨道进行锁定之后，整个轨道区域会出现斜线覆盖层，此时读者无法对素材进行任何操作，如图2-11所示。

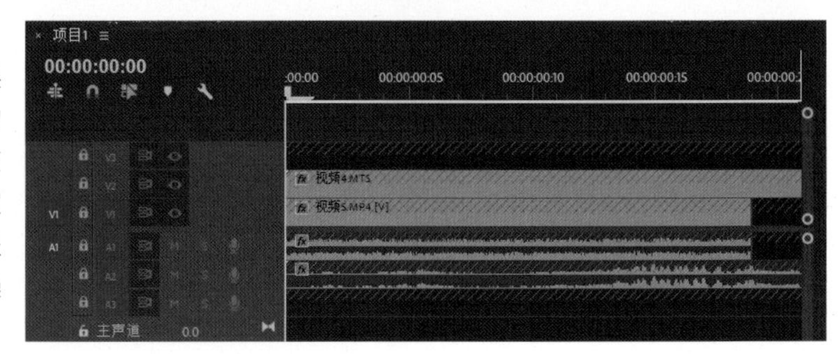

图2-11

2.4 编辑背景音乐

素材文件	素材文件>CH02>音频素材	教学视频	编辑背景音乐
实例文件	实例文件>CH02>编辑背景音乐	学习目标	掌握音频的编辑方法

背景音乐被圈内人士统称为BGM，是除视频素材之外影片的重要组成部分。合适的背景音乐能更好地烘托影片的环境氛围，增强观众对影片的兴趣。相信读者在看搞笑电影时一定被那些活泼俏皮的背景音乐感染过，因此，在制作影片时一定要选择与影片画面匹配的背景音乐。例如，在悲伤的镜头中可以用舒缓、柔美的钢琴曲，忌用动感、躁动的迪斯科舞曲，否则整个影片想要表现的氛围会因一首不合适的背景音乐而更改。

01 试听音频 在将背景音乐拖进序列前，可以使用回放功能在“节目”面板中对所导入的背景音乐进行试听，以便截取需要放入序列中的部分。在“项目”面板中双击素材“背景音乐1”，“节目”面板中会出现预览界面。如果该音乐文件为常见的双声道音频，那么会同时显示左（L）声道与右（R）声道的波形图，按Space键，时间线控制条（播放指示器）就会从左向右移动，系统开始播放音乐，如图2-12所示。注意，下方左侧的蓝色数字时间代表实时的播放进度，右侧的灰色数字时间则代表音乐文件本身的长度，再次按Space键即可暂停。

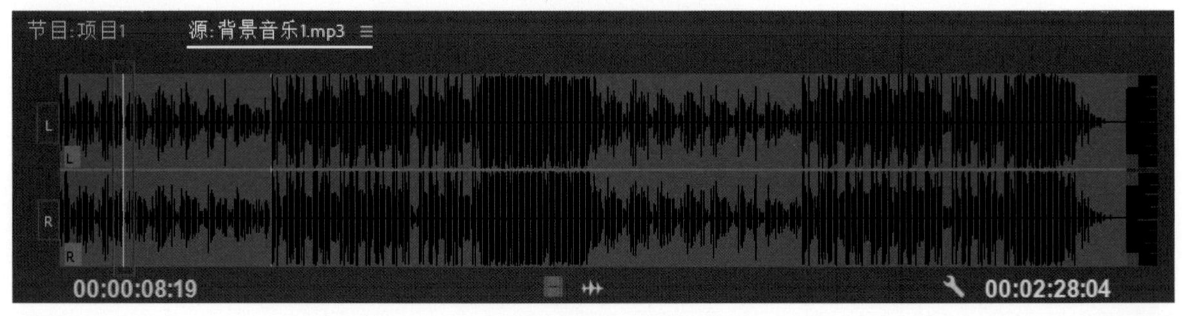

图2-12

提示 同样，拖近下方控制条两侧的圆钮，即可将声波放大显示。声波以中心轴线为基准，上下浮动的幅度越大，则表示该位置的声音音量越大，反之则声音音量越小，只有一条横线则表示该位置没有声音，如图2-13所示。此外，如果一段音乐中两处位置的波形相同，则表示这两处位置的旋律一样，通过分析波形图可以更详细地分析并截取需要使用的背景音乐。

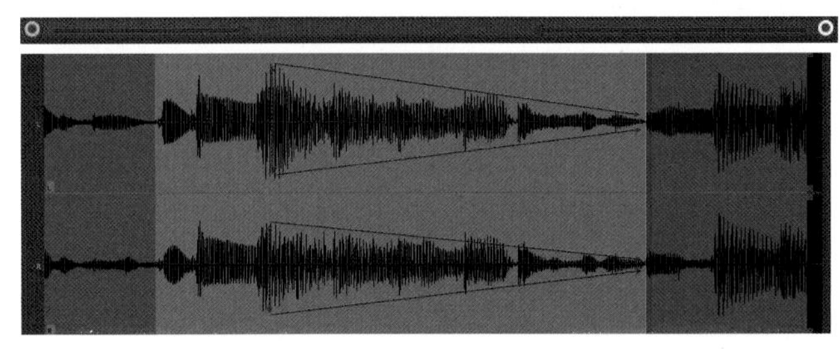

图2-13

02 截取音频 同截取视频一样，将时间线控制条（播放指示器）移动到相应的开始与结尾部分，分别按I键和O键，对背景音乐进行截取。此时，时间轴会显示蓝色的括号标记，括号内部表示已经截取的部分，读者需要单击“仅拖动音频”按钮，拖动鼠标到序列列表即可，如图2-14所示。

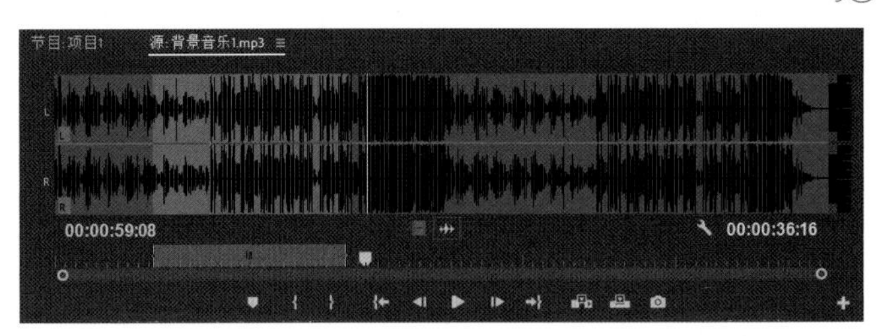

图2-14

提示 背景音乐在拖入序列后一般以绿色显示，摆放位置通常在视频主音频（人物的对话、旁白等）的下方音频轨道，如图2-15所示。

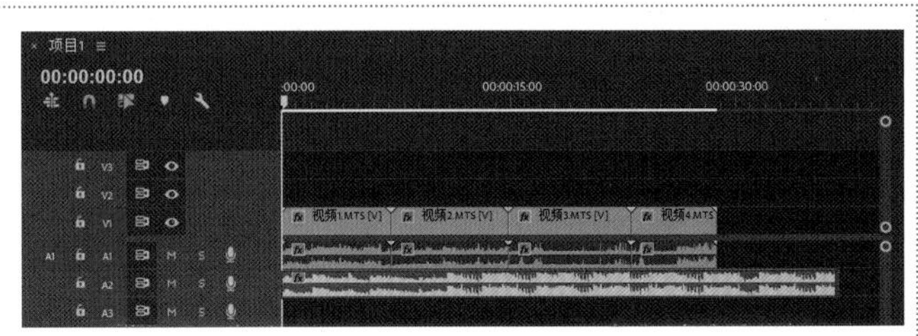

图2-15

2.5 组装与剪切视频

素材文件	素材文件>CH02>视频素材	教学视频	组装与剪切视频
实例文件	实例文件>CH02>组装与剪切视频	学习目标	掌握视频剪切方法

在对素材进行整理、导入、筛选和截取等操作后，就可以对这些视频和音频素材进行组装与剪切，即开始通过排布这些素材进行故事讲述了。为了让组装素材的思路更加清晰，此时需要引入一个基础概念——影片的构成方式，即镜头（Shot）→场景(Scene)→序列(Sequence)。

镜头（Shot） 指相机单次按下录制键到停止录制所记录的画面，对于视频剪辑来说就是一个单独的素材，例如，“我在卧室按下笔记本电脑的开机键”，在Premiere序列中则体现为“视频1”，如图2-16所示。

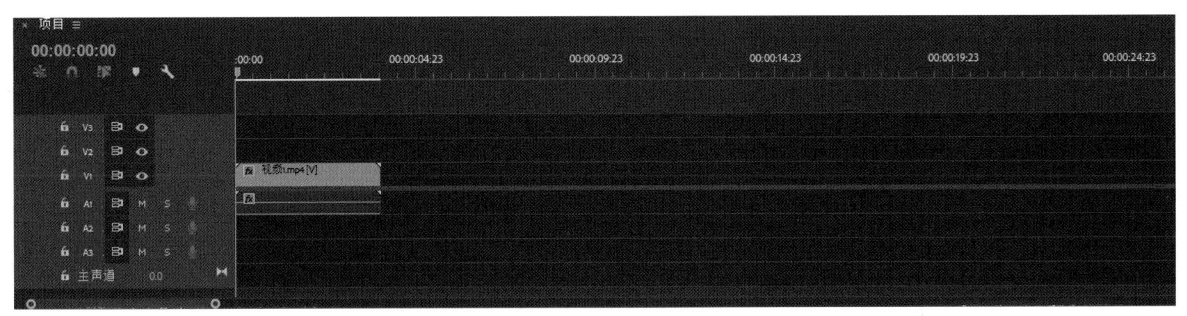

图2-16

场景（Scene） 即由多个镜头组装形成，同一个地理或空间位置的连续画面。因此，场景是多个相互关联的单独视频素材组装到一起而形成的，例如，“我在卧室按下笔记本电脑的开机键（镜头1）”“我在键盘上键入密码（镜头2）”“我端起了计算机旁的咖啡喝了一口（镜头3）”“我打开Word文档开始打字（镜头4）”这4个动作都是在同一地点（卧室中计算机前）发生的，所以它们只是一个场景，在序列中按“视频1”~“视频4”的顺序进行排列，如图2-17所示。

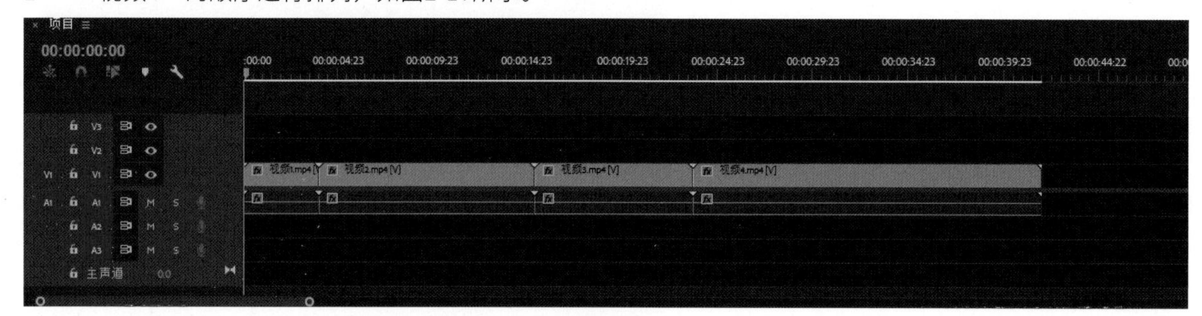

图2-17

提示 如果下一个镜头为“一个中年男子重重地敲了两下房门”，那就切换到了下一个场景，因为男子敲门的动作发生在房屋外，此时地点已经改变。

序列（Sequence） 由多个场景组装形成，例如，“我在卧室打字，听到有人敲门，于是去开门，之后看到中年男子，发现这个人是我多年未见的哥。两人热泪盈眶，并一起去公寓附近的小餐馆吃了一顿饭”。这一系列的画面包括很多场景，它们分别为卧室中、公寓走廊中、小餐馆。在序列中则体现为多个多段视频的组合体构成的长视频链，如图2-18所示。

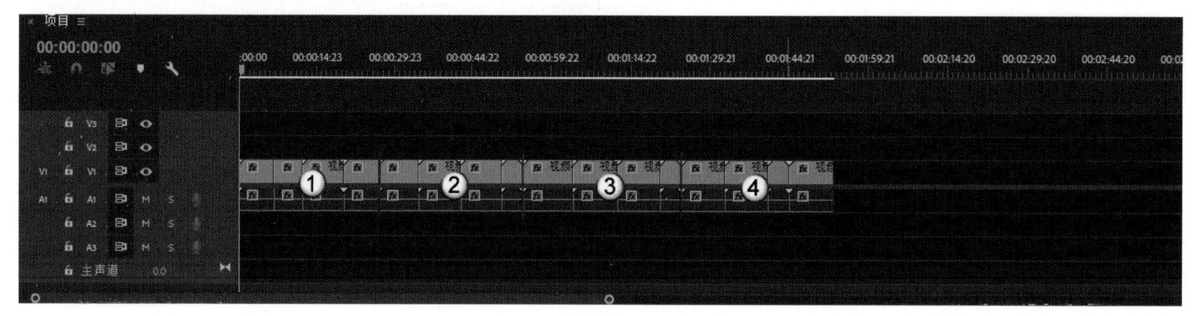

图2-18

因此，多个序列组装到一起则构成了整部影片。对于短视频制作的过程来说，大多数情况下视频素材没有电影制作那样繁多，用一个序列即可做完整个视频。当然，个人制作的视频可能会包括很多不同场景，但是每个场景的镜头数目不会太多，且各个场景的素材可能不像团队制作的场景素材那样具有很强的关联性。这就需要剪辑者剪辑时，通过合理的组合与略去一些影响视频连贯性的素材，来让视频的故事讲述发挥到极致，这也是视频剪辑的核心所在。

读者在组装视频素材的时候，可以先按照故事发展的顺序，把所有可能用到的素材都放入Premiere的主序列中，然后通过分析它们的适配性与必要性来对其进行去和留的判断，以及保持原长度与缩短的抉择。

提示 很多剪辑者会认为素材越多或越长，画面越丰富，影片最终的质量就越好。但事实上因舍不得删去一段素材，从而导致画面故事失去连续性，其后果比画面不丰富严重得多。

通过前面介绍的内容，读者可以将素材组装起来。剪切视频主要用到“移动工具”和“切割工具”。下面介绍剪切片段的使用方法。

01 删除不需要的片段 拖动时间线控制条，选择不需要的片段的开始位置，单击“切割工具”或按C键，然后单击当前时间线控制条所在的位置，接着用同样的方法选择不需要的片段的结束位置，使用“移动工具”选择切割出来的片段，按Delete键删除即可，如图2-19所示。

图2-19

02 封闭间隙 从图2-19所示的界面中可以发现，删除片段后，序列上会有一个间隙，读者可以选择后面的片段，将其向前拖动，也可以选择间隙，按Backspace键（退格键）。当序列中的间隙比较多时，可以执行“序列”>“封闭间隙”命令，如图2-20所示，将所有间隙封闭起来。Premiere的这一功能非常便捷，在面对大量素材需要删除间隙时非常实用。

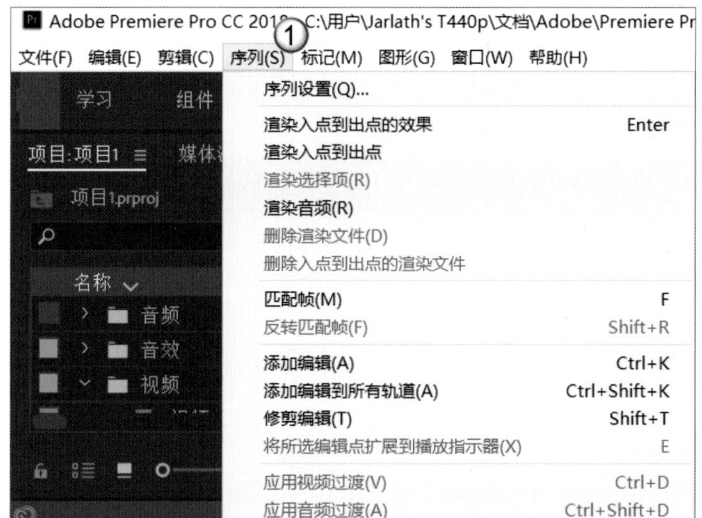

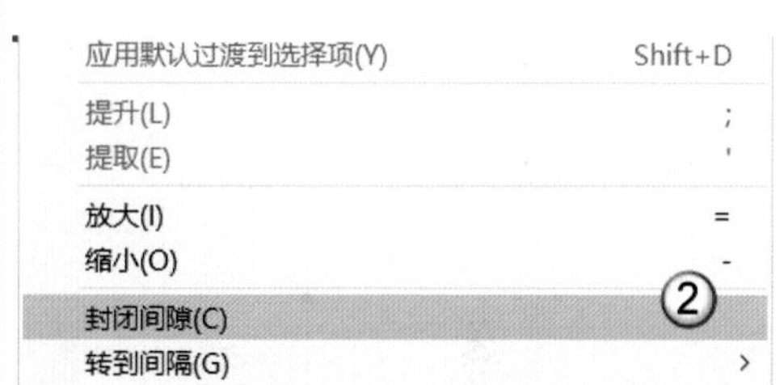

图2-20

2.6 添加转场

前面学习了如何对视频素材进行组装与剪切，让这些素材由一个个单独的镜头变为序列。但有些时候，将这些素材简单地拼接在一起会显得非常生硬，此时就需要剪辑者在各个镜头间添加一些衔接元素，让这些镜头无缝衔接起来。这样的衔接元素就叫转场。可能部分读者在网络上看过一些非常炫酷的流行转场，如拉镜、甩镜和遮罩等。这些转场非常炫酷，但是如果大家留心我们平时看的电影或者电视剧，会发现并不是所有影片都有转场。转场虽然华丽，但是必须用对地方，否则对短片、电影或电视剧的故事讲述并没有太大的帮助。本节主要介绍基础转场的处理方法，在后续章节中会介绍常见的酷炫转场。

2.6.1 J-Cut与L-Cut

扫码看剪辑效果 扫码看教学视频

素材文件	素材文件>CH02>视频素材	教学视频	J-Cut与L-Cut
实例文件	实例文件>CH02> J-Cut与L-Cut	学习目标	掌握基本转场的制作方法

J-Cut（J形切）相对于直接拼接和组装不同场景的视频素材（跳切）来说，是一种非常巧妙的转场方式。J-Cut提前让后一段素材的声音与前一段素材一起播放，形成一种衔接的效果。例如，图2-21所示为作者拍摄

的两个镜头的视频截图，前一个镜头是“我端着水杯走路，然后将水杯放到桌子上”，后一个镜头是“我坐在沙发上说话”。

图2-21

01 正常拼接 如果按照正常的剪辑方式，即将前一段素材与后一段素材进行标准组装，那么“我坐在沙发上说话”的音频会在端水杯这一镜头结束后开始。使用这种方式剪辑时，两段素材的视频与音频部分是完全分离开的，轨道效果如图2-22所示。

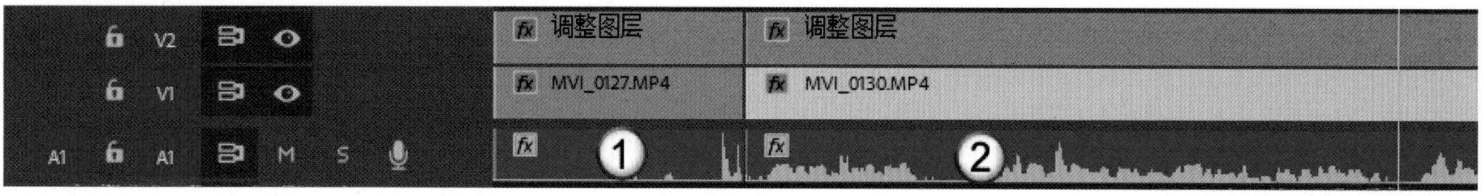

图2-22

提示　图2-22中的①为前一段视频的音频，②为后一段视频的音频。

02 前移后续音频 如果使用J-Cut的方式进行剪辑，要将后一段素材的音频提前插入前一段素材下方，与前一段素材的音频同时播放，如图2-23所示。这样就可以让观众先听到我的声音，再看到我的人，达到先闻其声再见其人的流畅观影效果，使整个视频的过渡非常自然。

图2-23

提示　因为后一段视频的音频提前插入，必然会占用前一段视频的音轨部分，使前一段视频的音频向下移。这就使后一段素材的视频部分和音频部分形成一个J字形（见图2-23），这也是命名为J-Cut的原因。

了解了J-Cut的概念之后，相信读者已经能判断出L-Cut的形式。L-Cut是使前一段素材的音频延伸到后一段素材下方，前一段素材的视频部分和音频部分形成一个L形，如图2-24所示。这种转场方式常出现在“人物在叙述故事，画面是故事，人物声音则成了故事旁白”这类视频中。

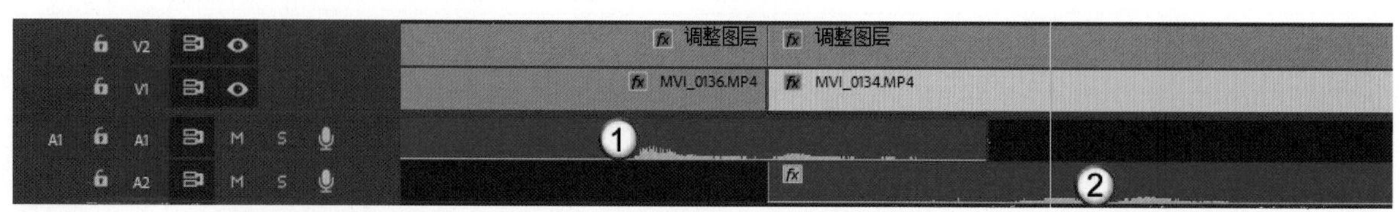

图2-24

提示　这两种基本转场是电影和电视剧中惯用的转场方式。

2.6.2 黑场转场（淡入/淡出）

扫码看剪辑效果  扫码看教学视频 

素材文件	素材文件>CH02>视频素材	教学视频	黑场转场（淡入/淡出）
实例文件	实例文件>CH02>黑场转场（淡入/淡出）	学习目标	掌握淡入/淡出的制作方法

黑场转场（淡入/淡出）也是电影或电视剧中常出现的一种转场，这种转场的形式是前一段视频在结尾处缓慢地变暗，然后转为一帧黑场（全黑画面），紧接着第2段视频由黑场开始逐渐变亮，最后恢复正常。图2-25所示的视频截图，“端着水杯放到桌子上”的画面渐渐变暗直到黑场，然后“我开始说话”的画面由黑场逐渐地显现出来。这样的转场过程可以让观众的直观感受非常舒服，察觉不到人工效果。

图2-25

01 插入黑场过渡 转到“效果”工作区，在效果搜索栏中搜索“黑场”，然后直接将“黑场过渡”效果拖动到任意两段视频中间，如图2-26所示。在添加黑场过渡效果后，这两段视频中间位置就会出现一个标有“黑场过渡”字样的黄色长条。

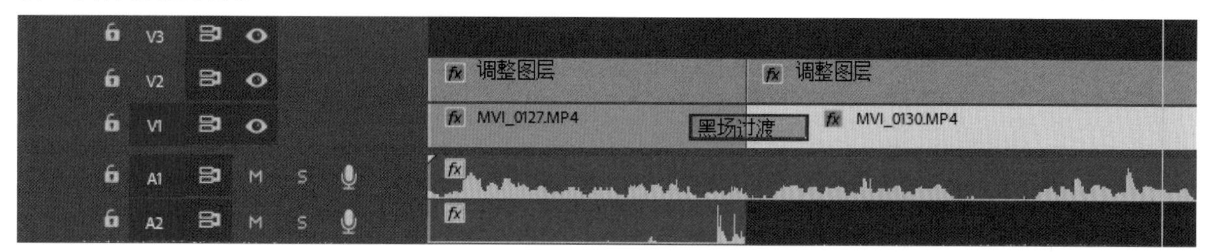

图2-26

02 编辑过渡时间 如果读者认为过渡时间太长了，想让它短一些，可以将鼠标指针悬停在黄色长条的任意一边，然后向中心位置拖动调整即可（只需拖动黄色长条的一边，另一边也会自动向中心位置调整），如图2-27所示。相反，如果要将过渡的持续时间变长，只需要将黄色长条的任意一边向外拖动即可。

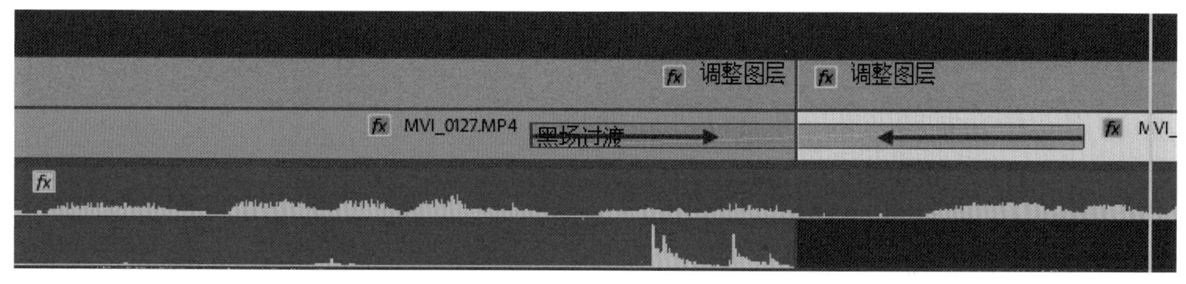

图2-27

2.7 添加文字

短视频中有一种非常经典且容易让视频看起来更具备电影感的方式，就是在视频上添加文字。添加文字可以用于对视频内容进行旁白说明，也可以用于制作结尾的鸣谢列表。图2-28中添加的文字“SEASON1 EPISODE 1”和“第1季 第1集”让短视频看起来更像是一个小型电影或故事片。

图2-28

2.7.1 使用“文字工具”

扫码看剪辑效果

扫码看教学视频

素材文件	素材文件>CH02>视频素材	教学视频	使用“文字工具”
实例文件	实例文件>CH02> 使用“文字工具”	学习目标	掌握“文字工具”的使用方法

文字的添加方式其实不止一种，一种为使用“文字工具”T（快捷键为T）添加。下面介绍具体方法。

01 输入文本 选择“文字工具”T，直接在“节目”面板中的视频画面上单击，输入“SEASON 1 EPISODE 1”，然后在其下方空闲画面的位置再单击一次，输入“第1季 第1集”，此时序列中该视频素材的上方就会出现一个这些文字的图形素材文件，如图2-29所示。

第1季 第1集 ②
整图层 调整图层 调整图层
MV ① .MP4 MVI_0130.MP4

图2-29

提示 使用“文字工具”时，在画面空闲位置每单击一次就会出现一个新的红色方框，用于添加新的文字。

02 调整文本图形的长度和位置 因为此时图形位置不在该视频素材的正上方，可以拖动这一图形素材调整其位置并修改其长度，让它与视频素材更加匹配，如图2-30所示。

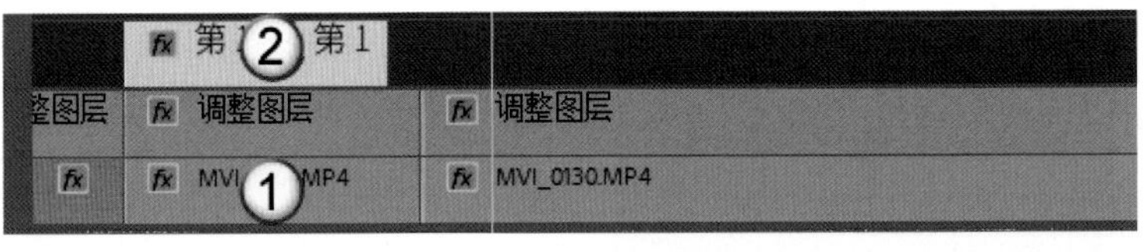

图2-30

提示 此步骤的位置调整只是对这些文字的播放与结束播放的时间位置进行调整，并非对这些文字在视频画面中的平面位置进行调整。

03 调整文本效果 为了使这些文字看起来更加美观和专业，可以对文字的字体和字号进行调整。选择上述图形素材，切换到“效果”工作区，在“效果”面板左侧的“效果控件”面板中找到“SEASON 1 EPISODE 1”和“第1季 第1集”这两段文字的相关控件。这里以“SEASON 1 EPISODE 1”的效果控件为例做演示，依次根据需求设置字体名、字体粗细、字体大小、字间距、文字颜色和文字位置，如图2-31所示。

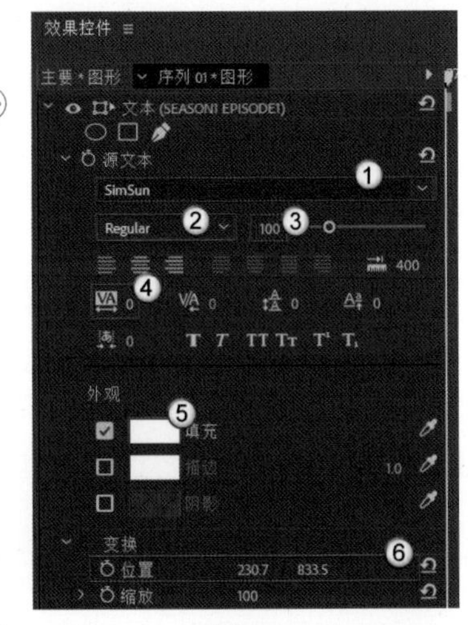

图2-31

提示 “位置”的显示方式为：左侧蓝色数字表示x轴坐标位置（横向位置），该数值越大，文字位置越靠右；右侧蓝色数字表述y轴坐标位置（竖向位置），该数值越大，文字位置越靠下。通过调整坐标的方式调整文字的位置更加精准，且能避免单击产生的位置误差。

04 设置字体为Source Han Sans SC（思源黑体），字体粗细分别为Light（细）和Bold（粗），然后调整字体的位置，具体参数设置如图2-32所示，效果如图2-33所示。

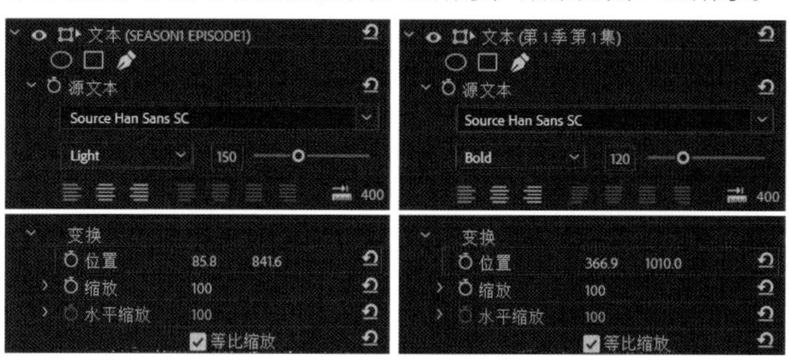

图2-32

图2-33

2.7.2 旧版标题

扫码看剪辑效果

扫码看教学视频

素材文件	素材文件>CH02>视频素材	教学视频	旧版标题
实例文件	实例文件>CH02>旧版标题	学习目标	掌握旧版标题的使用方法

这种添加文字的方式相比于通过“文字工具”添加文字则简单很多，下面介绍具体操作方法。

01 新建字幕 将轨道上的时间线控制条在序列中拖动到需要添加文字的画面位置，然后执行“文件”>“新建”>“旧版标题”命令，如图2-34所示。在打开的“新建字幕”对话框中设置名称，如图2-35所示。

图2-34

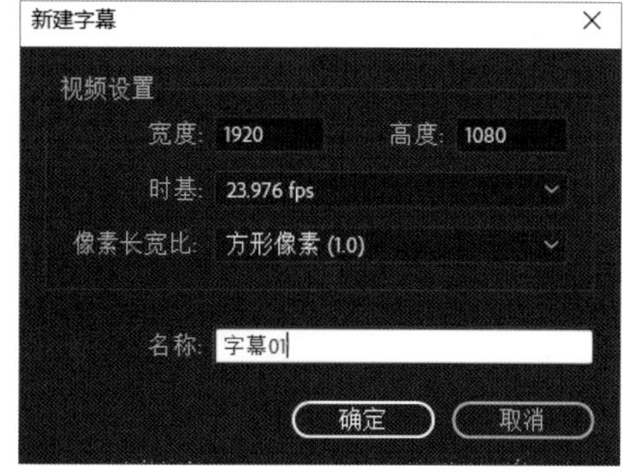

图2-35

02 设置文本效果 打开“字幕”面板，选择“文字工具”，将所需文字直接输到画面上，然后按照2.7.1节中的思路设置字体、粗细、字号和位置。如果想让文字显示在画面中央，还可以使用“选择工具”选择文字，然后依次单击“中心”面板中的相关按钮即可。具体设置思路如图2-36所示。

图2-36

提示 对于文字位置的调整，还可以选用左上角的“选择工具”选择画面中的文字，然后将其直接拖动到相关位置。这种方式适合对位置进行快速、不精确的调整。

03 调整文本位置 当文字效果编辑完成后，直接关掉图2-36所示的面板，然后将“项目”面板中生成的“字幕01”素材文件添加到序列中相应视频素材的上方，如图2-37所示。

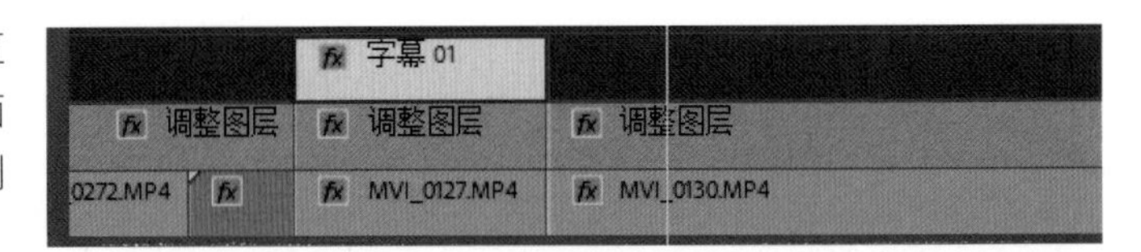

图2-37

提示　在关闭“字幕”面板后，该文字不会直接出现在画面上方，而是在左侧“项目”面板中生成一个名为“字幕01”(以实际命名为准)的素材文件，需要读者将其拖进序列中的相应位置。这一点与2.7.1节介绍的“文字工具”中图形素材文件的生成逻辑类似。

2.8 制作影片的开场与谢幕

开场与谢幕是一部影片必须具备的组成部分。对于开场来说，不宜特别复杂，应以简洁为主，基本的思路是为开场的第1个视频素材和背景音乐添加淡入的效果。至于谢幕，在影片的结尾视频素材和背景音乐中添加淡出效果，并添加一些谢幕文字即可。

视频素材的淡入效果在2.6.2节黑场转场中已经介绍了，即在视频素材的前端添加黑场过渡效果来实现。此外，添加关键帧也可以实现同样的效果。

2.8.1 关键帧

扫码看教学视频

素材文件	素材文件>CH02>视频素材	教学视频	关键帧
实例文件	实例文件>CH02>关键帧	学习目标	掌握关键帧的使用方法

关键帧决定素材的某一个特定属性，以便在某些特定位置产生变换的帧位置。例如，可以通过设置关键帧，使视频的不透明度在第1帧与第100帧之间保持为0（黑场），在第124帧开始变为100%（默认状态），从而在第100帧与第124帧之间形成一个不透明度为0~100%的过渡。

选择一段视频，切换到“效果”工作区。“效果控件”面板的右侧区域为关键帧的添加区。关键帧的添加区和轨道有些类似，会显示选择的视频素材（“视频5”）、时间轴与时间线控制条，如图2-38所示。

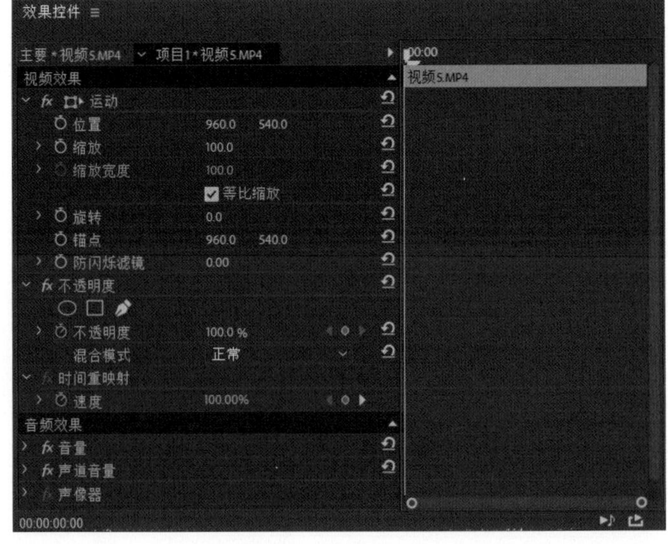

图2-38

2.8.2 视频的淡入/淡出（关键帧法）

扫码看剪辑效果

扫码看教学视频

素材文件	素材文件>CH02>视频素材	教学视频	视频的淡入/淡出(关键帧法)
实例文件	实例文件>CH02>视频的淡入/淡出(关键帧法)	学习目标	掌握视频淡入/淡出的使用方法

图2-38所示视频目前的不透明度为默认的100%，即完全不透明（正常状态）。想要形成开场的淡入效果，则需要先将时间线控制条移动到视频开始位置，并将“不透明度”设置为0，然后按Enter键，在起始帧位置设置一个

关键帧，接着把时间线控制条移动到需要恢复正常状态的帧位置（淡入效果的结束位置），将“不透明度”设置回100%，最后按Enter键，在此帧位置设置另外一个关键帧，如图2-39所示。

图2-39

设置完成后，这两个关键帧之间会形成一个不透明度从0到100%的渐变效果（淡入），如图2-40所示。同理，如果将这一方式用在影片的结尾视频素材上，按顺序设置不透明度为100%和0的两个关键帧，那么就能形成谢幕的淡出效果。

图2-40

2.8.3 音频的淡入/淡出

素材文件	素材文件>CH02>视频素材	教学视频	音频的淡入/淡出
实例文件	实例文件>CH02>音频的淡入/淡出	学习目标	掌握音频淡入/淡出的使用方法

扫码听音频效果

扫码看教学视频

添加音频淡入/淡出效果的方法与视频有些不同，下面介绍具体方法。

01 放大音轨 双击音频所在音频轨道前方的空缺位置（红色方框位置），使音频轨道放大，如图2-41所示。

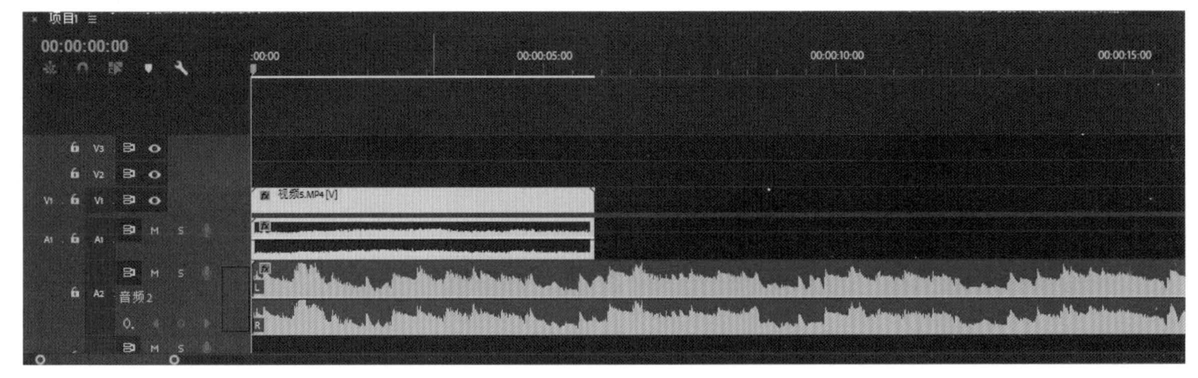

图2-41

02 添加关键帧 按Z键激活“缩放工具”，双击音轨，将音频放大，以方便后续的更改，然后切换回“选择工具”，并按住Ctrl键，在音频文件的中轴横线上单击添加两个关键帧，如图2-42所示。

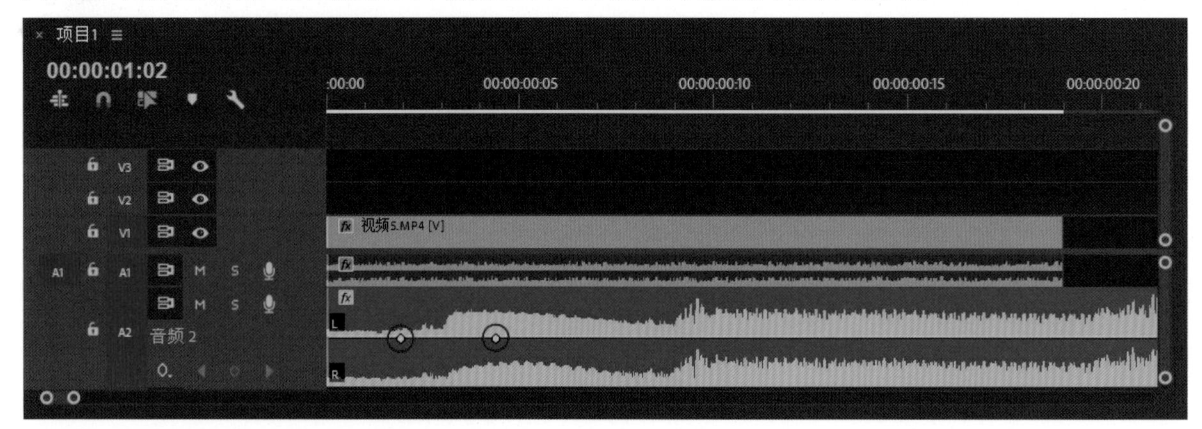

图2-42

提示　按住Ctrl键后，每单击一次，则添加一个关键帧。

03 设置音量控制效果 将第1个关键帧向下拉，使之显示为－∞dB（负无穷分贝增益），即无声音状态，并将其向左拖动到一个合适的位置，然后保持第2个关键帧不动，即原音量，如图2-43所示。编辑完成后，为了方便后续操作，读者可以再次双击音频轨道前方空白区域将其缩小。

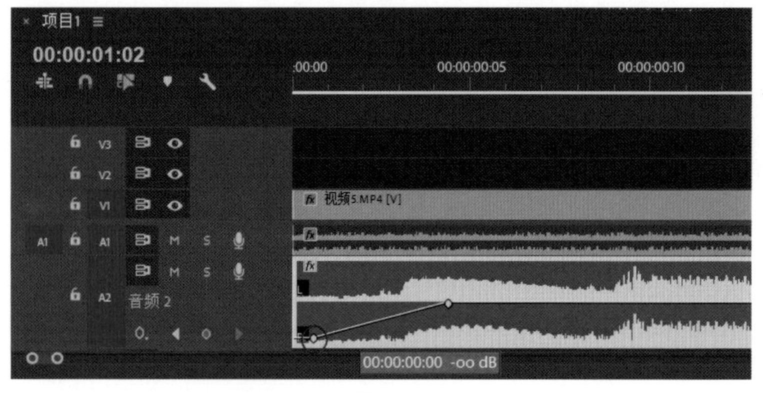

图2-43

提示　此时，这段背景音乐则在开头形成了从无声状态到正常状态的一个渐变（淡入）。同样，在影片结尾背景音乐位置反方向设置这样一组关键帧，则能形成音频的淡出效果。

2.8.4 谢幕文字

扫码看剪辑效果　扫码看教学视频

素材文件	素材文件>CH02>视频素材	教学视频	谢幕文字
实例文件	实例文件>CH02>谢幕文字	学习目标	掌握谢幕文字的使用方法

在影片结束之后，还可以添加一些谢幕文字，如“The End”“Producer A”“Director of photographer B”“Editor C”等一系列内容，如图2-44所示。

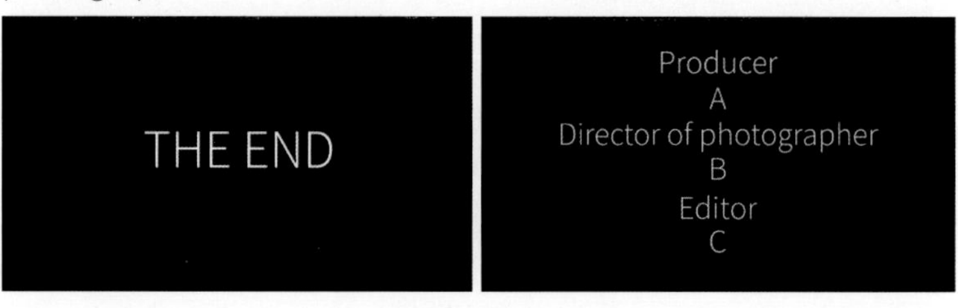

图2-44

提示　关于文字和淡入/淡出效果的添加方式，前面已经介绍过了，读者可以参考制作。

2.9 添加字幕

扫码看剪辑效果

扫码看教学视频

素材文件	素材文件>CH02>视频素材	教学视频	添加字幕
实例文件	实例文件>CH02>添加字幕	学习目标	掌握添加字幕的方法

为了避免影片中的语言或口音对部分观众不友好，给一部影片添加字幕是很有必要的。一般在影院上映的电影，下方都会给台词配字幕，甚至是双语字幕。

01 新建字幕 单击“项目”面板右下角的“新建项”按钮■，然后选择“字幕”，在弹出的“新建字幕”对话框中，有很多的标准可以选择，如图2-45所示。

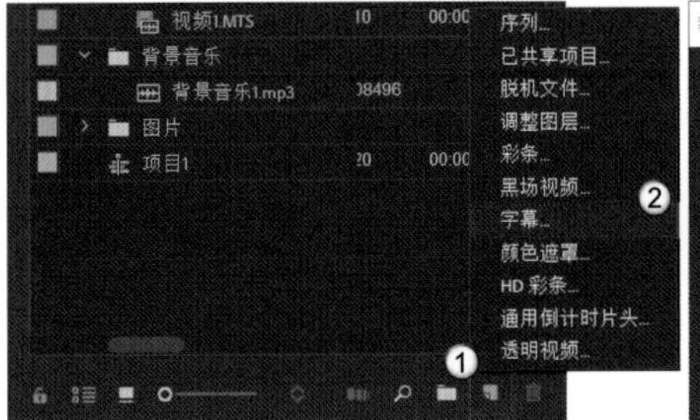

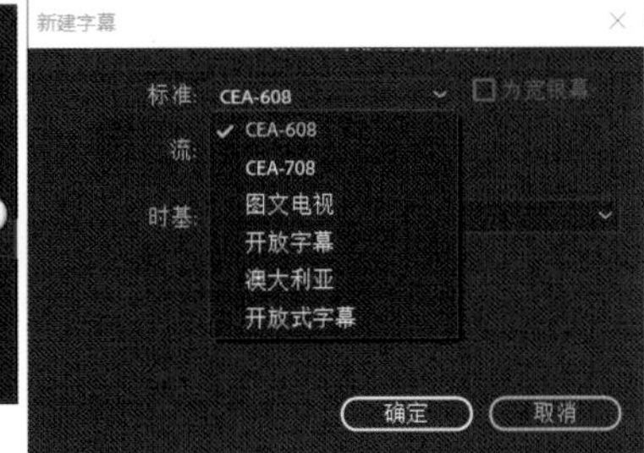

图2-45

提示

“CEA-608”（老式）和“CEA-708”是美国与加拿大的电视字幕标准。“图文电视”是欧洲的电视字幕标准，“澳大利亚”是澳大利亚的相应标准。

相对于“开放式字幕”来说，这些标准都属于“封闭式字幕”。“封闭式字幕”可以被观众打开与关闭，而“开放式字幕”在添加之后会成为视频的固定部分，在任意设备或平台上播放都无法关闭。对于我们制作的个人与网络视频来说，为了增强字幕的兼容性与可用性，添加“开放式字幕”最合适。

设置“标准”为“开放式字幕”（注意：该对话框中的其他选项会默认与序列的设置保持一致，无须更改），并单击“确定”按钮，“项目”面板中会生成一个“开放式字幕”素材文件，如图2-46所示。

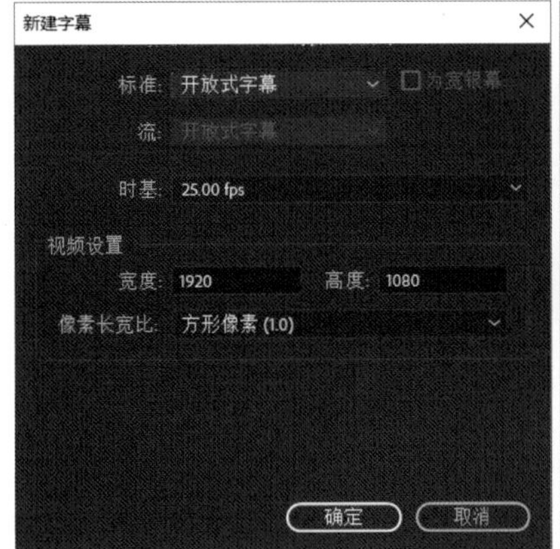

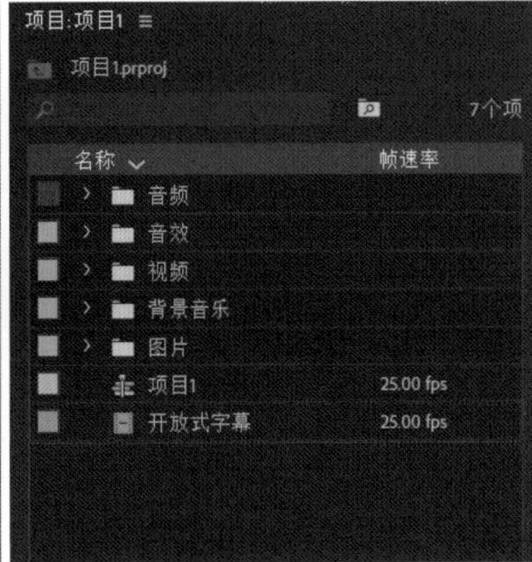

图2-46

02 设置字幕样式 双击“项目”面板中的“开放式字幕”素材文件，可以打开“字幕”面板，然后根据需求设置字幕文本，修改字体、字号、文字颜色和字幕位置等，其操作逻辑基本与所有文字编辑软件的操作逻辑相同。设置字体为“黑体”，大小为“50”，输入第1句字幕为“这是一个宁静、美丽的小镇。”，单击“背景设置”按钮■，设置背景颜色的不透明度为0，如图2-47所示。

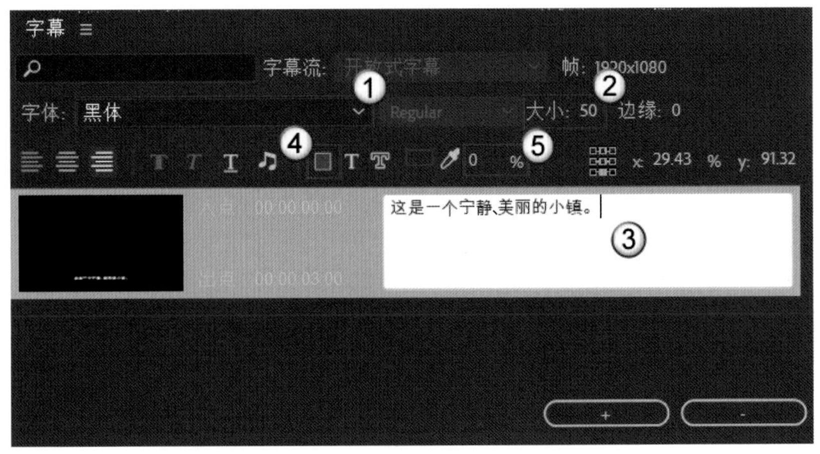

图2-47

03 加入字幕 文字输入完毕之后，字幕并不会直接出现在视频画面上，这时候需要将“开放式字幕”素材从“项目”面板中拖动到视频素材所在的轨道上方，这样就可以获得一个中规中矩的字幕，如图2-48所示。

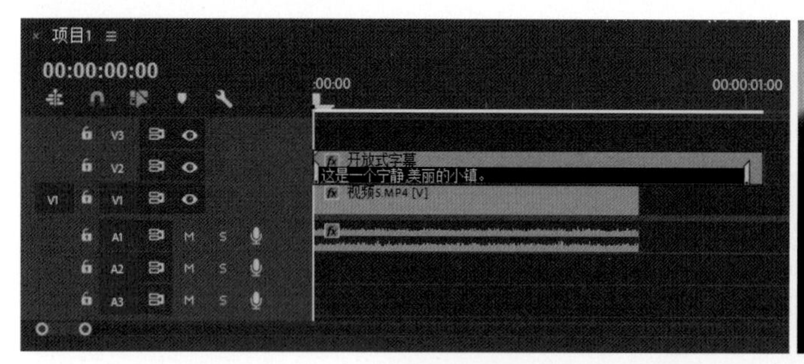

图2-48

04 继续添加字幕 如要添加第2句话，那么单击“字幕”面板中的“添加字幕”按钮，在新生成的文字框中输入相关文字即可，如图2-49所示。

> **提示** 在添加字幕时一定要逐句地按顺序添加，不可成段添加，否则不符合常规的字幕标准。

图2-49

05 设置字幕间隔 添加完新的字幕后，还需手动调整每句话的显示间隔，让字幕与画面更匹配。拖动“开放式字幕”素材文件中黑色字幕长条两端的白色控制条即可调整字幕间隔，如图2-50所示。

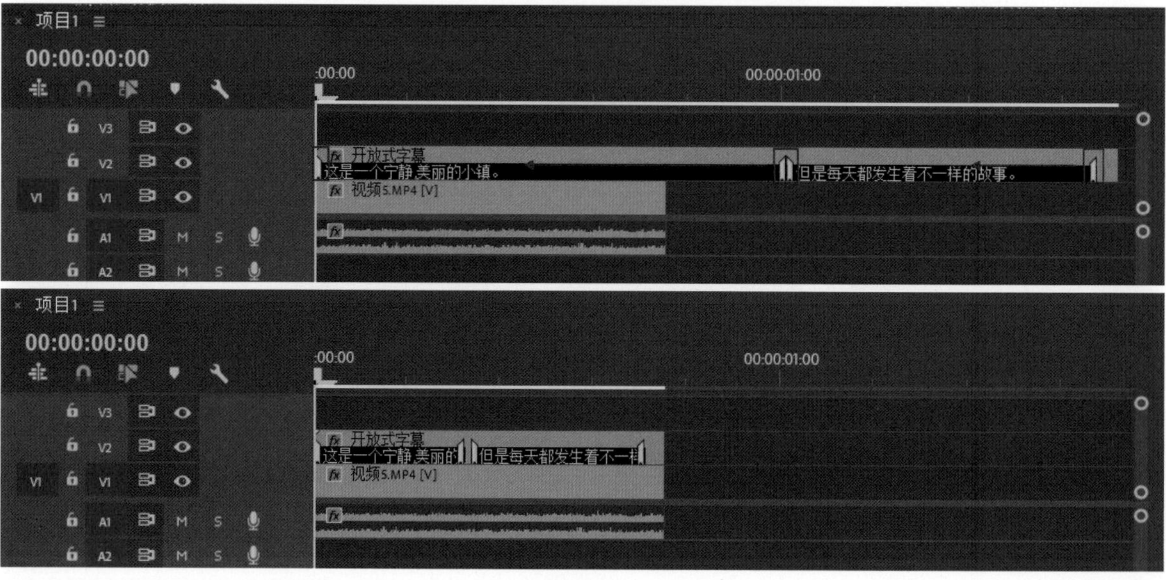

图2-50

提示

此外，每句话的显示间隔还可以通过在“字幕”面板中精确地输入每句话的“入点”和“出点”来实现，如图2-51所示。

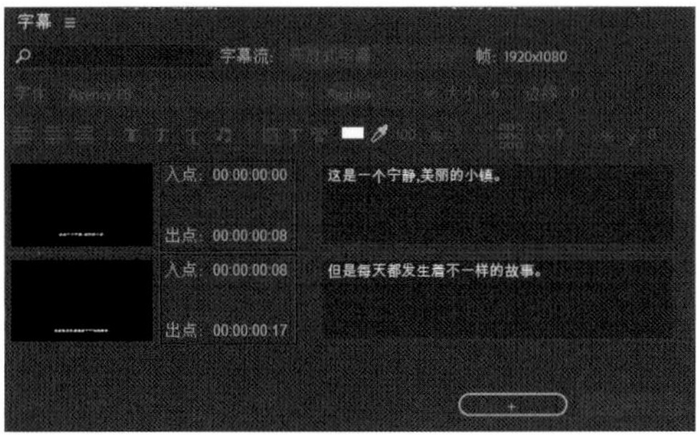

图2-51

2.10 视频的渲染与压制

渲染是对序列中所添加效果或动画的计算处理，这些效果与动画能整合到视频中的操作。在使用Premiere进行剪辑时，会看到序列中的轨道上方总是显示着3种颜色的线条，它们分别为①黄色、②红色与③绿色，如图2-52所示。黄色线条代表着该时间轴区域中的视频与效果可能会产生回放卡顿（未渲染）现象，红色线条代表着该时间轴区域中的视频与效果一定会产生回放卡顿现象，绿色线条代表着该时间轴区域中的视频与效果能流畅播放（已渲染）。

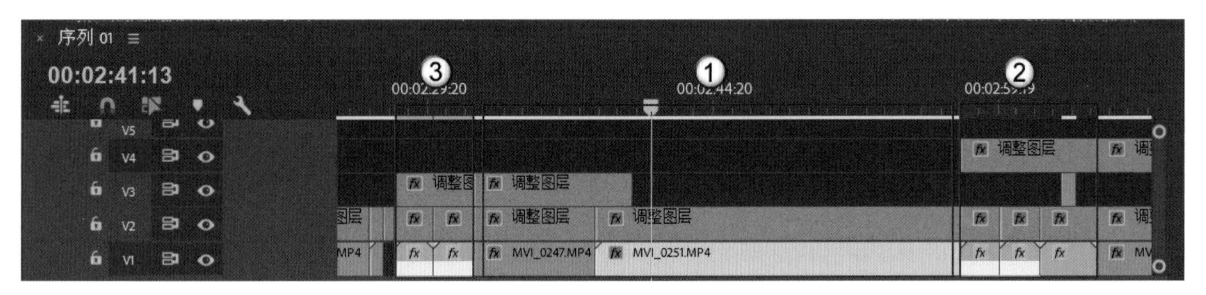

图2-52

2.10.1 预渲染

扫码看教学视频

素材文件	素材文件>CH02>视频素材	教学视频	预渲染
实例文件	实例文件>CH02>预渲染	学习目标	掌握预渲染的设置方法

当视频剪辑工作完成后，需要对视频进行预渲染操作，以便在最终压制前能流畅地预览视频的最终效果，检查剪辑是否有误。一般来说，如果序列中没有添加复杂的效果，轨道上方就不会出现红色线条，剪辑师也无须预渲染。但是对于高质量的影片来说，影片会频繁地添加效果与动画，所以预渲染是很有必要的。预渲染的操作非常简单，只需激活“选择工具”，然后单击“时间轴”面板（序列）以保持选择，按Enter键即可。Premiere中会显示渲染信息对话框，用于显示渲染的进度与剩余的渲染时间，如图2-53所示。在渲染的过程中，剪辑者可以随时取消渲染，且不会对序列和素材文件造成任何影响。

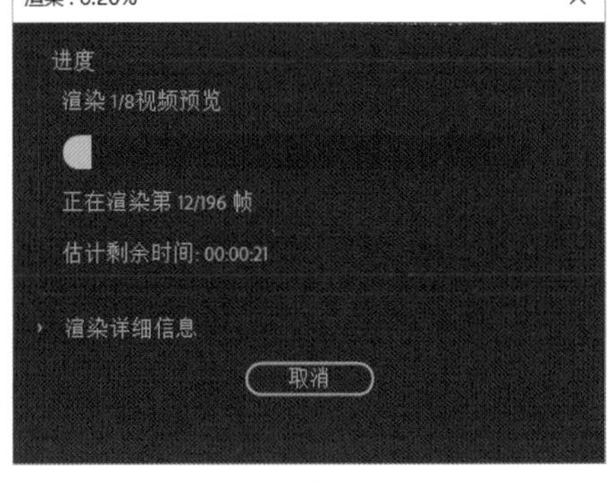

图2-53

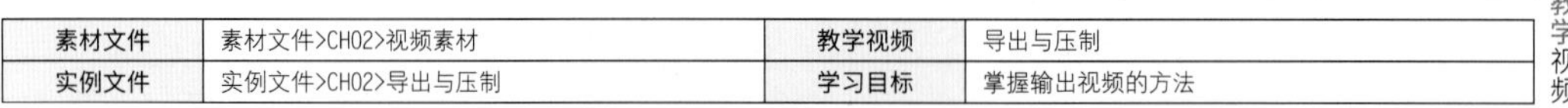

2.10.2 导出与压制

素材文件	素材文件>CH02>视频素材	教学视频	导出与压制
实例文件	实例文件>CH02>导出与压制	学习目标	掌握输出视频的方法

导出与压制是指在视频剪辑与回放预览的工序全部完成后，将序列中的素材进行最终整合与计算，从而生成一个单独视频文件（如.mp4文件）的过程。这一步骤不是在Premiere中完成的，而是由编码软件Adobe Media Encoder来执行。注意，安装Premiere时，Media Encoder会自动安装，无须用户额外安装。

01 导入工程文件 启动Adobe Media Encoder，单击左上角队列面板中的“+”按钮，并在硬盘中选择需要导出与压制的“项目1”工程文件，单击“打开”按钮[打开(O)]，如图2-54所示。

图2-54

提示 Premiere的默认项目文件存储在C:\文档\Adobe\Premiere Pro\12.0中。

02 设置视频画质 Adobe Media Encoder会自动将“项目1”中的序列导入，并为最终的压制做好准备。想要压制出画质更好的视频，只用默认的设置是远远不够的，需要手动更改其设置。目前的视频主流仍然为1080p full HD，单击“预设”下的选项，如图2-55所示。

图2-55

03 打开“导出设置”窗口，接下来需要对“格式”（编码）、“预设”、“输出名称”等细节进行修改，参数设置如图2-56所示。

图2-56

04 保持“格式”为H.264不变，设置“预设”为High Quality 1080p HD，如图2-57所示。

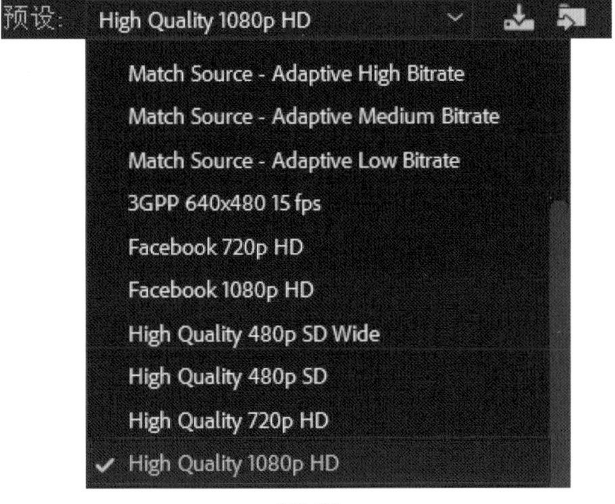

图2-57

05 下面介绍细节修改，将界面最大化以显示被遮挡的选项，并将右侧的控制条向下拉，勾选“以最大深度渲染”选项，如图2-58所示。

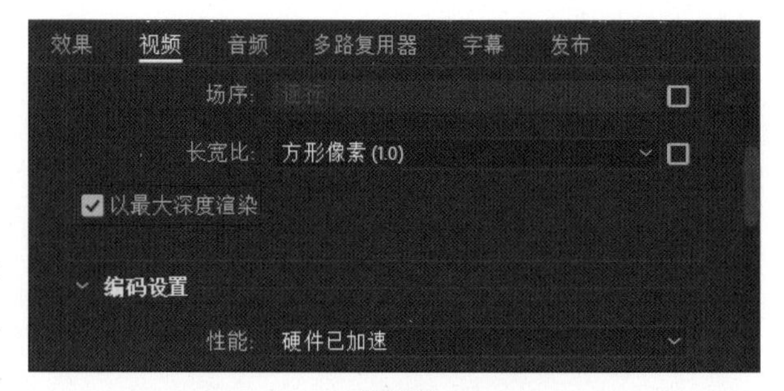

图2-58

06 将右侧控制条继续向下拉，设置“比特率编码”为图2-59所示的任意一种。其中，VBR（Variable Bit Rate）为“动态比特率”，即整部视频的码率不恒定；CBR（Constant Bit Rate）为“恒定比特率”，即整部视频的码率恒定。这两种设置属于不同的算法，且因为用途不同，目标“比特率编码”的需求也不同，所以“比特率编码”设置不是一成不变的。目前这两种设置均能满足1080p full HD的画质需求。如果视频为网络上传视频，推荐“VBR，2次”编码方式。

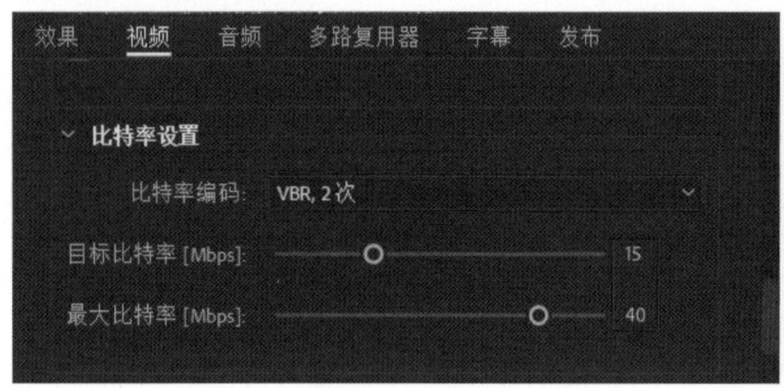

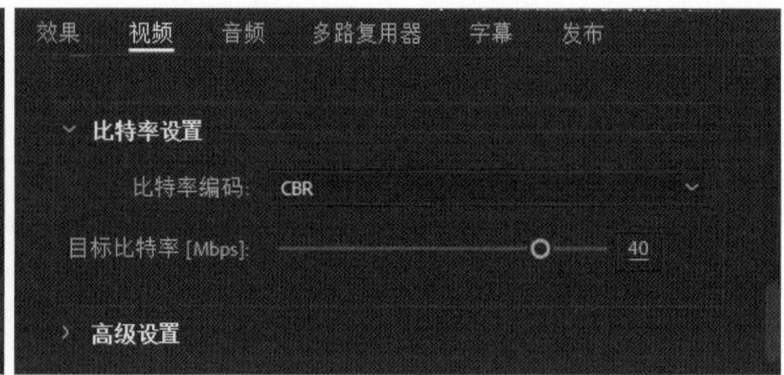

图2-59

> **提示** VBR编码方式的目标比特率与最大比特率需要根据不同网站的实际“二次压缩”码率线(二压线)来设置，并非一成不变。

07 勾选“使用最高渲染质量”（增强画质）与“使用预览”（加快压制速度）选项，完成压制参数的设置，如图2-60所示。

08 设置输出路径 修改最终视频文件的生成位置（此处我们保持默认）并单击右上角的绿色“开始”标志开始压制，如图2-61所示。

图2-60

图2-61

压制结束后，“状态”一栏会由“就绪”变为“完成”，而视频文件会出现在设置好的位置中。

> **提示** 本章内容包括剪辑一个短视频的基本流程和操作方式，请读者尝试着使用手中已有的素材或书中提供的素材文件，来剪辑自己的第一个短视频。

第3章

短视频的精剪技术

通过第2章的学习，读者掌握了影片制作的基本流程和一系列操作方法，但是靠这些步骤创造出的作品只能满足量的需求，无法达到质的飞跃。因此，本章将介绍如何使短视频在画面和声音上有更大的提升，主要内容包括视频素材调色、音频调整、添加水印、制作动态图形、稳定画面、制作宽屏效果和代理剪辑工作流等内容。

3.1 使用调整图层

素材文件	素材文件>CH03>视频素材	教学视频	使用调整图层
实例文件	实例文件>CH03>使用调整图层	学习目标	掌握调整图层的设置方法

调整图层是可以放置在任何视频素材上方的空图层或空素材，对调整图层添加的任意效果都会应用到该图层下方的视频素材中，且不会对视频素材本身做任何修改，以增加剪辑时的容错率。

在“视频4”上方轨道中放置一个与该视频长度相等的调整图层，如图3-1所示。调整图层上的效果都会应用到“视频4”中，但是如果删除调整图层或隐藏调整图层所在的轨道，这些效果都会跟随着调整图层消失。这就相当于在一段视频的上方加了一个透明滤镜，如果将滤镜染成蓝色，那么视频也会变成蓝色；如果滤镜染成红色，那么视频也会变成红色；如果把滤镜拿掉，所添加的颜色也会立刻消失，不会在视频本身留下痕迹。

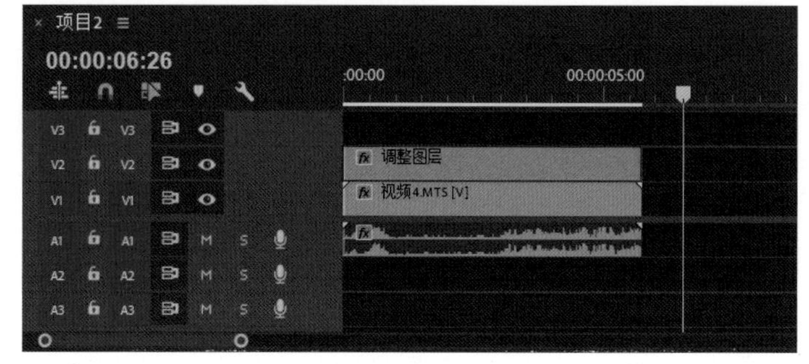

图3-1

在“项目”面板的空白部分右击，在弹出的快捷菜单中执行“新建项目”>“调整图层”命令，然后在“调整图层”对话框中单击“确定”按钮 确定 ，如图3-2所示。之所以这里不设置相关参数，是因为这些参数会根据序列设置自动匹配，无须做额外更改。注意，创建好调整图层后，一定要将其从“项目”面板拖进相关轨道并修剪成合适的大小。

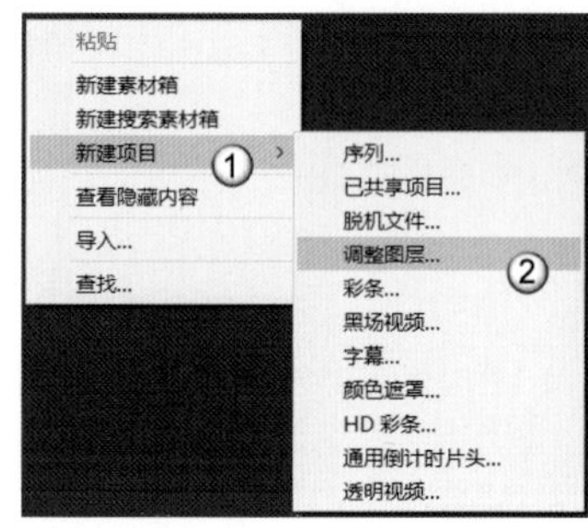

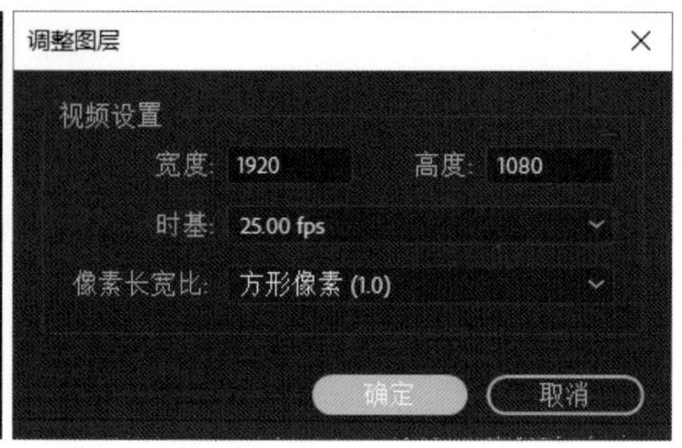

图3-2

> **提示**
> 将某一素材上方轨道的调整图层延长或复制到其他素材的上方轨道时，该调整图层内的效果也会一同添加到这些素材上，这能为剪辑者节省大量的操作时间。

3.2 对视频素材进行调色

调色（Color Grading）是视频摄影爱好者口中常说的一个词，主要是对视频画面的色彩进行调整，可以理解为修饰或加料的过程。同时，调色也是电影后期制作的必备流程之一，这也是为什么电影的画面和我们用手机拍的小视频画面有非常显著的差异。在调色之前其实还有一个步骤——校色（Color Correction）。校色的目的有两个，一个是对拍摄中相机曝光的差异与失误进行修正，另一个则是将由Log模式记录的视频素材恢复成Rec709模式记录的视频素材。

> **提示**
> 普通相机的拍摄模式为Rec709记录模式，画面在录制完成时就具有足够的对比度、饱和度和锐度。使用这种模式拍摄的视频素材后期调色空间非常有限，所以电影或广告片等前期拍摄都使用Log模式拍摄。专业的摄像机、单反/无反相机和无人机相机等都具备Log记录模式。Log记录模式以指数曲线记录模式代替普通的线性记录模式，从而使相机在拍摄时能拍摄出最大的动态范围，保留更多的画面数据，以便后期调色。

3.2.1 白平衡校正

扫码看剪辑效果  扫码看教学视频 

素材文件	素材文件>CH03>视频素材	教学视频	白平衡校正
实例文件	实例文件>CH03>白平衡校正	学习目标	掌握白平衡的设置方法

色温与色彩的校正统称为白平衡校正，即校对画面中的色彩偏色问题。色温（单位K，开尔文）描述了色彩的黄蓝程度，直接影响视频或影片的情绪表达与观看体验。色温值为5500K表示的是太阳光的色温，5000K以下的色温值会让观众感觉到温暖，5000K以上的色温值会让观众感觉到寒冷。色彩校正实际就是对画面中的绿色（Green）和品红（Magenta）的偏移进行校正。

在视频剪辑中，需要校正视频白平衡的情况大体上有以下3种。

第1种：修改前期拍摄时，由于相机本身白平衡性能或使用滤镜产生的偏色问题。

第2种：同一场景中使用不同设备拍摄的多个素材之间有明显的色温差异，或因拍摄环境光颜色变化而导致素材间存在色温差异，很大程度地影响了素材色彩的连贯性和统一性，因此需要在后期将色温校正到统一的状态。

第3种：前期拍摄的素材无法满足视频的情感表达。例如，一个具有温暖故事特性的背景画面（如在吃年夜饭的一家人）为冷色调或中性色调，就需要在后期将画面白平衡向暖色温调整。

提示 为了保证画面色彩的一致性，可以先将所有素材的白平衡校正到统一的中性色彩，然后再去添加创意性的风格化调整。

如何读“矢量示波器YUV”

在对画面色彩偏移进行校正时，要先打开主界面左侧“Lumetri范围”面板内的“矢量示波器YUV”，以方便了解其真实的偏移状况。

打开的方式为在“Lumetri范围”面板内单击界面下方“设置”工具，并确保“矢量示波器YUV”选项已勾选，如图3-3所示。“矢量示波器YUV”代表的是画面的色彩对于各种颜色的偏移状况与整体的饱和状况。这些颜色分别为R（Red红色）、Yl（Yellow黄色）、G（Green绿色）、Cy（Cyan青色）、B（Blue蓝色）和Mg（Magenta品红）。

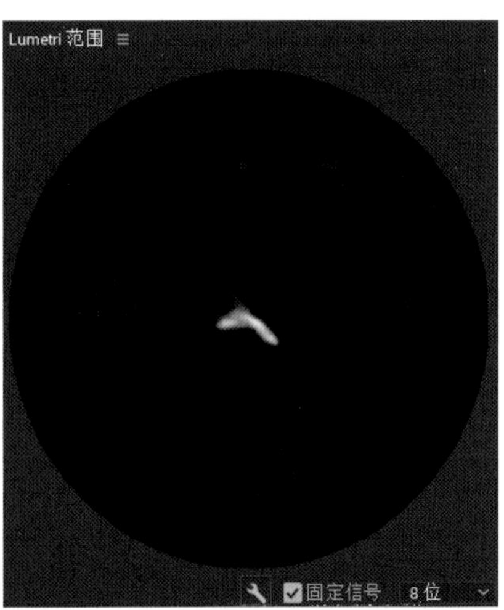

图3-3

“矢量示波器YUV”中的白色团状区域是对画面色彩分布的直观显示，这些白色区域整体向一个方向偏移，说明画面的色彩整体向一种颜色偏移，此时则需要根据实际情况进行校正。图3-4所示的两图，左边的图中白色区域整体向R与Yl中间区域橙色偏移，说明画面过度偏向橙色或暖色调；右边的图中白色区域整体向Cy与B中间区域蓝色偏移，说明画面过度偏向蓝色或冷色调。

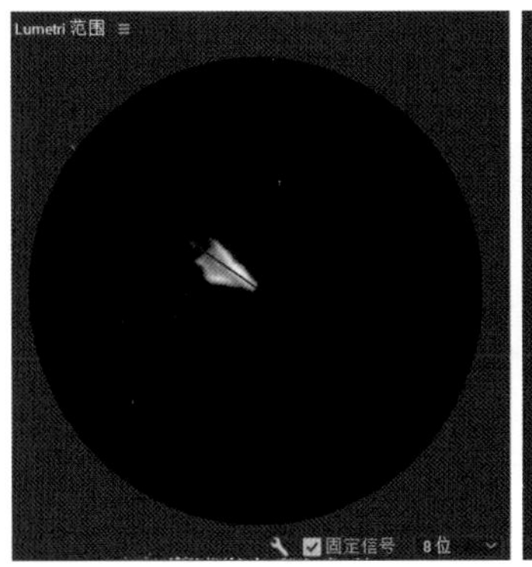

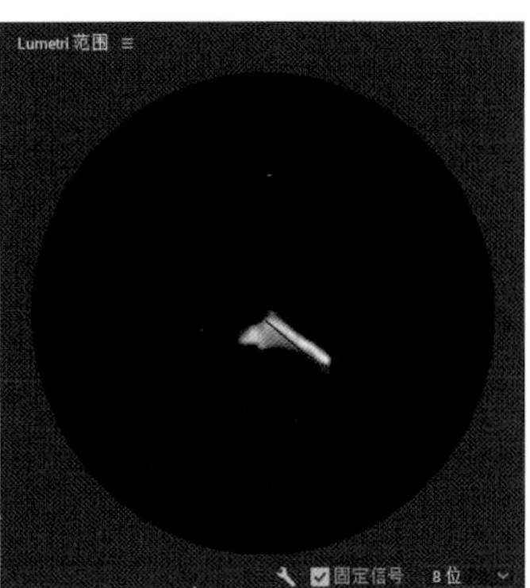

图3-4

此外，“矢量示波器YUV”还可以显示当前画面的色彩饱和情况。图3-5所示的两图，左图中的白色区域很小，说明该画面对于各颜色的偏移都很小，这意味着画面整体的饱和度非常低；相反，右图中的白色区域很大，说明该画面中各颜色的偏移增加了不少，这意味着画面整体的饱和度非常高。如果白色区域已经超出了各色彩围成的六边形区域，则代表画面过度饱和了。

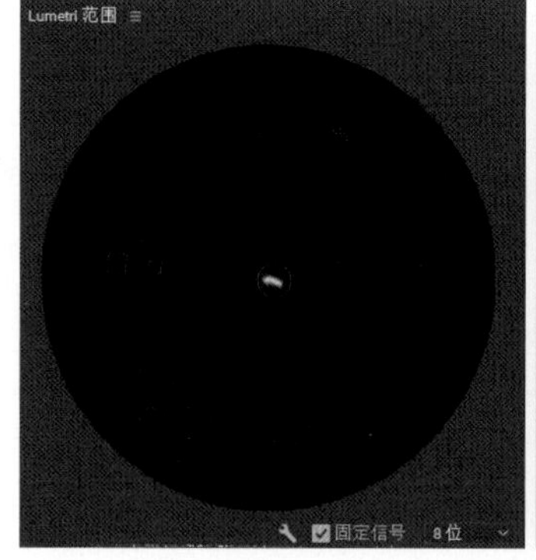

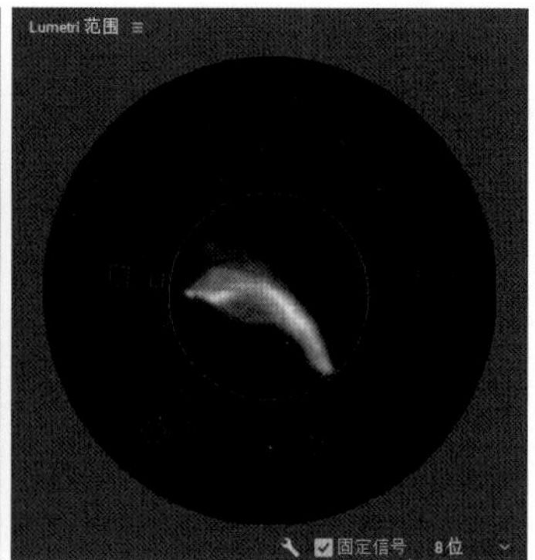

图3-5

手动校正色温

为了让读者对画面色温调整有更清晰的理解，下面先了解一下如何对参数进行直接调整。

01 将工作区切换到“颜色”工作区，如图3-6所示。

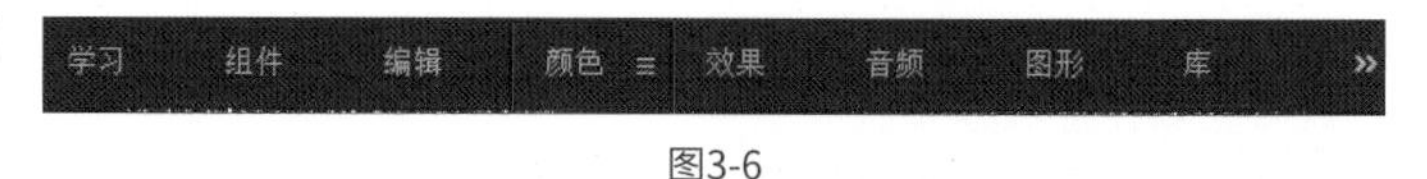

图3-6

02 选择需要进行操作的调整图层或视频素材本身，如图3-7所示。

03 在颜色工作区右侧的“Lumetri颜色”面板中左右调节“色温”值的大小来进行色温的增减，如图3-8所示。

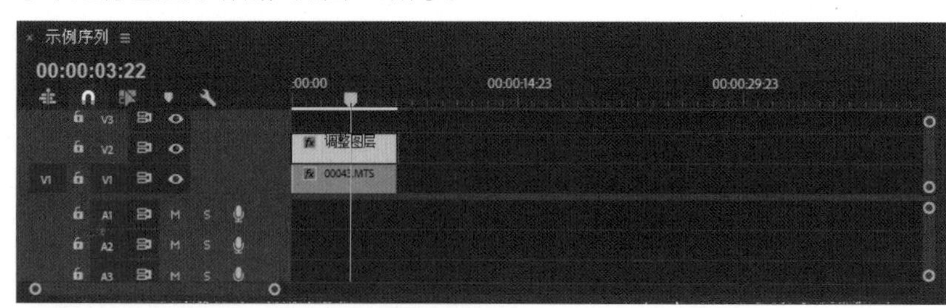

图3-7

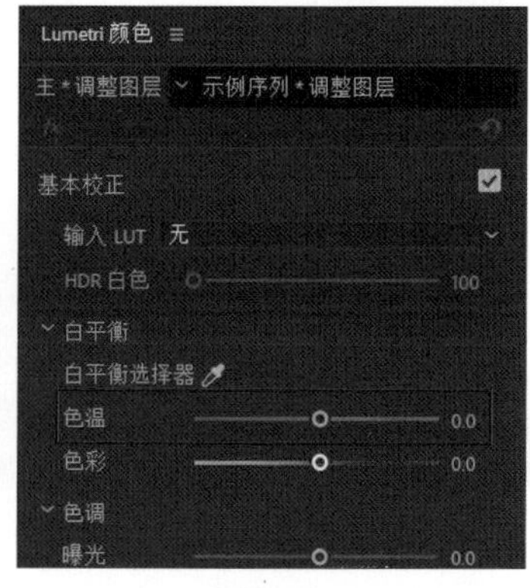

图3-8

> **提示**
>
> “Lumetri颜色”面板的所有调整栏都可以左右拖动调整栏上的圆形滑块来测试实际效果，当然也可以在右侧方框内直接输入蓝色数值来进行设置，如图3-9所示。
>
> 
>
>
> 图3-9

素材原画面的色彩没有非常直观的冷暖，如图3-10所示。

当“色温”调整为-50时，画面呈现出明显的蓝色（冷色调）；当“色温”调整为50时，画面呈现为明显的黄色（暖色调），如图3-11所示。

图3-10

图3-11

> **提示**
>
> 上述操作的取值（-50与50）只是为了让读者感受色温变化对视频观感的影响。实际操作的取值一般不宜过大，否则会使画面色彩过度夸张（除非有特定的创作需要），实际参考取值范围为-30~30。

手动调整色彩

因为调色的步骤是连续性的，不是分离的，所以在调整完色温后，无须再建立一个新的调整图层，只需在同一调整图层，同一“Lumetri颜色”面板中操作即可，直到调整完所有的参数为止。

观察图3-12的色彩对比效果。设置“色彩”为-50，画面会变绿，“矢量示波器YUV”中的白色区域也会整体向G（绿色）偏移；设置“色彩”为50，画面会变红，“矢量示波器YUV”中的白色区域也会整体向Mg（品红）偏移。

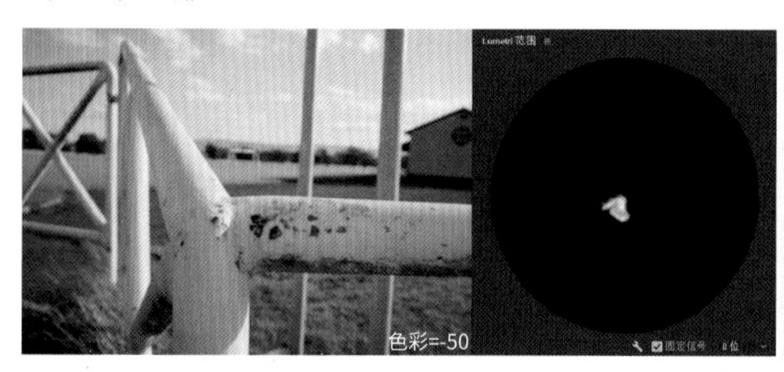

图3-12

提示

上述操作的取值（-50与50）只是为了让读者感受色温变化对视频观感的影响。实际操作的取值一般不宜过大，否则会使画面色彩过度夸张（除非有特定的创作需求），实际参考取值范围为-30~30。

自动校正白平衡

对于单个画面的色彩校正来说，手动校正足以满足需求。但是，对于非连续且拥有不同场景的多个画面，如果想要将色温与色彩校正到同一标准，工作量是十分大的。不仅如此，人眼对与色彩有着一定的偏好，再加上长时间工作会导致视觉疲劳，使匹配不同画面白平衡的操作异常艰难。因此，我们可以借助于白平衡校正工具——“白平衡选择器”。它处于“色温”与“色彩”调整栏的上方，如图3-13所示。单击右侧的“取色器”工具，并单击画面中的白色或灰色物体（中性色彩），如白色的球鞋、白云或灰色的墙面等，画面就可以立刻获得自动白平衡校正效果。

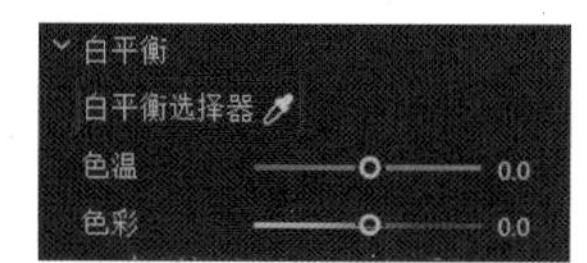

图3-13

01 为了更明显地展现“白平衡选择器”工具的具体使用效果，先将“色温”与“色彩”均调整为-100，使当前的画面极度偏向蓝色与绿色，如图3-14所示。

02 使用“白平衡选择器”工具的“取色器”工具单击画面中的白云（中性色彩），如图3-15所示。单击后系统会自动对“色温”与“色彩”进行校正，使画面的颜色瞬间恢复正常，如图3-16所示。

图3-14

图3-15

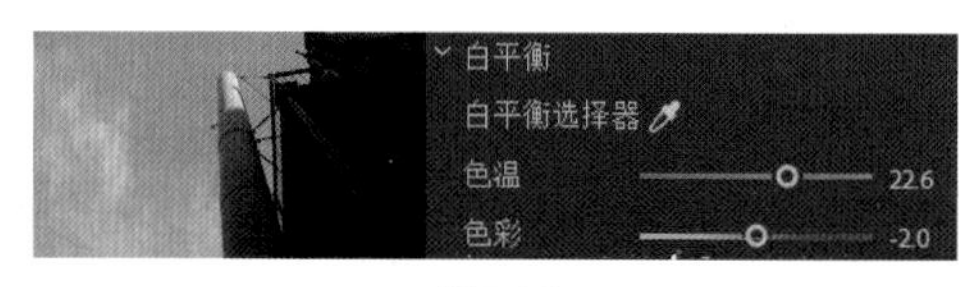

图3-16

提示

用户可以单击一个具备中性色彩的点，也可以拖动鼠标选择一块中性色彩的区域。

不过，在有些情况下，画面中不一定具备中性色彩的物体，也有可能肉眼很难分辨一种色彩是否为真实的中性色彩。因此，在商业拍摄中，为了让画面的色彩更加精确，在前期拍摄的过程中需要在镜头内拍入一个具备标准色彩的专业色卡，协助我们对画面的色彩进行校正，如图3-17所示。

这类色卡可以保证获得镜头画面内中性色彩的参考颜色，以方便使用“白平衡选择器”工具。此外，它还会配备额外的色彩校正插件，以帮助剪辑者将所有画面的色彩进行快速校正，从而达成标准化的统一。

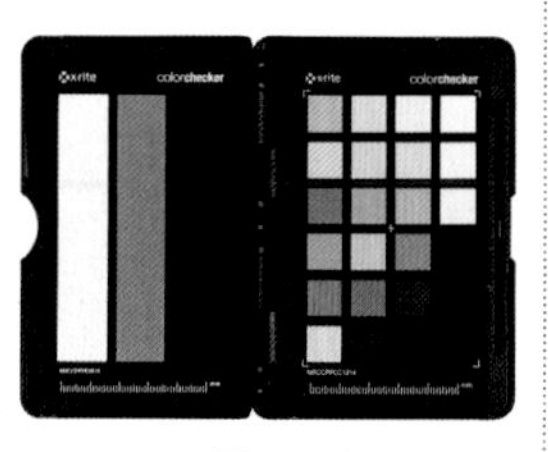

图3-17

根据“分量（RGB）”来校正色温

除了上述工具，主界面左侧的“Lumetri范围”面板中的“分量（RGB）”也是协助校正色温的好帮手。在“Lumetri范围”面板内单击界面下方“设置”按钮，并确保“分量（RGB）”选项已勾选，如图3-18所示。若要确保色温准确，需要保证“分量（RGB）”图中红色分量波形与蓝色分量波形吻合。

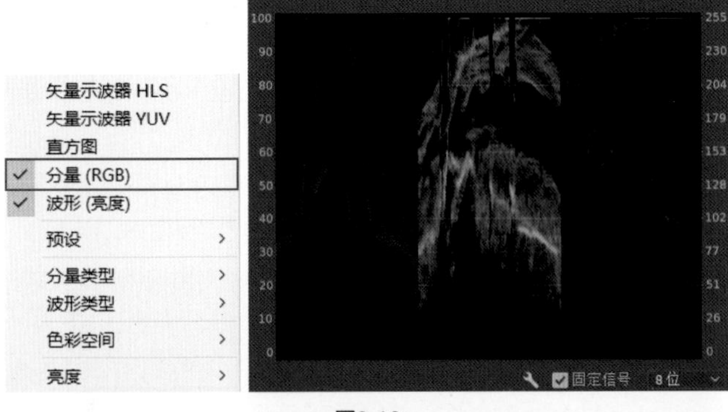

图3-18

如果红色波形高于蓝色波形，那么说明画面的色温偏暖，如图3-19所示。要将色温校正回正常范围，则需在“Lumetri颜色”面板中将色温值调低，直至这两种波形的位置几乎齐平，如图3-20所示。

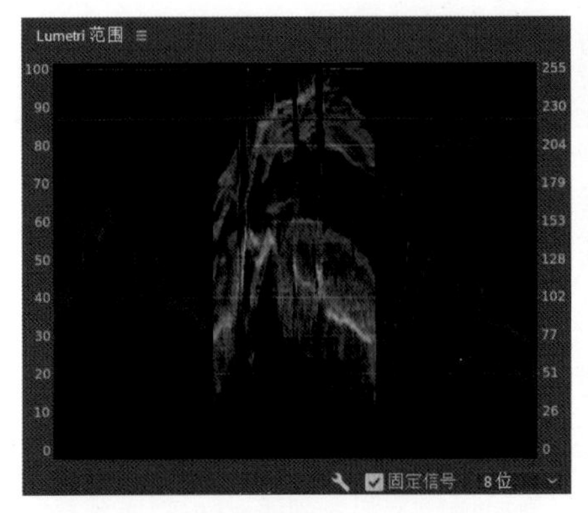

图3-19

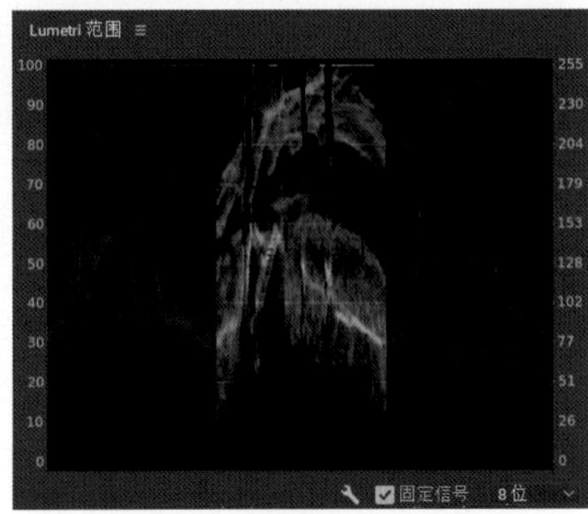

图3-20

如果蓝色波形高于红色波形，那么说明画面的色温偏冷，如图3-21所示。因此，需要在“Lumetri颜色”面板中将色温值调高，直至这两种波形的位置几乎齐平，如图3-22所示。

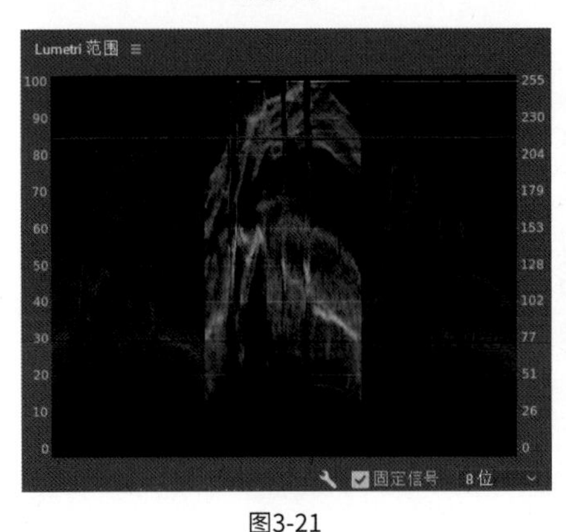

图3-21

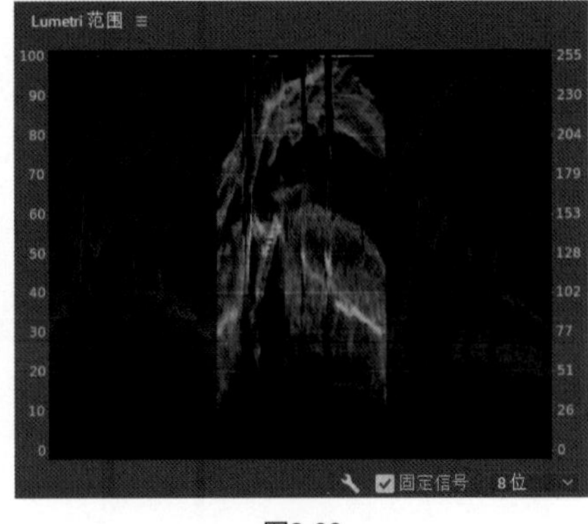

图3-22

> **提示** 使各分量波形齐平的白平衡调整方式需要结合具体的画面特性，并不是一味地将波形的顶部调平，具体的操作思路见第5章案例2的调色部分。

3.2.2 色调校正

素材文件	素材文件>CH03>视频素材	教学视频	色调校正
实例文件	实例文件>CH03>色调校正	学习目标	掌握色彩校正的设置方法

扫码看剪辑效果　扫码看教学视频

色调的校正一般运用于以下3种情况。

第1种：在实际的拍摄过程中，由于设备与环境的限制，相机的曝光只是相对准确的，无法达到让人百分百满意的程度，所以要在后期对画面曝光进行微调。

第2种：前期使用扁平模式（如Log）进行拍摄，后期需重新调整曝光，增加对比度，提升饱和度。

第3种：匹配多个画面的曝光情况。

学会读“波形（亮度）”图

同“矢量示波器YUV”一样，“波形（亮度）”图也是“Lumetri范围”面板中的一种参考图表，同样需要单击“设置”按钮🔧，并执行图3-23所示的命令将其打开。“波形（亮度）”代表着画面中的像素在“高光”“中间调”“阴影”上的分布状况，即当前画面的像素分布的缩影。因此，在读这张图时要对“高光”“中间调”“阴影”的覆盖范围有一个大概的了解。

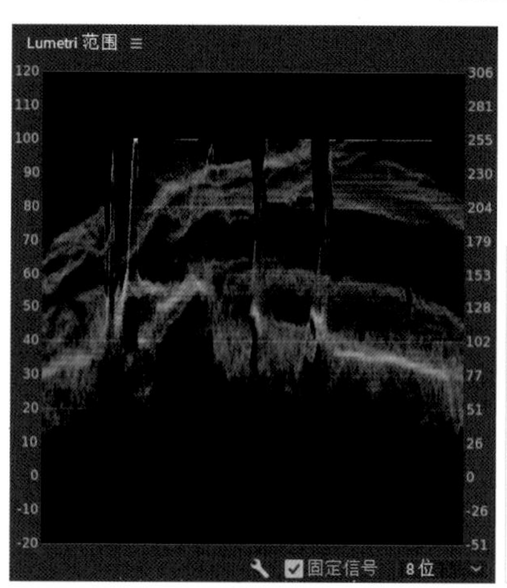

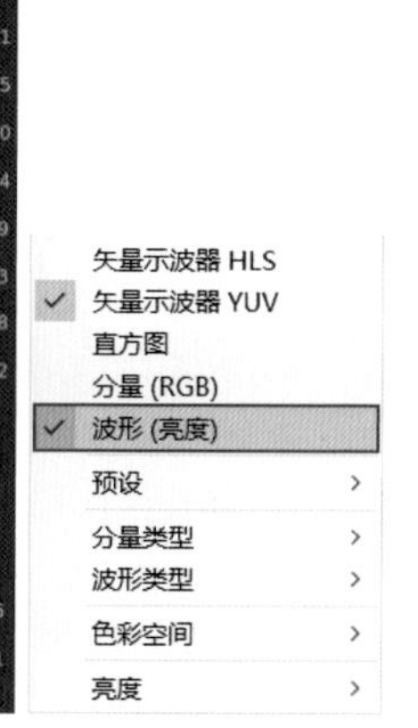

图3-23

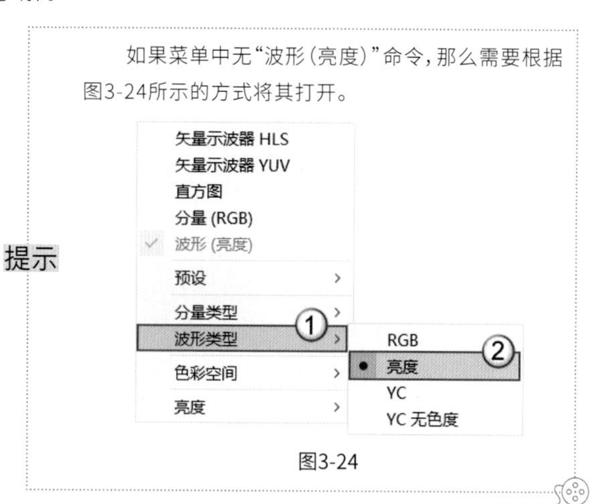

图3-24

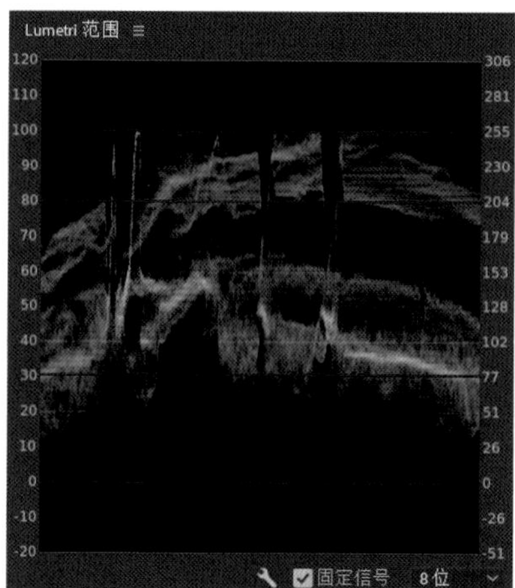

图3-25

查看图3-25所示的波形，阴影是画面中的暗部，即未被光线照射的面，其在图中的覆盖范围为0~30（左侧刻度：IRE，%）；高光是画面中的亮部，即迎光面，其在图中的覆盖范围为80~100；中间调则为除高光和阴影之外的部分，即不太亮也不太暗的部分。宇宙中的万物都需要光的照射才能被人眼看到，任意图片或视频的画面都具备这3个部分。需要注意的是，如果图中的白色区域到了100，则代表着该区域像素的颜色为纯白；如果图中的白色区域到了0，则代表着该区域像素的颜色为纯黑。

提示 一般情况下，当画面为纯白或纯黑时，需考虑是否要对画面进行曝光调整。

下面尝试分析一个实际的画面“波形（亮度）”图，主要分为3个区域，如图3-26所示。

区域①：左边的区域①代表着画面中白色围栏左侧的部分，这一部分的像素集中分布在10~80，即阴影和中间调。根据画面中围栏上面的影子可以推断出光是从画面右上方的位置

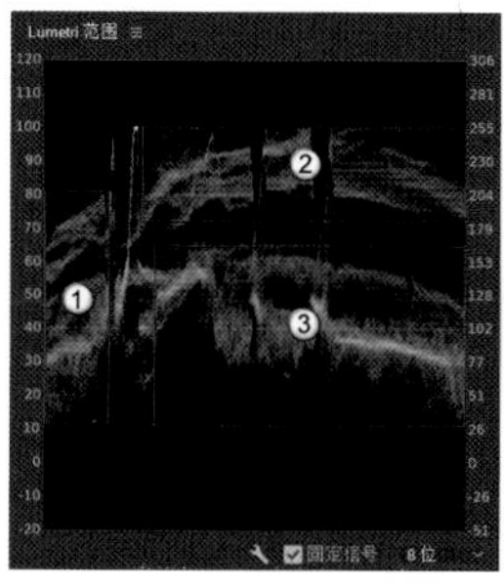

图3-26

照射过来的，这也是区域①无法触及高光部分的主要原因。

区域②：根据上述判断，区域②一定是画面的高光部分。通过查看“波形（亮度）”图可以发现该部分在图上的像素分布为73~100，与我们的判断完全吻合。

区域③：区域③由于太阳光的照射也形成了一部分阴影（草与栏杆的暗部），它的像素分布在10~65。

提示 值得庆幸的是，画面中并没有出现大面积的100像素（纯白）与0像素（纯黑）的区域，说明这段素材在前期的曝光方面还是较为准确的。根据读“波形（亮度）”图来分析画面的曝光方式是色调调整前的重中之重，它不仅能帮助剪辑者让画面获得更精确的曝光，还能加深剪辑者对“摄影是用光的艺术”的理解，建议读者多加练习。

调整“色调”的方法

“色调”调整面板如图3-27所示。相对于色温和色彩，它需要对“曝光”“对比度”“高光”“阴影”“白色”“黑色”“饱和度”这7项参数同时进行调整，使画面尽可能获得良好的“曝光”“对比度”“饱和度”。

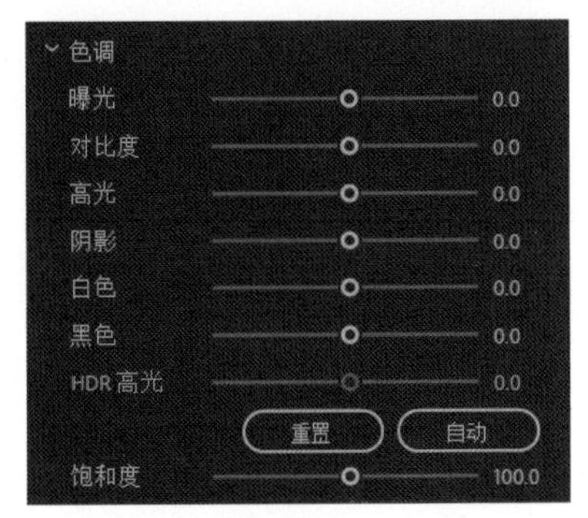

图3-27

调整“曝光”

“曝光”基本等同于相机内的“曝光补偿”，直接提亮与压黑画面的整体亮度来对画面的曝光进行调整。除非前期画面的曝光状况非常差，否则无须对此项进行调整。这一项设置多用于提亮光线不足导致的欠曝画面，实际使用时可以将数值设置为0~1。如需设置更大的值来提高画面亮度或负数值来减弱画面亮度，那么可以考虑将这些糟糕的素材直接舍弃。

调整“对比度”

“对比度”用于直接拉高或压低画面的明暗对比，即亮部与暗部的对比，使画面更加的立体或扁平。如图3-28所示的两图，左图是将“对比度”设置为-100时的画面，这一画面整体非常的平面化，给人的直观感受是各部分的明暗程度相同；右图是将“对比度”设置为100时的画面，这一画面有了明显的空间层次感。

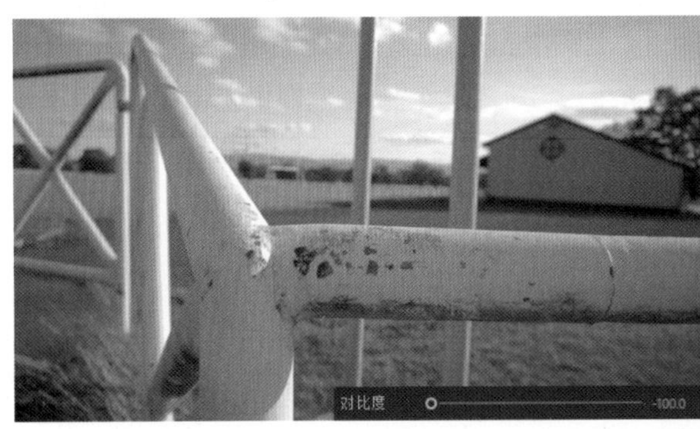

图3-28

提示 “对比度”的具体取值可以根据原素材的扁平度适当调整，且画面的对比度并不是越高越好。小清新流派画面的对比度普遍偏低，电影感（Cinematic）流派的对比度则普遍偏高。此外，对比度的调整只适用于微调，并非大幅调整，该参数取值范围为0~30。

调整高光和阴影

“高光”与“阴影”是互相独立的，“高光”是只调节画面亮部细节的选项，“阴影”是只调节画面暗部细节的选项。将“高光”数值调高或调低，画面的亮部会更亮或更暗，但暗部的细节不会受到影响；同样，将“阴影”数值调高或调低，画面的暗部会更亮或更暗，但亮部的细节不会受到影响。

当前的“波形（亮度）”如图3-29所示。现在将画面的“高光”数值调成100，从“波形（亮度）”图中可以很清楚地看到画面的亮部被大幅地往100（纯白）压缩，虽然暗部也有少许细节被提高，但是阴影的底部线并未产生变化，如图3-30所示。

提示 最高的亮度为纯白，即“波形（亮度）”图中白色波形区域的数值无法超越100。

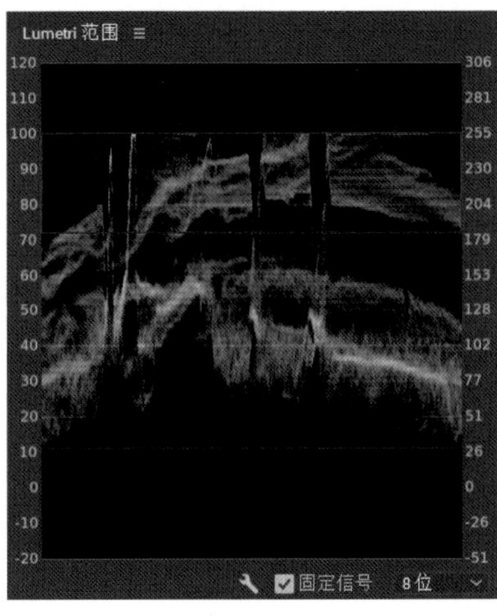

图3-29

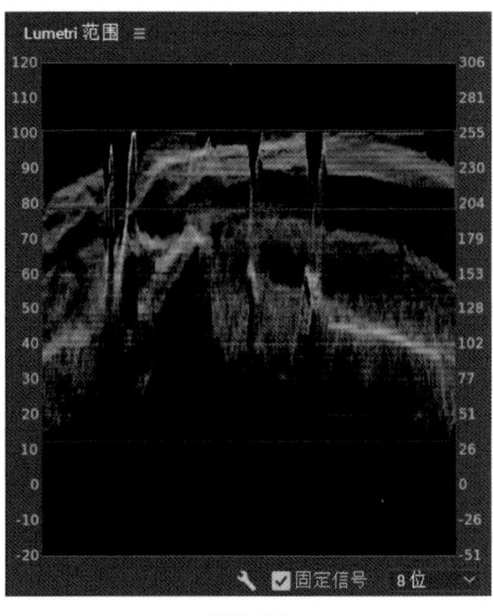

图3-30

同样，我们将画面的“阴影”数值调节成100时，画面的亮部并未产生变化，但是暗部细节被大幅拉高，导致阴影的底部线明显提升，如图3-31所示。

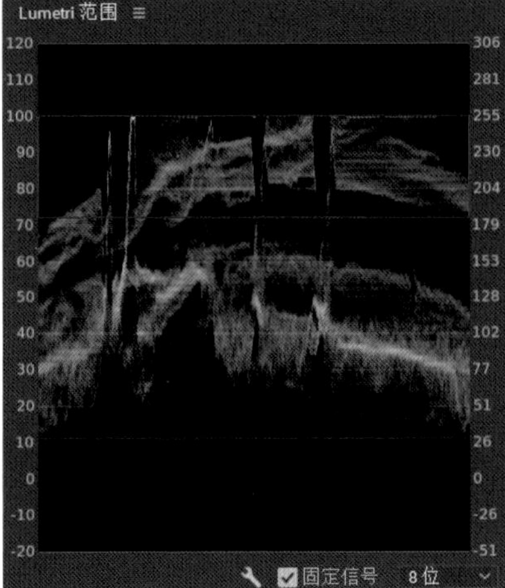

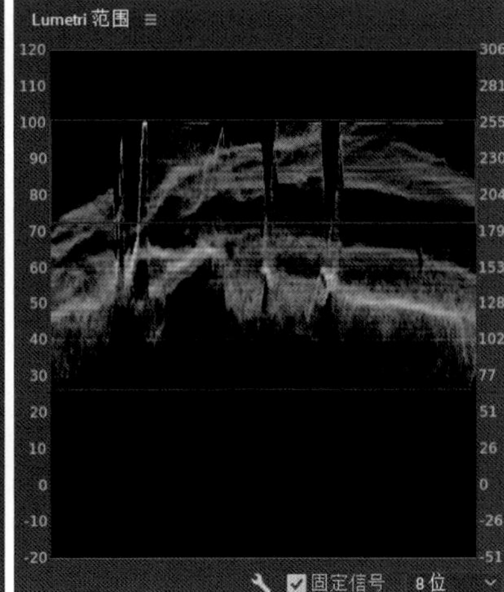

图3-31

调整“白色”和“黑色”

“白色”和“黑色”也是互相独立的。“白色”用于调节画面内的“白色有多白”，即可以直接拉高或压低高光与中间调中白色的亮度。例如，将“白色”调节成-100，可以发现高光的顶部线从100（纯白）直接压低到了80，如图3-32所示；将“高光”调节成-100，则只能将高光部分细节由100（纯白）向下拉伸，而无法调节高光顶部线的位置，即无法改变“白色有多白”，如图3-33所示。

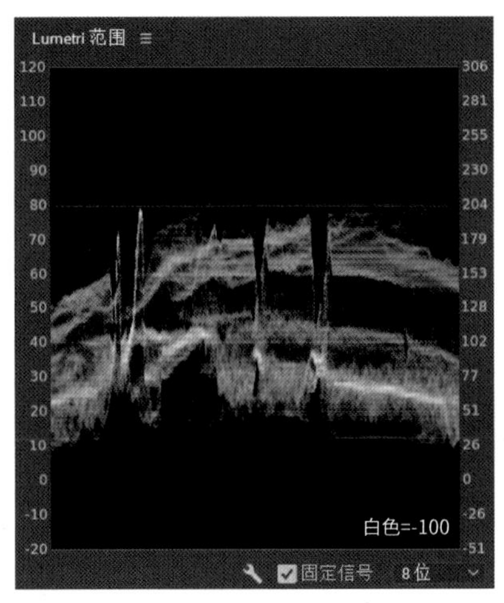

图3-32

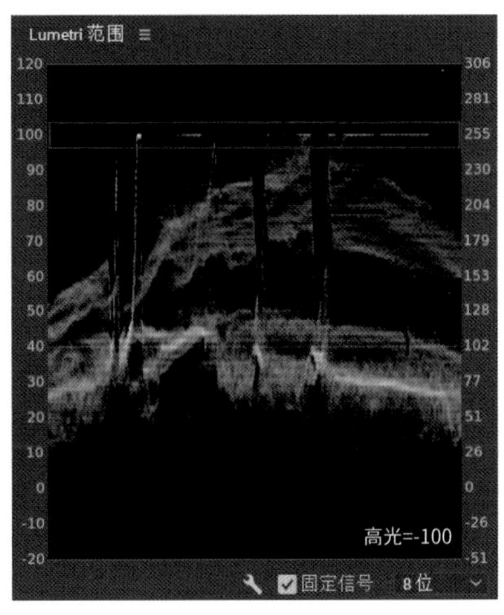

图3-33

“黑色”用于调节画面内的“黑色有多黑”，即可以直接拉高或压低阴影中黑色的暗度。例如，将“黑色”调节成-100时，阴影的底部线可以直接压低到0（纯黑），如图3-34所示；将“阴影”调节成-100时，暗部均被尽量向下压，但是阴影的底部线始终无法降为0（纯黑），即无法改变“黑色有多黑”，如图3-35所示。

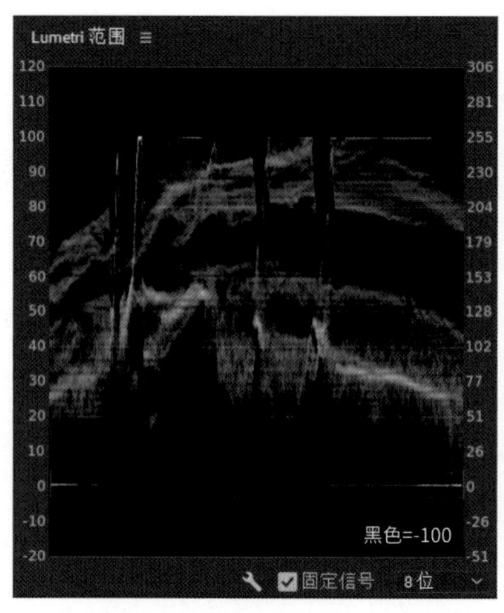

图3-34

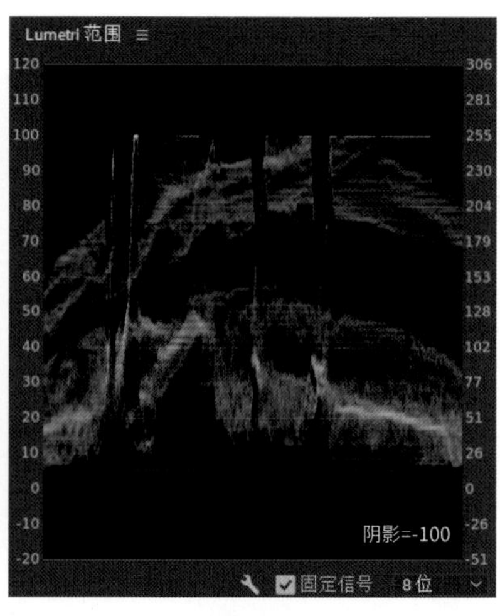

图3-35

提示 “高光”“阴影”“黑色”“白色”是对画面曝光校正的4个基本组成部分，这4个选项功能不同，需要互相协调才能将Premiere的调色功能发挥到极致。很多剪辑者认为“高光”“阴影”“黑色”“白色”4部分的功能是一样的，这也是剪辑者从入门迈向进阶的一个瓶颈。

调整“饱和度”

“饱和度”可以调整画面色彩的深浅，即让画面展现出浓艳的色彩或是平实的色彩。将画面“饱和度”调整为50（即画面原饱和度的50%）时，画面色彩几乎消失，如图3-36所示；将画面“饱和度”调整为140（即画面原饱和度的140%）时，画面的色彩则非常鲜艳，如图3-37所示。

图3-36

图3-37

提示 大致理解了上述7个参数后，读者可以综合运用它们进行色调校正。这里给出了参考数据，如图3-38所示，调整前后对比效果如图3-39所示。

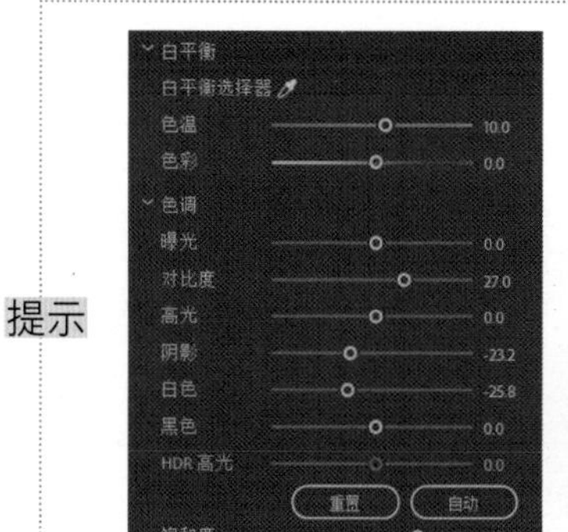

图3-38

图3-39

3.2.3 色轮

素材文件	素材文件>CH03>视频素材	教学视频	色轮
实例文件	实例文件>CH03>色轮	学习目标	掌握色轮的使用方法

扫码看剪辑效果

扫码看教学视频

色调的校正属于对视频画面的一级调色，在一级调色结束之后，便可以对视频进行更主观的创造性调色，

即二级调色。

色轮是二级调色的一个主要调整单元，它主要用于在视频画面的“高光”“中间调”“阴影”中分别加入一种颜色，面板内总共存在3个色轮，每个色轮旁还配有一个调整条，可以用来直接拉高或压低各部分的明暗程度，如图3-40所示。

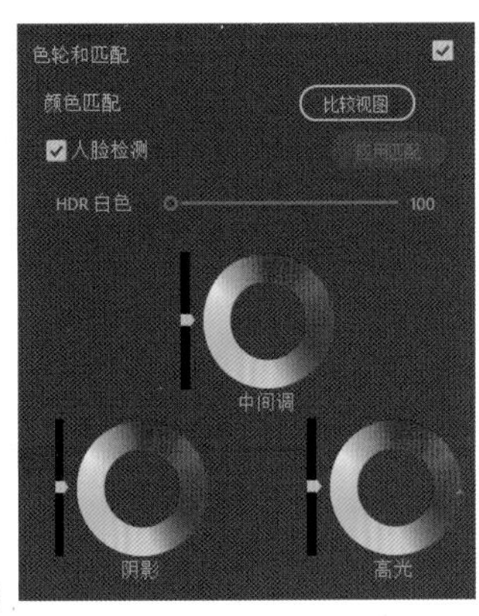

图3-40

提示 色轮是由3种原色——红（R）、绿（G）、蓝（B）和其混合颜色[间色（Secondary color）与复色（Tertiary color）]组成的色彩搭配工具。色彩学是一门独立且庞大的学科，本书不做过多讲解，想深入了解的读者可以查看相关书籍与资源。

使用色轮调色的过程是充满创造性的，也是非常容易让调色新手感到困难的一件事。一个很好的调色思路是去模仿一些主流调色方案。例如Teal and Orange（用蓝色与橙色这两种互补色进行调色），即在“中间调”中加入橙色，在“阴影”中加入蓝色；“高光”则根据实际情况加入另外一种颜色，如橙色。使用这种方式调色可以得到图3-41所示的效果。

图3-41

这样获得的最终调色效果中规中矩，我们也可以将“高光”中的颜色改为绿色，这样就可以获得一些电影机拍摄出的偏绿的画面，如图3-42所示。

图3-42

此外，还可以使用左边的调整条将画面的某一部分（“阴影”“中间调”“高光”）直接提亮，为了让读者看清调整条的作用逻辑，将“高光”色轮旁的调整条拖到最高，如图3-43所示。此时，画面的高光部分细节大幅度向100（纯白）拉近，并使画面的高光部分细节产生过曝问题，如图3-44所示。

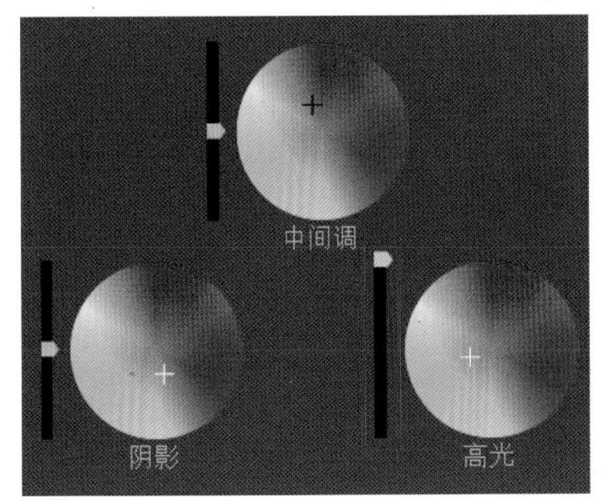

图3-43

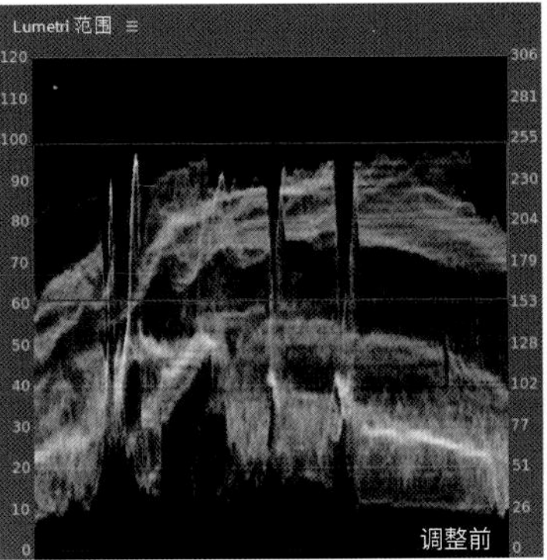

图3-44

因此，为了不让画面过曝，调整条的调整幅度不宜过大。只需将“高光”部分稍稍拉高，即可让画面显得更有光泽感，如图3-45所示。

图3-45

3.2.4 创意

扫码看剪辑效果　扫码看教学视频

素材文件	素材文件>CH03>视频素材	教学视频	创意
实例文件	实例文件>CH03>创意	学习目标	掌握二次校色的方法

相比于色轮，创意提供了一些更有创造性的和有趣的功能，为调色添加了更多的可玩性。其中一个受很多调色初学者喜爱的功能是载入与使用LUT。

使用LUT

LUT文件以.cube（3D LUT）或.look（1D LUT）为扩展名，它的作用是记录画面的调色信息，并可以应用到任意画面，使画面获得相同的调色信息（设置）。简单地说，LUT就像预设，可以让视频快速获得一种调色效果。

在Premiere中其实就内置着一些LUT，例如展开“Look”下拉列表，选择“Fuji ETERNA 250D Fuji 3510 (by Adobe) 选项，如图3-46所示，就可以让画面瞬间获得一种调色效果，画面色彩前后对比如图3-47所示。

图3-46

图3-47

在应用完LUT之后，可以对LUT的使用“强度”进行调整，“强度”越强，LUT的效果就越明显，例如，设置“强度”为200（即初始强度的200%），画面的对比度和饱和度就会提升得很高，如图3-48所示。

图3-48

如将“强度”设置为0，则画面会失去LUT调色的效果。此外，还可以选择“Look”下拉列表中的“浏览”选项来加载计算机中已经下载好的LUT文件，如图3-49所示。

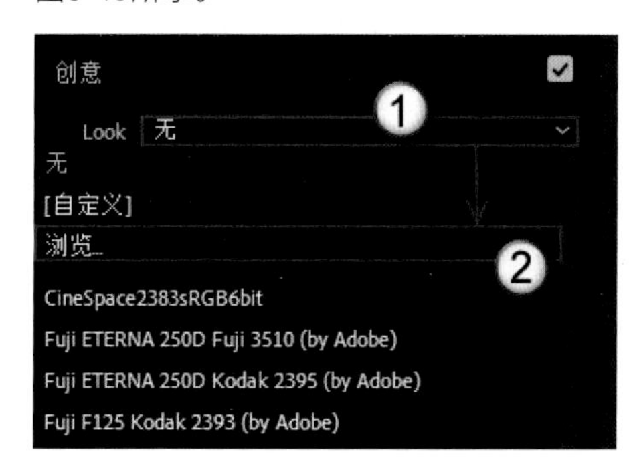

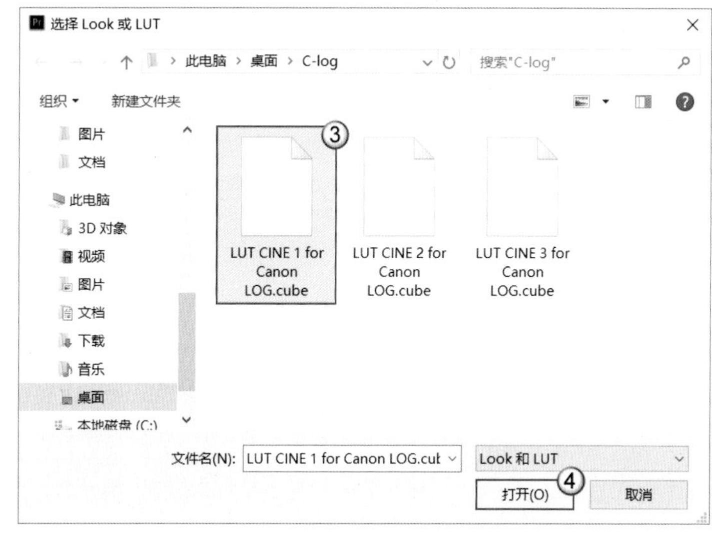

图3-49

提示 LUT不是万能的，LUT能使部分视频画面获得不错的效果。但是，除了特地为某一图片配置文件（Picture Profile）的素材设计的LUT之外，其他大多数的第三方LUT都不能完美地匹配用户手中的视频素材。解决这一问题的方法是在加载第三方LUT之后，调整强度与校正色调让LUT所添加的色彩更加自然。

淡化胶片

“淡化胶片”效果类似于在画面的表面蒙上一层白纱。这种效果受到了一部分人的喜爱，但也被其他摄影师嫌弃。这种效果添加的方式很简单，只需要将“淡化胶片”设置为65左右即可，如图3-50所示。

图3-50

锐化（后期画面增锐）

如果觉得前期拍摄的画面锐度不够，或是前期拍摄的素材是故意将机内锐化取消以获得更加柔和的电影感视频效果，那么在后期调色时可能要在Premiere中对画面的锐度进行调整，只需要对“锐化”进行调整即可。因为“锐化”用于修改画面中物体的细节，所以在调整时需要将整个画面放大。“锐化”值为100时，物体的细节相当锐利；“锐化”值为-100时（去锐化），物体的细节则接近模糊，如图3-51所示。

提示 需要后期增锐的画面基本是原素材为1080p及以下分辨率的视频，对于使用4K及以上分辨率的素材转化为1080p的情况则无须后期增锐。

图3-51

“自然饱和度”与“饱和度”

“自然饱和度”与“饱和度”都用于对画面浓艳程度的调整。如果在色调校正中已经对“饱和度”进行了调节，那么在此处无须再调节。相对于“饱和度”对画面中所有色彩进行增减，“自然饱和度”只会对未饱和的色彩进行增减，尽量不会调整已饱和的色彩，所以“自然饱和度”对画面色彩的调整更为自然。

将“自然饱和度”设置为最大值之后，画面色彩依然在可接受的范围之内，如图3-52所示。但是，将“饱和度”拖到最大值之后，画面中橙红色地砖的颜色则出现了不自然的过饱和现象，如图3-53所示。

图3-52

图3-53

“高光色彩”与“阴影色彩”

在“调整”面板中，还可以对画面的高光或阴影部分单独加入一种色彩，例如，在“阴影色彩”中加入黄色，在“高光色彩”中加入绿色，如图3-54所示。如果将“色彩平衡”滑块向左调，则画面色彩向绿色偏移（“高光色彩”中所添加的色彩），相反，如果将“色彩平衡”滑块向右调，则画面色彩向黄色偏移（“阴影色彩”中所添加的色彩）。

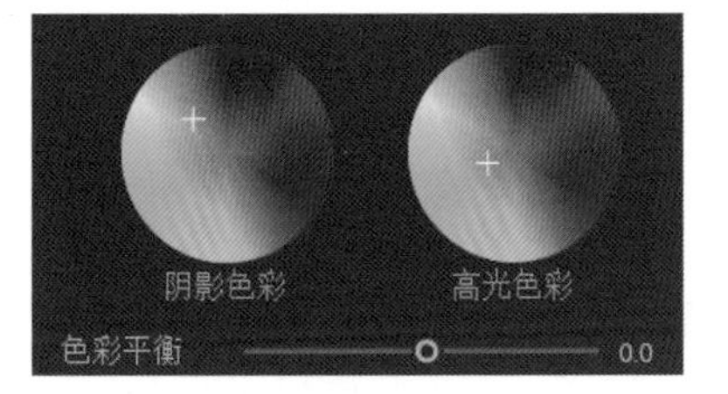

图3-54

3.2.5 HSL辅助

扫码看剪辑效果

扫码看教学视频

素材文件	素材文件>CH03>视频素材	教学视频	HSL辅助
实例文件	实例文件>CH03> HSL辅助	学习目标	掌握“HSL辅助”功能的使用方法

“HSL辅助”是二级调色中对画面色彩的修改最为主观且修改幅度最大的一个选项，它甚至可以对画面中的单个色彩进行修改。

设置颜色

以图3-55所示的素材为例，如果想单独修改画面中天空的颜色，是无法通过色轮或“创意”进行操作的。而在“HSL辅助”中，只需要在“键”中选中蓝色（即选中画面中所有的蓝色），并勾选下方的“彩色/灰色”选项（蓝色以彩色显示，而其他颜色被灰色覆盖），如图3-56所示。

图3-55

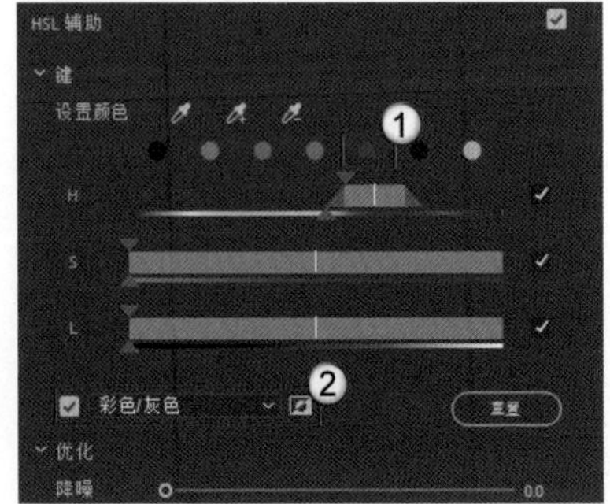

图3-56

由于这样选择的蓝色比较粗略，并不能选中画面中所有的蓝色，所以视频画面中的城堡墙面并没有完全被灰色覆盖，如图3-57所示。此时需要调节下方的“H”“S”“L”滑块来将画面中所有的蓝色都选中。

提示

“H”“S”“L”滑块可以调整3个参数，它们分别为“H”(Hue，色相)、“S”(Saturation，饱和度)和“L”(Luminance，明度)。简单地说，色相决定的是颜色的种类，饱和度决定的是颜色的深浅，明度决定的是颜色的明暗。

图3-57

先拖动“H”滑块来确定画面蓝色的位置，然后向右拖动“S”滑块将蓝色加深（因为画面中城堡上的蓝色比较浅），最后向右拖动“L”滑块将蓝色提亮（因为画面中天空的颜蓝色比较亮，而城堡上的蓝色比较暗）。这样画面中天空的蓝色就被完全选中了（其余部分为纯灰色），如图3-58所示。

在实际调整的过程中，仅拖动滑块不能完全选中我们所需要的颜色，需要拖动滑块下方的小三角来进行微调。例如，将“S”滑块与“L”滑块下方的小三角向左拖到尽头，来覆盖更浅的蓝色与更暗的蓝色，此时城堡上的灰色纯度开始下降且画面出现斑点，即浅蓝与暗蓝开始显现出来，如图3-59所示。

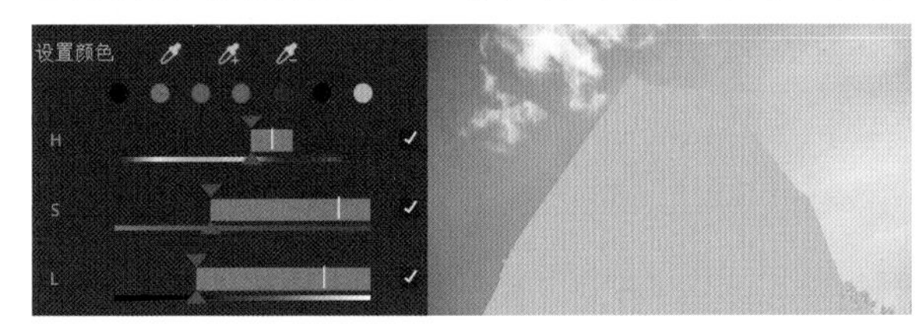

图3-58　　图3-59

使用面板上方的“取色管”工具或“取色管-加号”工具对着画面中的细节单击也能快速选取一种颜色，在已经取得一种颜色的基础上，使用“取色管-加号”工具能再次添加一种颜色，使用“取色管-减号”工具能减少一种颜色。在单次使用“取色管”取色后，天空中的蓝色并未被完全选中，而是只选中了右侧的一小部分，此时使用“取色管-加号”工具单击画面左侧的部分会选中更多的天空，如图3-60所示。

图3-60

提示

选择“取色管-加号”工具后，拖动鼠标能快速大面积地选中画面中的颜色。例如，使用“取色管-加号”工具按照图3-61所示的轨迹移动，能粗略选中画面中的天空。

图3-61

优化

在选中（设置）所要更改的颜色后，还可以根据实际情况对颜色遮罩（灰色部分）做进一步的细化，例如，调整“降噪”和“模糊”参数来使颜色遮罩的细节与边缘更符合上色的需求，以防止调色后画面的色彩出现不自然的效果，如图3-62所示。

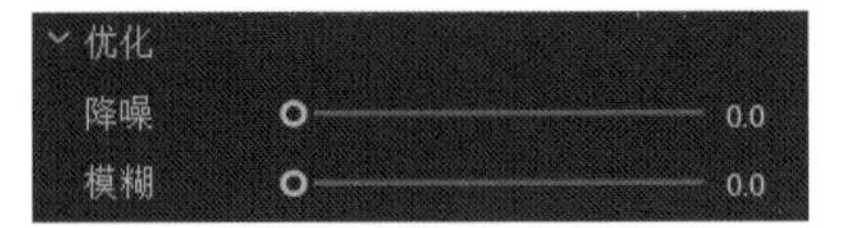

图3-62

提高“降噪”值能减少颜色遮罩对噪点的覆盖，图中的灰色斑点减少，如图3-63所示。

提高“模糊”值能让颜色遮罩的边缘更加柔和，在“模糊”值为30时，原本清晰的灰色覆盖区完全变成了雾状，如图3-64所示。

未更改　降噪=100

图3-63

未更改　模糊=30

图3-64

更正

“更正”是“HSL辅助”色彩调节的重要的调整功能。它包含了一个大色轮，可以用它向选中区域单独添加一种颜色，而色轮的左边同样也有一个用于调整明暗程度的调整条，如图3-65所示。如果想更细化地调色，还可以切换到三色轮模式，即可单独对选中区域的“高光”“中间调”“阴影”部分进行修改，如图3-66所示。这里的色轮使用方式与本书3.2.3节所介绍的方式完全相同。

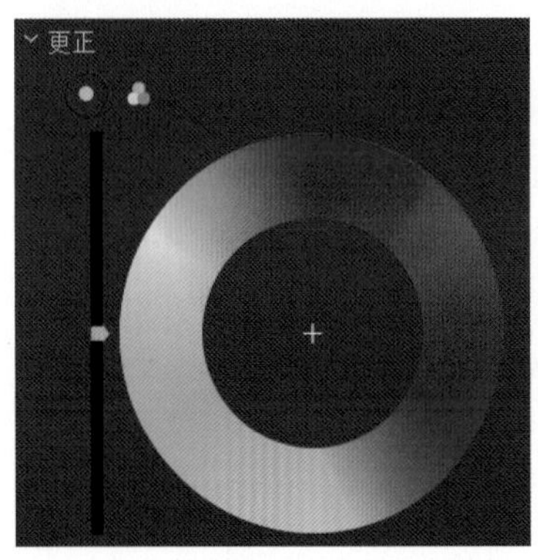

图3-65

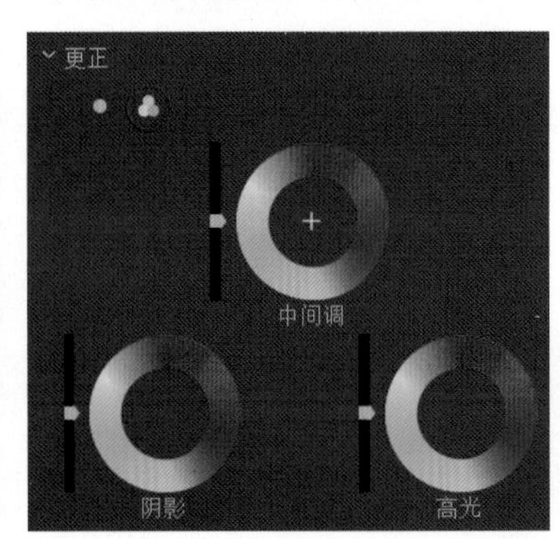

图3-66

除色轮之外，在“更正”中还可以调节选中区域画面的一些基础参数，如“色温”“色彩”“对比度”等，如图3-67所示。

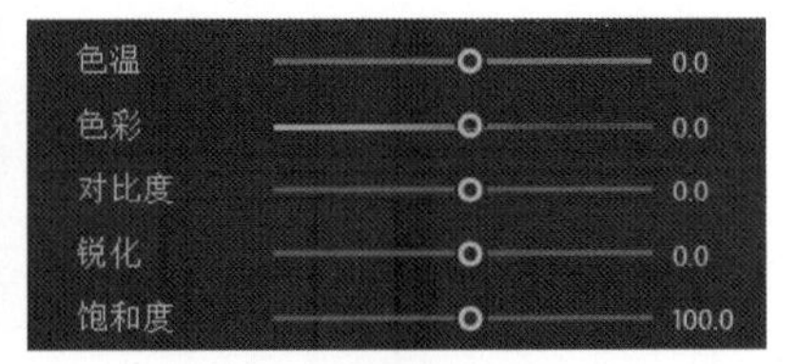

图3-67

此时，想让已选中的天空变得更蓝有两种方法，一种方法是用色轮在画面上添加一定量的蓝色，另一种方法是直接将“饱和度”值调高，如图3-68和图3-69所示。

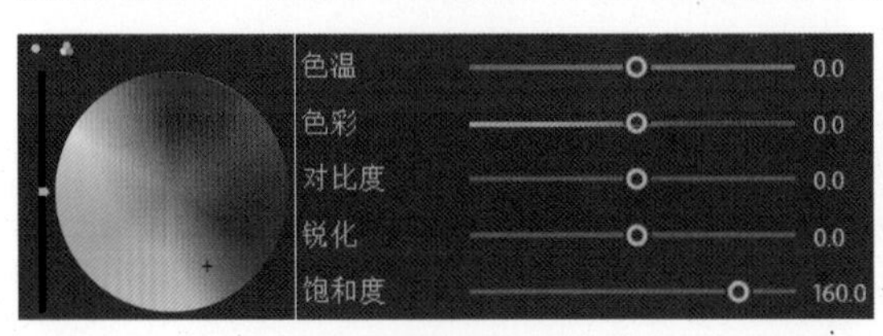

图3-68

图3-69

提示

提高画面的饱和度能即可让色彩更为鲜亮，但过度提高饱和度，例如，直接将其拉高到200，则可能会毁掉画面的色彩美感。

3.2.6 晕影

扫码看剪辑效果  扫码看教学视频 

素材文件	素材文件>CH03>视频素材	教学视频	晕影
实例文件	实例文件>CH03>晕影	学习目标	掌握“晕影”效果的设置方法

“晕影”面板如图3-70所示。可以向画面的四个边角处添加晕影效果。当“数量”值为负数时，晕影为黑色；当“数量”值为正数时，晕影为白色，如图3-71所示。

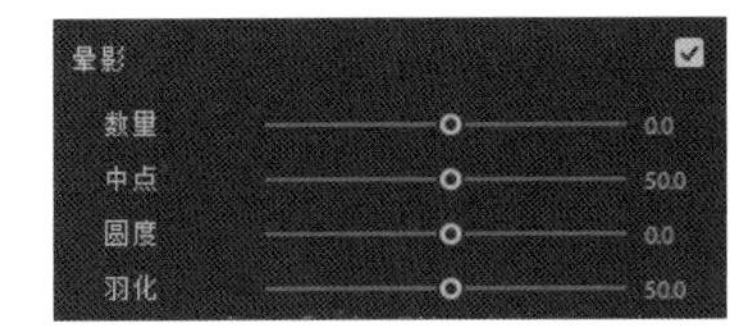

图3-70

晕影=3

图3-71

“中点”值则决定着晕影向中心的扩散程度，“中点”值越小，晕影向中心扩散的越多，“中点”值越大，向中心扩散得越少。将“中点”值设为100，晕影就几乎不向中心扩散了，其效果也就几乎为零了，如图3-72所示。

图3-72

“羽化”值决定着晕影边缘的柔度。“羽化”值越小，晕影边缘的柔度越小，即整个边缘都可以被清晰的显示，晕影的中心变成了一个非常明显的椭圆形；随着“羽化”值的变大，整个边缘的柔度就会增加，从晕影边缘向画面的过渡也会更加自然，如图3-73所示。

图3-73

“圆度”值决定着晕影边缘的形状，“圆度”值越小，晕影边缘则越方，整个形状往矩形靠拢；当“圆度”值为100时，晕影边缘就变成了一个标准的圆形了，如图3-74所示。

图3-74

提示 晕影效果也叫作暗角，一般用于模拟复古、情绪化和回忆等类型的主题视频，是协助表达视频故事内容的好帮手。

3.2.7 曲线

扫码看剪辑效果

扫码看教学视频

素材文件	素材文件>CH03>视频素材	教学视频	曲线
实例文件	实例文件>CH03>曲线	学习目标	掌握“曲线”的使用方法

“曲线”面板中包含“RGB曲线”和“色相饱和度曲线”两组参数，如图3-75所示。

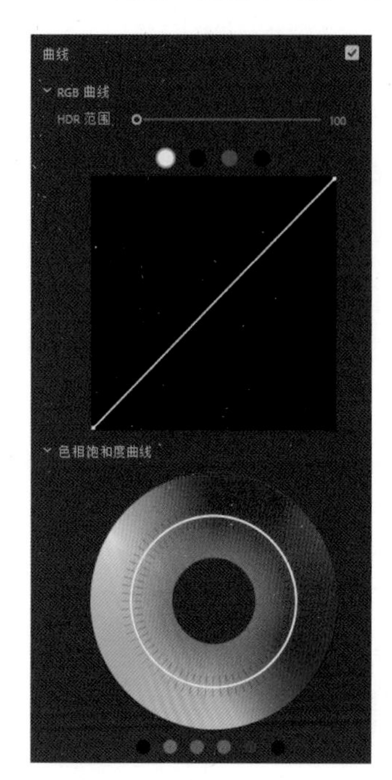

图3-75

RGB曲线

“RGB曲线”由“白”“红”“绿”“蓝”4种曲线组成，用户可以在顶部单击各颜色圆钮来切换曲线的种类。注意，同时修改各条曲线，各条曲线共同对画面进行修改，如图3-76所示。

白色曲线多用于校正Log素材的对比度。因为画面的对比度和饱和度较低，所以素材的整体画面偏灰，如图3-77所示。

要想将素材画面的对比度恢复到一个正常的范围，只需在白色曲线上的四等分点位置添加三个点，并分别向下和向上拖动左右两个点，使之成为“S”形，如图3-78所示。

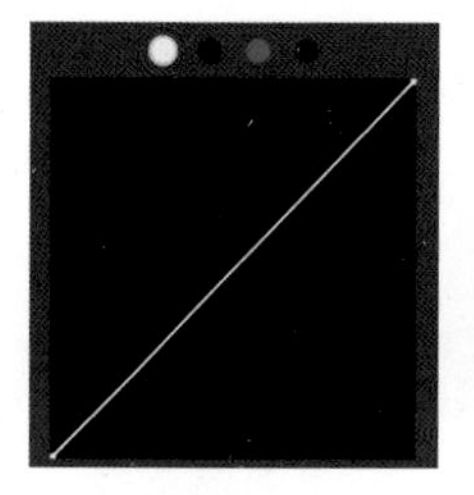

图3-76

图3-77

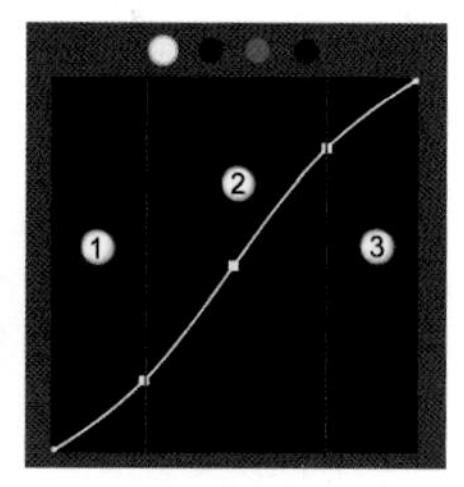

图3-78

提示

事实上，白色曲线代表着画面的“高光”“中间调”“阴影”(与图3-78所示的数字顺序对应)，当白色曲线为直线时，意味着画面保持原高光与阴影的对比；如果将左右两点的距离拉大(形成曲线)，那么意味着画面中高光与阴影的对比被直接放大了。

这一操作有点类似于在3.2.2节内讲解的调整“高光”与“阴影”的数值来调整对比度，但是使用白色曲线来调整画面的对比度明显要比色调校正更加直观和细腻，且调整幅度更大。

图3-79所示为白色曲线调整前后的画面对比，可以很明显地看出，画面调整后更有立体感，有充分的明暗对比，而不是很扁平的画面。

图3-79

提示 具体的曲线调整弧度由原素材的扁平程度决定，素材画面越扁平，曲线的弧度越大。

与白色曲线类似，红（R）、绿（G）和蓝（B）3种颜色的曲线是对画面“高光”“中间调”“阴影”中的这3种颜色重新进行调整，如将这3种颜色曲线分别在中心区域直接向上拖动，就能做出相应的色彩偏移效果，如图3-80~图3-82所示。

图3-80

图3-81

图3-82

提示

根据色彩学理论，红、绿和蓝3种颜色相加形成白色，因此如果将这3种曲线都从其中心区域向上拖动到同样的位置，则相当于直接将白色曲线从中心区域向上拖动。此时的画面并不会产生任何偏色，但是画面中间调的亮度会提高，如图3-83所示。

图3-83

色相饱和度曲线

“色相饱和度曲线”是二级调色（风格化调色）流程中非常重要的工具，它可以用来精细地增减各种颜色的饱和度，做出具备个人风格的画面色彩。在“色相饱和度曲线”的色轮中，若选中下方的单个色彩圆钮，色轮中会出现与之相对应的3个调整点；若选中下方多个色彩圆钮，色轮中会同时出现与之对应的所有调整点，如图3-84所示。将单个调整点背离圆心向外拖动，与之相对应的单种颜色的饱和度增加；反之，将该调整点向着圆心方向拖动，与之相对应的单种颜色的饱和度减少。

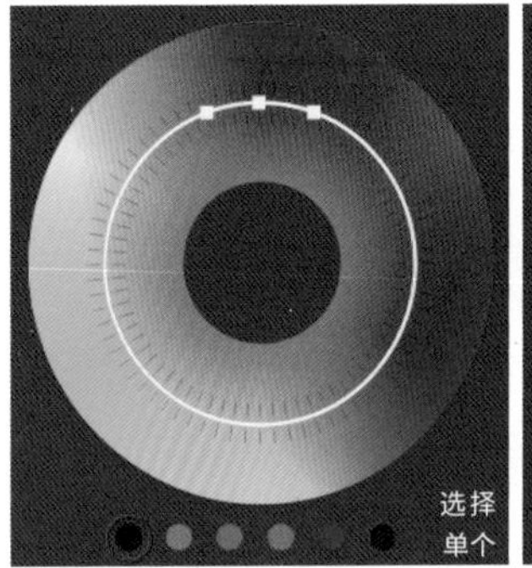

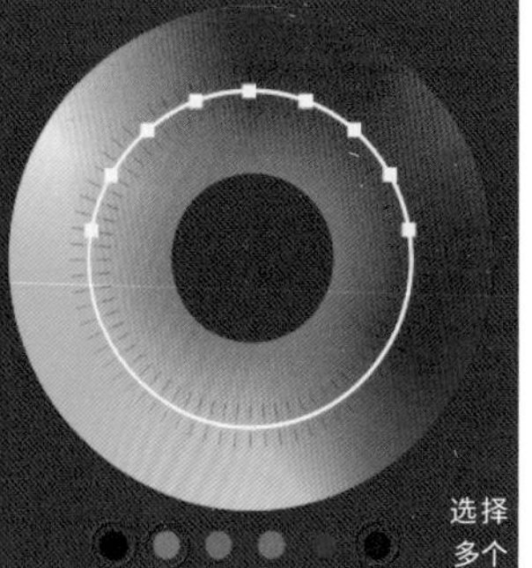

图3-84

以图3-85所示的素材为例。将“色相饱和度曲线”中色轮上的蓝色调整点向圆心方向大幅度拖动，画面中的天空蓝色变成灰色，如图3-86和图3-87所示。

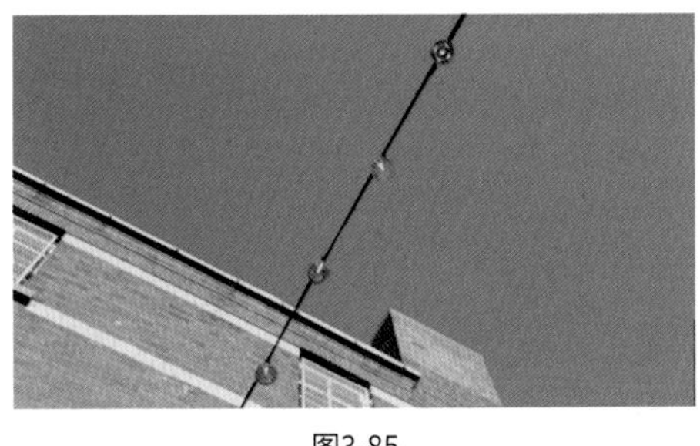

图3-85

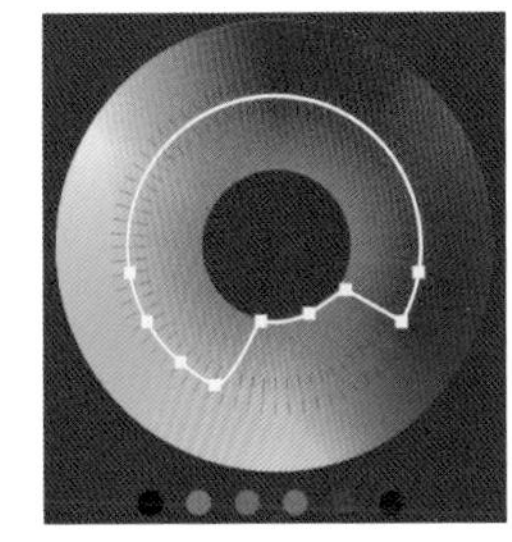

图3-86

图3-87

提示

在实际运用的过程中，可以通过将画面中的主导颜色饱和度调低的方式，做出小清新的画风。而单独调整橙色的饱和度能够修改画面中人物的肤色。

3.2.8 使用JW LUT进行调色

扫码看剪辑效果  扫码看教学视频 

素材文件	素材文件>CH03>视频素材	教学视频	使用JW LUT进行调色
实例文件	实例文件>CH03>使用JW LUT进行调色	学习目标	掌握JW LUT的使用方法

JW LUT是作者自制的一套调色包，使用该调色包可以让使用扁平模式或Log模式拍出的视频画面快速获得色彩恢复与风格化调色。下面以图3-88所示的素材来进行演示。在使用LUT之前，需要选中初始素材本身（无须建立调整图层），转到“颜色”工作区，进行白平衡校正和色调曝光值的校正，如色轮的冷暖和红绿的偏移。

01 针对测试素材，提高“色温”值到4.7，提高“曝光”值到0.2，其余参数保持不动，如图3-89所示。

02 简单的校正完成后，在该素材上方建立调整图层，如图3-90所示。

图3-88

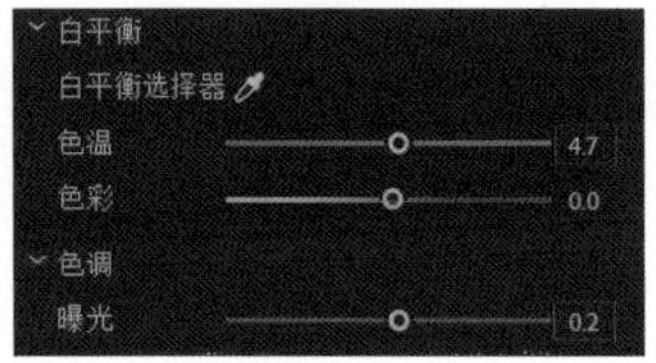

图3-89

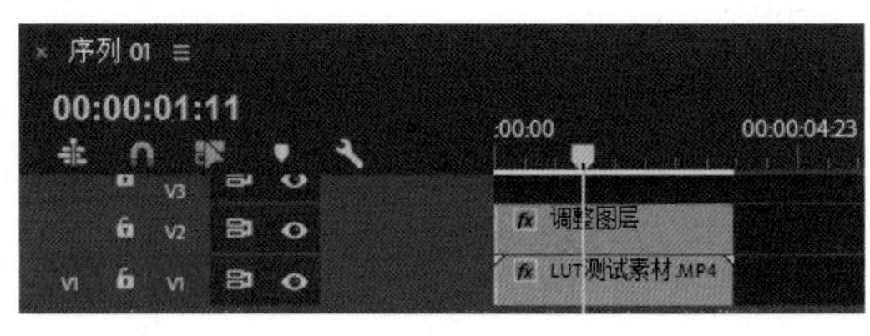

图3-90

03 选中该调整图层，在“Lumetri颜色”面板的“创意”面板中展开“Look”设置栏并选择“浏览”选项，然后在弹出的对话框内找到“JWcineclogRec.cube”文件（恢复LUT），并单击“打开”按钮，如图3-91所示。

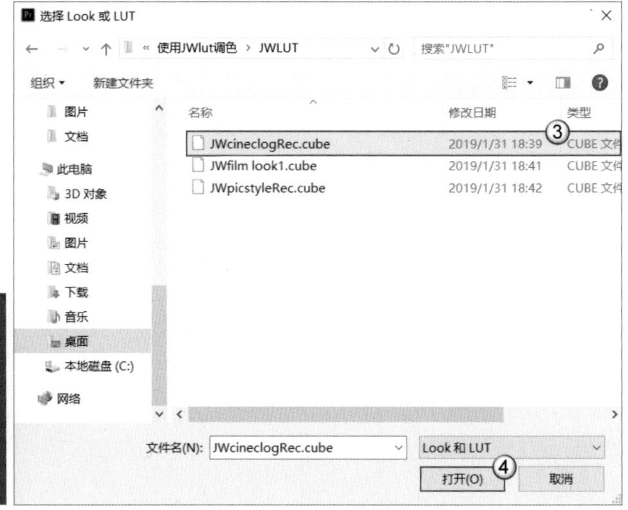

图3-91

提示　如果初始素材为普通风格（创意风格）拍摄的照片，那么此步骤需要选择使用“JWpicstyleRec.cube”文件。

04 此时画面色彩基本恢复，如果该LUT让视频出现过高的饱和度或对比度的情况，则可以酌情调低“强度值”，如图3-92所示。

图3-92

05 加载恢复LUT之后，仍需选中调整图层，并转到“效果”工作区。选中“效果控件”中的“Lumetri 颜色”效果，如图3-93所示，并依次按快捷键Ctrl+C和Ctrl+V复制该效果，如图3-94所示。

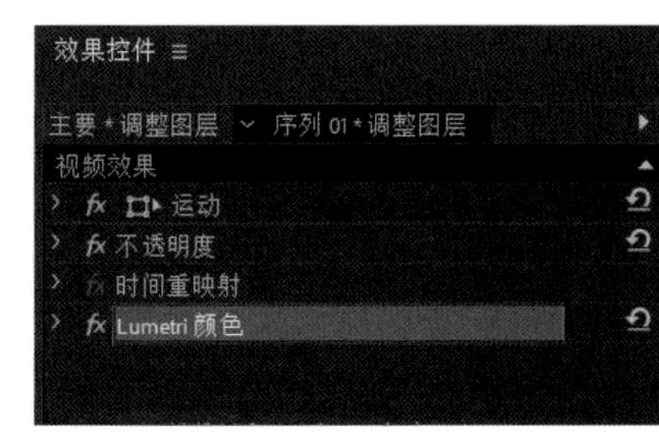

图3-93

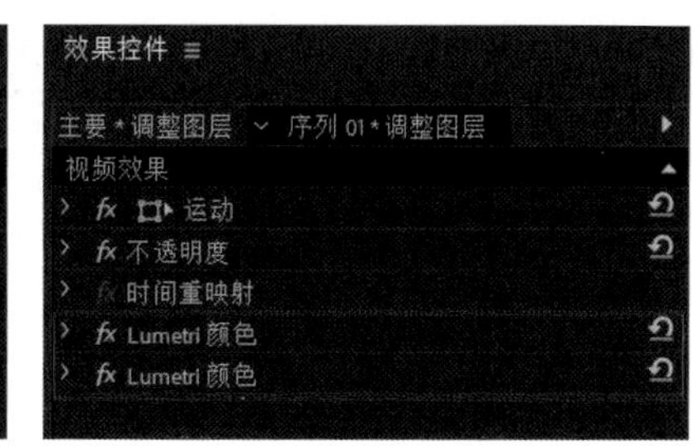

图3-94

06 打开复制生成的“Lumetri 颜色”效果，展开“创意”列表，打开“Look”设置栏并选择“浏览”选项，如图3-95所示。在弹出的对话框内找到“JWfilm look1.cube”文件（风格化LUT），具体操作如图3-96所示。

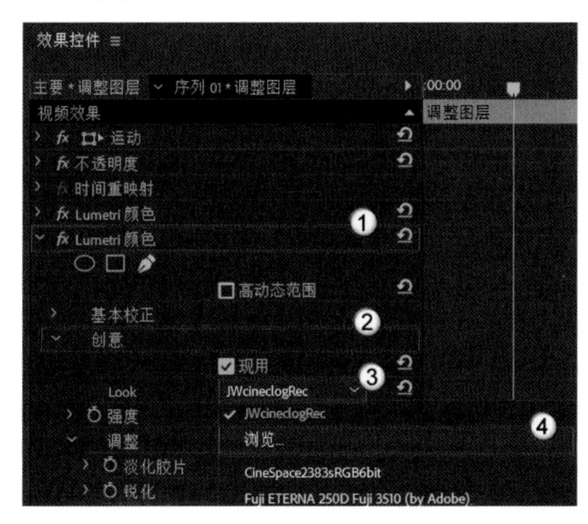

图3-95

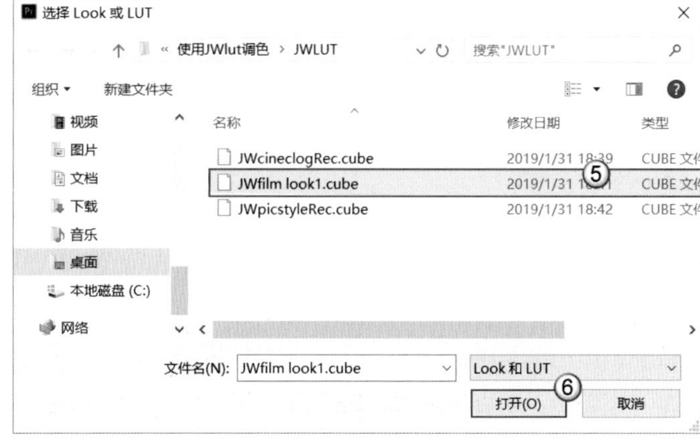

图3-96

提示

此时所有LUT加载完毕，完成基本调色。调色前后对比如图3-97和图3-98所示。

图3-97

图3-98

07 如果视频需后期增锐，需要再次选中调整图层，在右侧效果搜索栏内搜索“锐化”并双击添加，在“效果控件”面板中输入合适的“锐化量”即可，如图3-99和图3-100所示。

提示

原素材的初始图片配置文件不同，使用该LUT后的最终效果也不一样，所以在使用第三方LUT后都需要对画面的饱和度和对比度等基础参数进行微调。本书所提供的恢复LUT更适用于强反差（大光比）的素材。

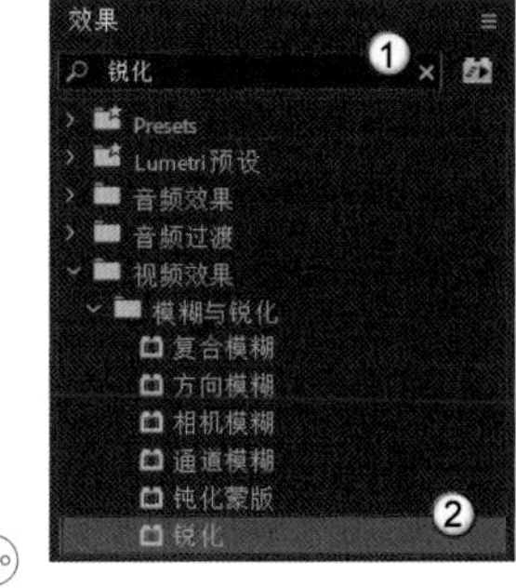

图3-99

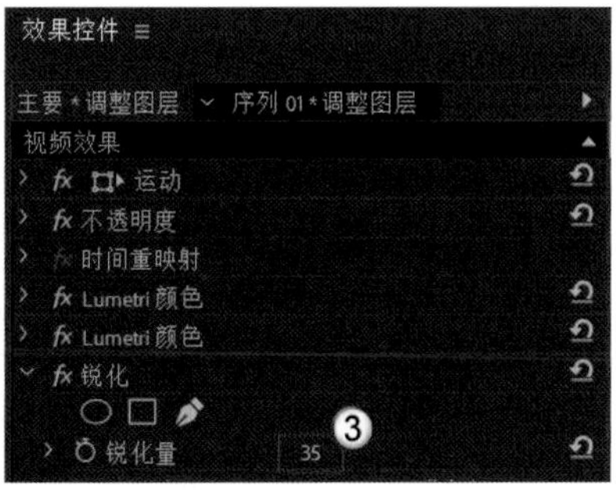

效果控件 主要 * 调整图层 序列 01 * 调整图层 视频效果 运动 不透明度 时间重映射 Lumetri 颜色 Lumetri 颜色 锐化 锐化量 35

图3-100

3.3 改进视频的声音

声音是视频产品不可或缺的一部分。如果一段视频只有画面没有声音，观众的观看体验会很差。因此，匹配度合适的声音是一段视频作品必不可少的组成部分。

3.3.1 调整音量

扫码看教学视频

素材文件	素材文件>CH03>音频素材	教学视频	调整音量
实例文件	实例文件>CH03>调整音量	学习目标	掌握分析背景音乐的方法

很多Premiere入门读者会误以为自己耳朵听到的声音音量就是该视频最终的实际音量。但是当自己的视频在上传网站后或是放在其他设备上播放时，发现声音音量与自己原本听到的完全不一样。要么是背景音乐响到“炸”耳，要么是人声小到听不到。因此，这就需要对视频的音频做后期调整。音频的调整包括对声音的均衡、降噪等。音频对视频的影响是不容小视的，质量极差的音频会影响观看者的感受，即使视频画面处理得再好也无济于事。

因此，在调整声音前一定清楚声音的真实音量是多大，决定这个真实音量的参数就是分贝值。Premiere“时间轴”面板中的轨道旁有一个带有分贝值刻度的“音量指示器”面板，当我们播放任意一段音频时，该面板中的绿色长条都会上下浮动，以显示实时的音量大小。

分贝值在-12dB刻度左右浮动时，音频的音量是合理的，如图3-101所示。若音频的分贝值触及或超过0dB刻度线，面板顶部就会显示红色警示信号，提示剪辑者目前音频的音量过大，会产生爆音现象，如图3-102所示。

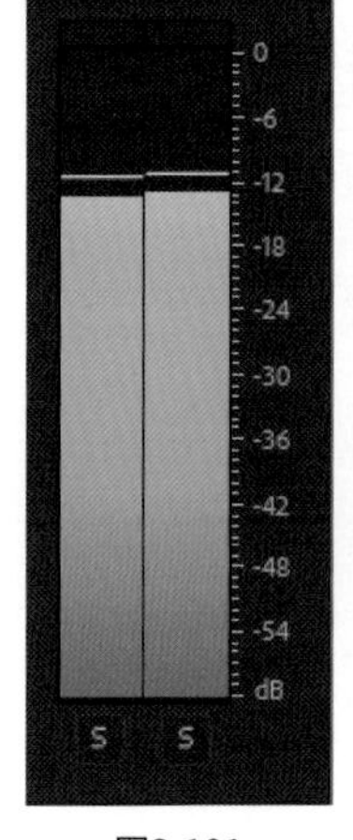

图3-101

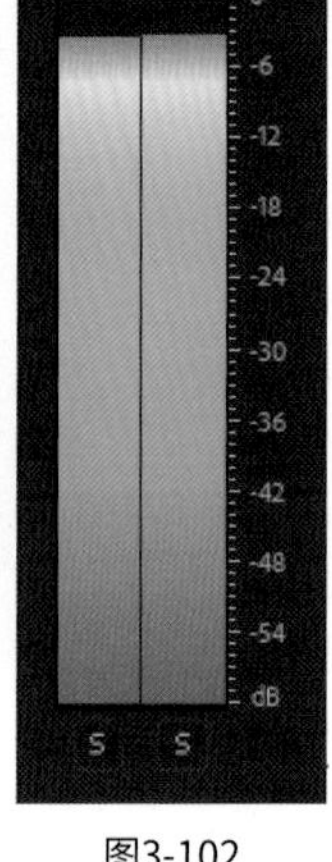

图3-102

调整整段音量

当某一部分音频音量过高时，可在音频轨道内，将音频文件的音量控制线从0dB增益处向下拖动，即可降低这段音频的声音音量，且在拖动音量控制线时我们也可以实时观察音量的负增益为多少，图3-103所示的音量被下调了7.15dB。相反，我们也可以将音量控制线向上拖动，提高一些声音较小的音频音量。

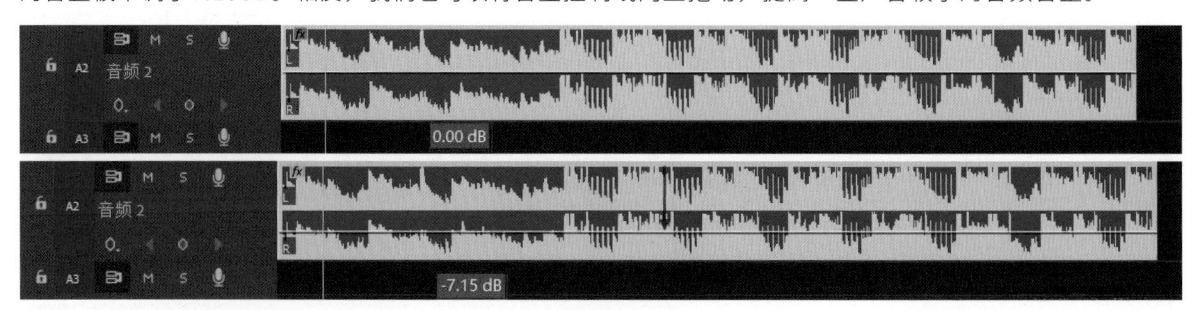

图3-103

调整局部音量

除了调节一段音频整体音量的大小，还可以对这段音频的局部音量的大小进行调节，操作的方式类似于第2章中讲解的淡入/淡出效果。

01 选择“选择工具”，按住Ctrl键，在音频文件的音量控制线上的相关区域单击，添加4个关键帧，如图3-104所示。

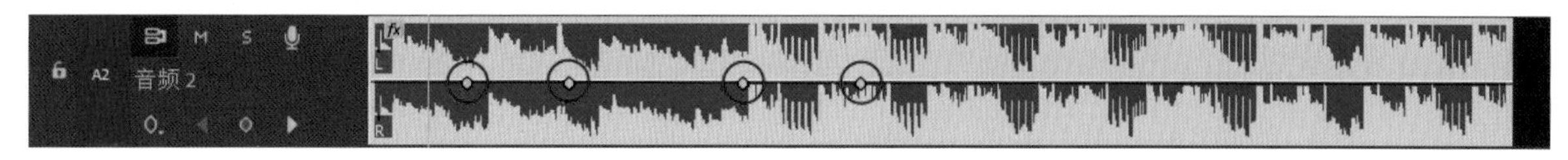

图3-104

02 将中间2个关键帧内的音量控制线向下或向上拖到，即可对该区域音频的音量进行调节，如图3-105所示。将这2个关键帧中间的音量控制线向下拖到后，这一局部区域的音量就形成了一个先减小后持平再放大的变化效果。

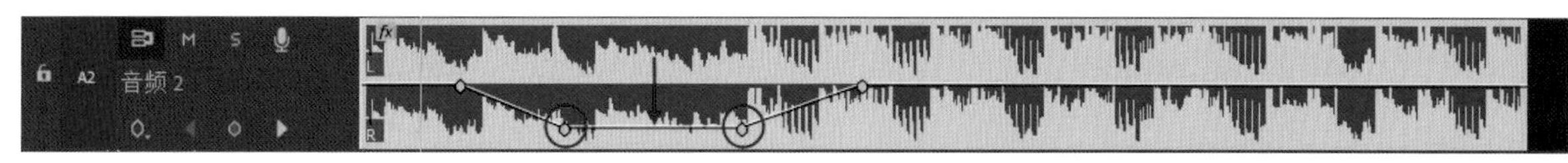

图3-105

> **提示**
> 这样的效果一方面可以对该部分过大的音频音量进行修正，另一方面也可以减小这部分的音量来凸显该时间段内其他轨道音频的声音。

3.3.2 音轨混合器

扫码看教学视频

素材文件	素材文件>CH03>音频素材	教学视频	音轨混合器
实例文件	实例文件>CH03>音轨混合器	学习目标	掌握“音轨混合器”的使用方法

细心的读者肯定会发现，虽然3.3.1节中介绍的通过拖动音量控制线对音频音量进行调节的方式直观简便，但是在音频文件繁多的情况下操作起来会很困难，且工作量也非常大。因此，就需要考虑批量且系统化地对音频的音量进行调节。Premiere中“音轨混合器”面板的功能就完美地满足了我们的这些需求。

切换到“音频”工作区，如图3-106所示。在“节目”面板的左侧可以找到“音轨混合器”面板，如图3-107所示。“音轨混合器”主要由与各音轨相对应的音量控制条组成。按照从左至右的顺序，A1（音频1）、A2（音频2）与A3（音频3）分别控制着序列内的第1条、第2条与第3条音轨。且序列内每增加一条音频轨道，“音轨混合器”内就会增加一个对应的音量控制条。

图3-106

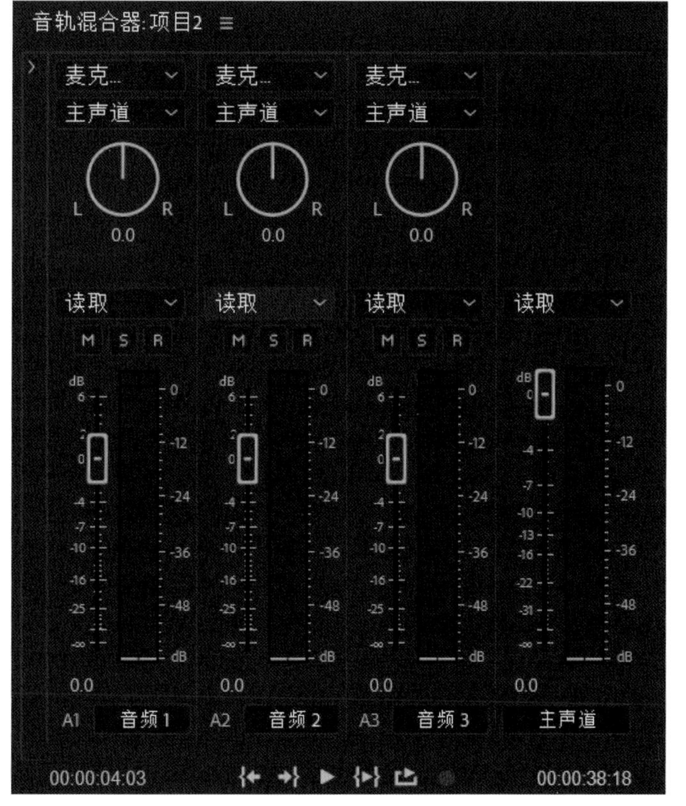

图3-107

每个音量控制条内都有一个音量指示器，主要用于显示当前轨道音频的音量大小，左侧则为一个音量增益控制器，用来修改音轨音频的音量。音量增益控制器的默认位置为0（0dB增益），若将它向上拖动，该音轨的声音音量就会提高，若将它向下拖动，该音轨的声音音量就会降低，如图3-108所示。

此外，“音轨混合器”面板的最右侧还有一个主声道控制条，如图3-109所示。它的作用是显示当前位置所有音轨混响的总音量，并允许剪辑者直接调节总音量。如果拖动主声道控制条内左侧的音量增益控制器修改音量，音频整体的音量都会降低。因为主声道的最大增益0dB，所以只支持对声音音量的降低，不支持对声音音量的提高。

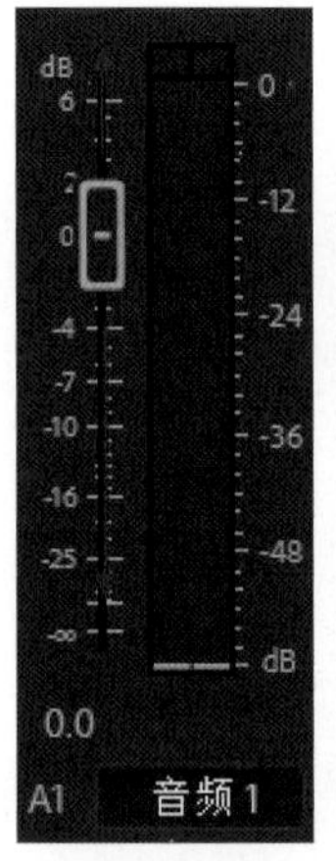

图3-108

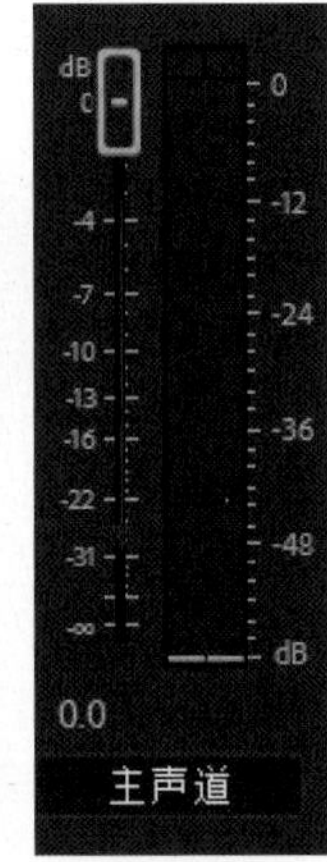

图3-109

提示

“音轨混合器”不仅能对音频的音量进行调整，还能对音频的声道进行调整。声道调整器位于每个轨道音量控制条的上方。如果向左调节，即取值为负数，则该轨道音频向左声道偏移（在使用耳机的情况下，声音优先从左耳处传入），如图3-110所示；如果向右调节，即取值为正数，那么该轨道音频向右声道偏移（在使用耳机的情况下，声音优先从右耳处传入），如图3-111所示。对声道的调节可以更好地模拟影片内声音来向的真实感，也让声音更加立体！

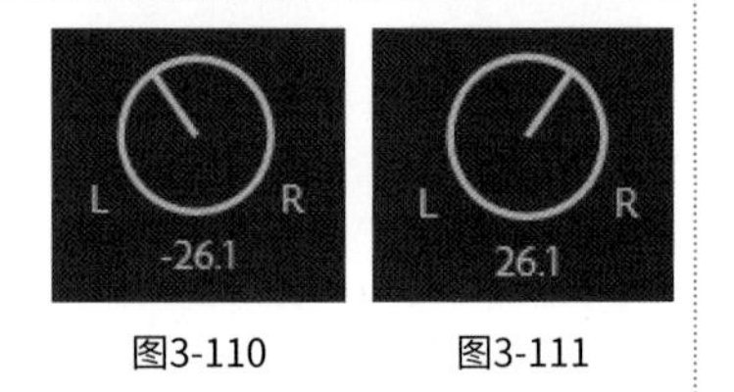

图3-110　图3-111

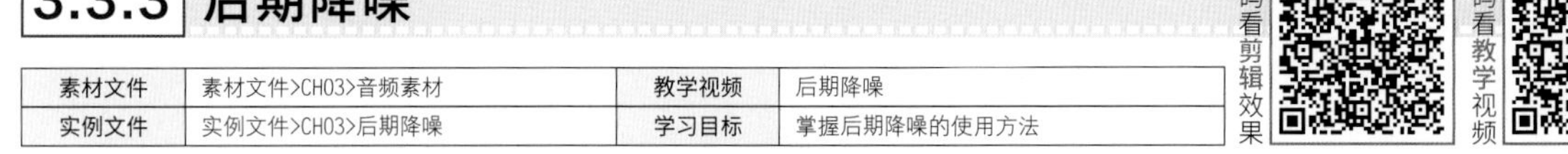

3.3.3 后期降噪

素材文件	素材文件>CH03>音频素材	教学视频	后期降噪
实例文件	实例文件>CH03>后期降噪	学习目标	掌握后期降噪的使用方法

扫码看剪辑效果　扫码看教学视频

如果前期的录音环境、录音设备与录音方式不符合要求，最终的音频内就会出现一些轻微或严重的背景噪声。如果视频的画面为室外环境，正常的环境噪声并不会让观众感到不适，但如果视频画面为室内环境，持续的背景噪声就不符合观众的听觉习惯。为了保证视频的质量，如果音频有这样的背景噪声，那就不得不考虑对音频进行降噪处理。

自适应降噪

在一般情况下，读者可以直接使用Premiere自带的“自适应降噪”功能对音频内容进行降噪处理。

01 选中需要修改的音频区域，切换到“效果”工作区，并在右侧的效果搜索框内输入“自适应降噪”，然后在“自适应降噪”选项上双击添加效果，如图3-112所示。

02 界面的右侧会显示出与之相对应的“效果控件”。单击“编辑”按钮 编辑... 修改降噪的设置，如图3-113所示。

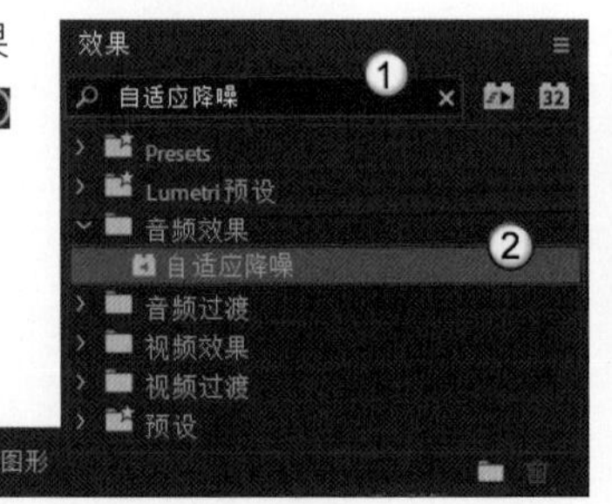

图3-112　图3-113

03 在弹出的面板中，可以在“预设”下拉列表中选择降噪类型，包括“弱降噪”“强降噪”“消除单个源的混响”“（默认）”。另外，如果计算机的性能足够，可以选择“高品质模式”选项来提高音频质量，如图3-114所示。

04 事实上，由于录音设备、录音环境和录音方式等不同，音频的特性是不同的。因此，在选择完“预设”之后（或保持默认），剪辑者还可以根据实际效果对“预设”的具体参数做进一步调整，如图3-115所示。

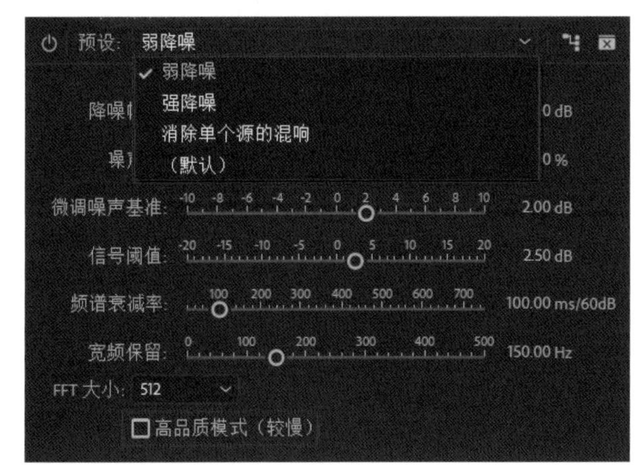

图3-114

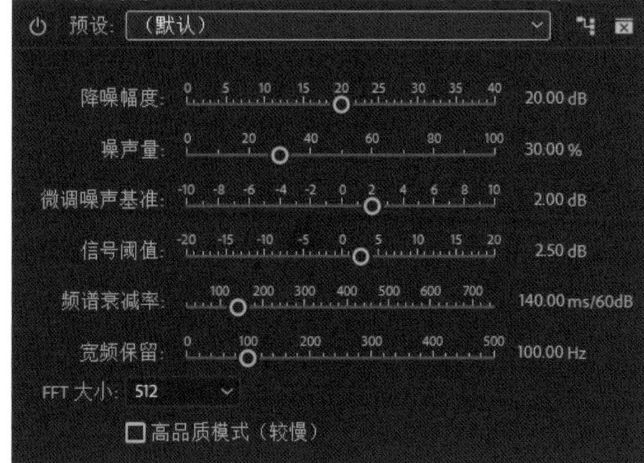

图3-115

提示

这些具体参数涉及了音频相关的专业知识，本书不进行深入讲解，这里介绍几个常用的微调选项。

①降噪幅度是对降噪效果强弱程度的主修改选项，幅度越大，降噪效果越强。但降噪幅度值设置得过高，能听出非常明显的人工修改效果，因此建议设置范围为6dB~30dB。

②噪声量表示噪声的音频占原音频的百分比。

③频谱衰减率是将噪声下降60dB的速度，稍微调高可以使声音的降噪效果更加平滑自然。

④将宽频保留值设置得更低可以去除更多噪声，但是也会引入更多的人工修改效果。

⑤将FFT大小设置得高，适用于处理持续的噪声，如背景噪声；将之设置得低，则适用于处理短时间内突然产生的噪声，如爆音。

不过，还请读者记住，“自适应降噪”的缺点是对音频降噪需要一定的反应时间，即降噪效果并非从音频的起始端生效，而是在音频开始后1秒左右生效，且如果背景噪声比较大，会产生明显的人工修改效果（声音的失真），所以后期的降噪只能起辅助作用，前期的录音环节至关重要！

调用Audition降噪

为了应对“自适应降噪”功能的局限性，用户可以在Premiere中调用Adobe Audition做更细节化的降噪。

01 右击需要处理的音频，在弹出的快捷菜单中选择“在Adobe Audition中编辑剪辑”命令，如图3-116所示。

02 打开Audition的“编辑器”面板，可以查看声音的波形。波形主体部分的人声显示为橙色，如图3-117所示。

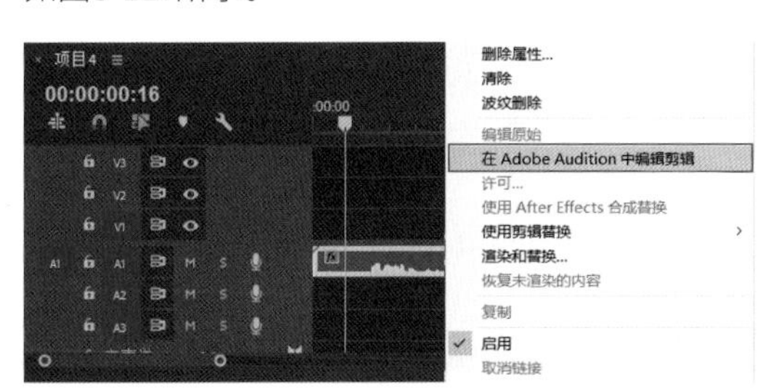

图3-116

图3-117

提示

Adobe Audition为Adobe 公司旗下的一款针对音频编辑开发的专业软件，如果剪辑者的计算机上未安装此软件，则无法在Premiere中进行调用。

03 单击“编辑器”面板下方的“横向缩放”按钮，放大声音的波形，然后用鼠标在波形图上框出一段环境噪声作为样本，如图3-118所示。

提示 噪声采样的位置不固定，选取主体人声前后的声波部分即可，但是要确保不触及主体人声部分。

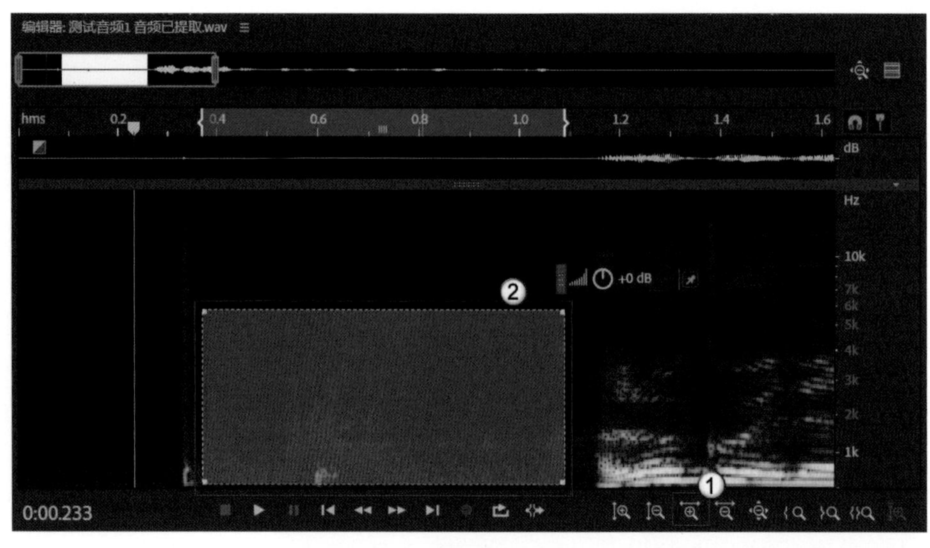

图3-118

04 框选完环境噪声后，按快捷键Shift+P完成采样，然后按快捷键Shift+Ctrl+P打开“预设”面板，接着根据音频文件的实际噪声情况进行参数设置。图3-119所示的内容为一组完整的人声降噪的参考设置参数。

提示 勾选“仅输出噪声”选项，并按Space（空格）键，可以只试听调整后音频的噪声，以方便进一步微调降噪参数。但是，在最终保存之前，切记要取消勾选该选项，避免只保存噪声、丢失音频的错误。

05 待所有参数调整完毕后，单击“应用”按钮，并按快捷键Ctrl+S保存更改，然后直接关闭Audition软件。此时对音频的降噪操作就自动地保存到了Premiere中相应的音频文件中，无须再做任何音频导入操作。

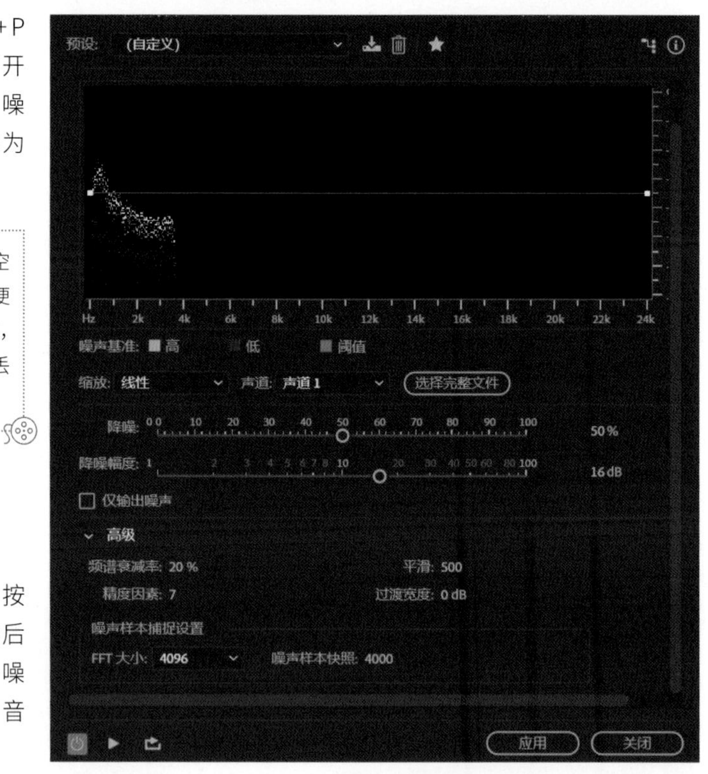

图3-119

3.3.4 人声与背景音乐的均衡

素材文件	素材文件>CH03>音频素材	教学视频	人声与背景音乐的均衡
实例文件	实例文件>CH03>人声与背景音乐的均衡	学习目标	掌握音频均衡的使用方法

扫码看剪辑效果　扫码看教学视频

在视频或影片中加入合适的背景音乐能给观众带来更好的观看体验，但是如果背景音乐的音量过大，则可能盖过更为关键的人声，起到相反的作用。如果对视频添加背景音乐，一定要对音频文件进行均衡处理，保证背景音乐在不影响人声内容的基础上也能被观众听到，起到渲染氛围的正面作用。

Premiere中对人声和背景音乐的基础均衡方式就是在“音轨混合器”面板中将人声所在轨道的音量根据实际情况调高，将背景音乐所在轨道的音量根据实际情况调低。在调整时确保人声所在轨道的音量值尽可能地靠近0dB，并确保人声轨道、背景音乐轨道和主声道都不产生爆音现象，如图3-120所示。

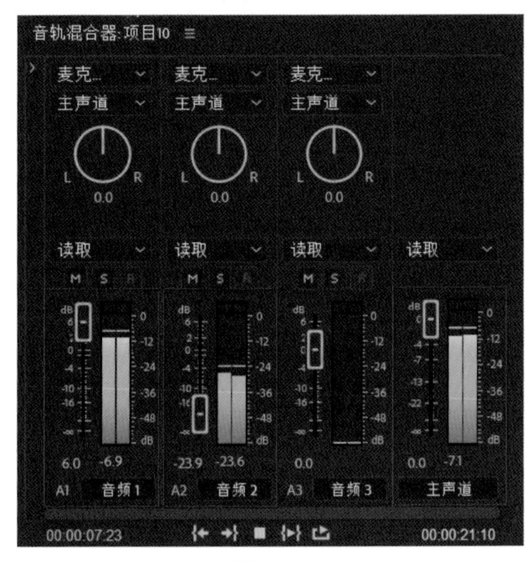

图3-120

在做完基础的音量调节后，还可以调整一些更细节的音频参数，使人声与背景音乐的融合效果更好。

01 单击“音轨混合器”左上角的“显示/隐藏效果和发送”按钮，并在弹出的灰色面板中单击右上角的“效果展开”按钮，然后执行“振幅与压限”>“单频段压缩器”命令，如图3-121所示。

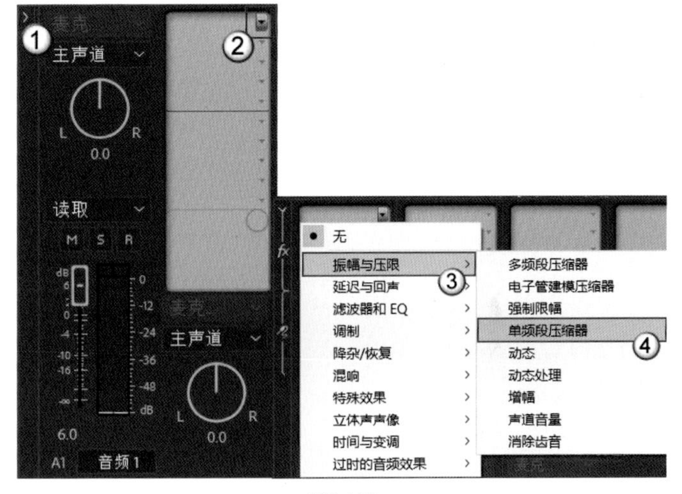

图3-121

02 在新添加的“单频段压缩器”上右击，然后选择“编辑”命令，打开“轨道效果编辑器-单频段压缩器”面板，如图3-122和图3-123所示。

03 读者可以在面板中加载很多内置的声音效果预设。使用“人声提升器”可以直接对人声进行提升，以便与背景音乐更好的区分开；使用“语音增厚器”能让人声更加厚重，使人声更加符合演播室的听感。这两种预设都是值得推荐的设置，如图3-124所示。当然，具体的预设需结合实际的音频来选择，剪辑者可以将可能用到的预设都在音频上进行尝试。

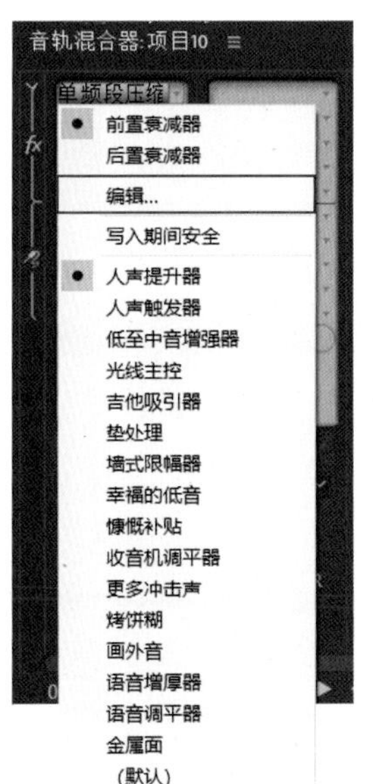

图3-122

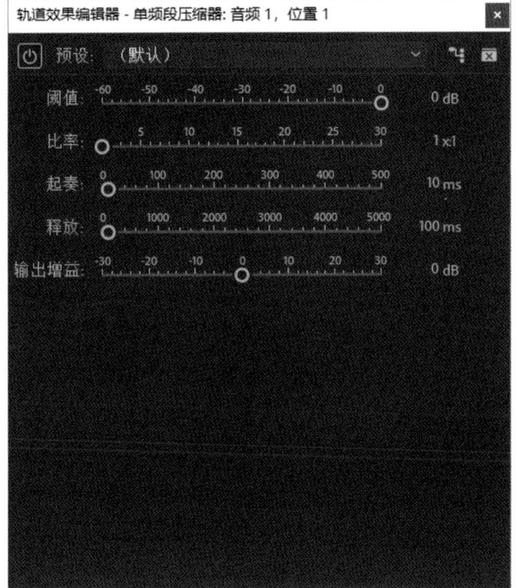

图3-123

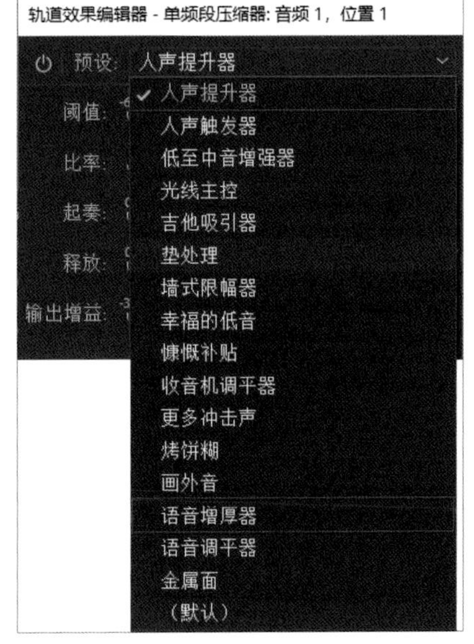

图3-124

提示

值得注意的是，"输出增益"决定着对音频音量的放大量，若设置的值较高，不仅会让音频产生爆音，还会将人声音频中的背景噪声放大，具体的输出增益数值可能需要根据实际情况降低，如图3-125所示。

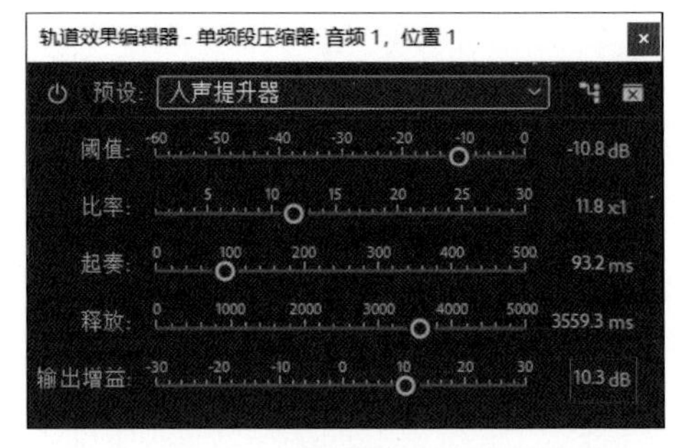

图3-125

3.3.5 使用动态标准化人声的音量

扫码看剪辑效果　扫码看教学视频

素材文件	素材文件>CH03>音频素材	教学视频	使用动态标准化人声的音量
实例文件	实例文件>CH03>使用动态标准化人声的音量	学习目标	掌握标准化人声的设置方法

前期录制的人声音量很有可能出现忽大忽小的情况，这样的人声对视频的配音来说是很不好的，例如，示例音频文件就存在前一部分声音音量较大（数字①），而后一部分声音音量较小（数字②）的状况，如图3-126所示。

当我们观察右侧的音量指示器时可以发现，前一部分声音音量的峰值约为-9dB，后一部分声音音量的峰值只能达到-18dB，如图3-127所示。

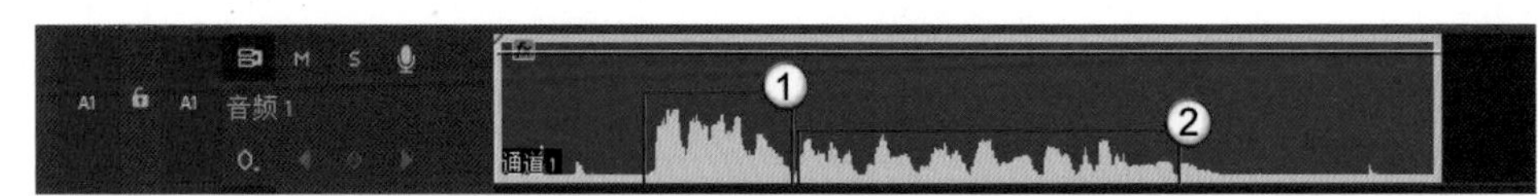

图3-126

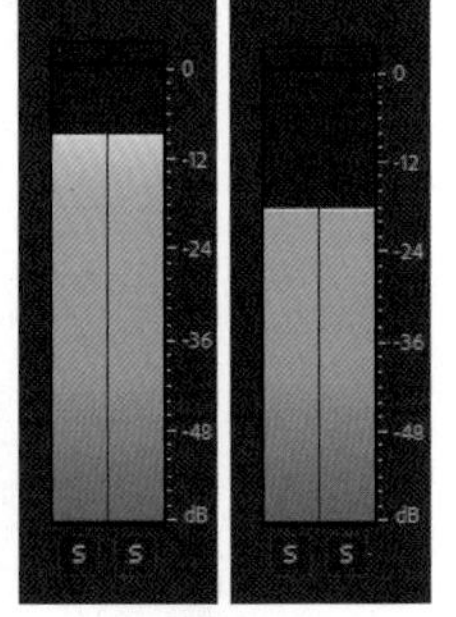

图3-127

处理方式一

一种可行的处理思路是将后一段声音音量放大，将前一段声音音量保持不变或调小，剪辑者可以对音频文件添加一系列的关键帧来逐段地对声音的音量进行调整，如图3-128所示。

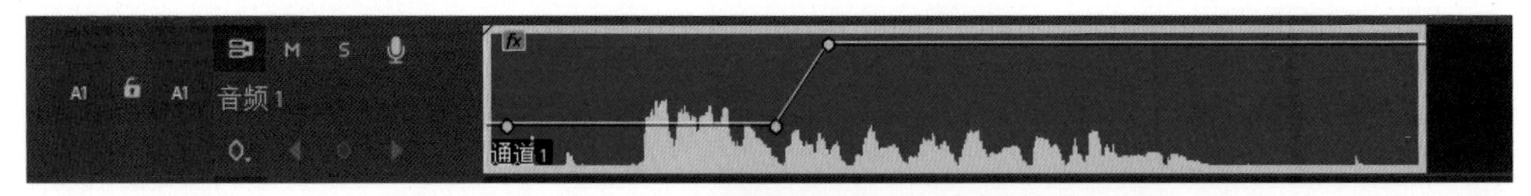

图3-128

处理方式二

01 处理方式一工作量较大，且控制量不准确，如果想更加精确地对人声的音量进行控制，使音频音量标准化，则需转到"效果"工作区，并在右侧的效果搜索栏中搜索并添加"动态"效果，如图3-129所示。

02 添加该效果后，在工作区左侧的"效果控件"面板中找到"动态"设置栏，单击"编辑"按钮（编辑...），如图3-130所示。

图3-129

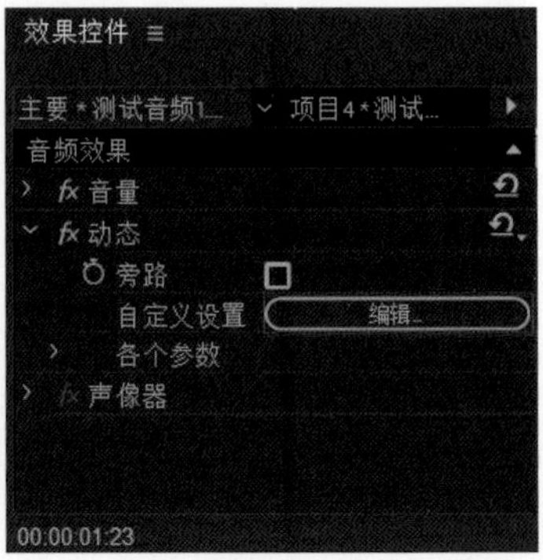

图3-130

03 打开“预设”面板，这一面板中有若干功能模块，读者使用较多的设置是“压缩程序”与“限幅器”，如图3-131所示。

图3-131

提示

下面先介绍“压缩程序”面板中的重要参数。

①“阈值”代表音频受到压缩部分的界限。例如，设置“阈值”为-20dB时，-20dB以上的音频会受到压缩，-20dB以下的音频保持不变。

②“比例”决定的音频压缩比例。设置“比例”为1，代表1dB的音频被压缩为1dB，即不压缩；设置“比例”为2，代表2dB的音频被压缩为1dB，即压缩幅度为1/2。

③“攻击”与“释放”决定“压缩程序”（压缩器）的灵敏度，即对相应的音频进行压缩和释放的时间。如果设置它们为0，就会造成音频瞬时压缩与释放，声音听起来不自然。因此，适当设置“攻击”与“释放”的时间，可以让音频缓慢压缩与释放，以减弱后期人工修饰的痕迹。

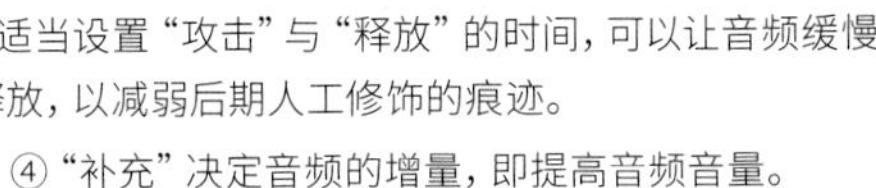

④“补充”决定音频的增量，即提高音频音量。

下面介绍“限幅器”中的重要参数。

“限幅器”即限制幅度器，它的构成相比“压缩程序”要简单，除了“释放”外，还有一个“阈值”选项。阈值决定当前音频的峰值音量，如“阈值”为-1dB代表当前音频的音量不超过-1dB。这一功能与“标准化最大峰值”功能类似。

另外，右击任意一段音频，在弹出的快捷菜单中选择“音频增益”命令，如图3-132所示。在“音频增益”对话框中可以直接对音频的峰值进行限制，操作方式为在“标准化最大峰值”内直接输入合适的音量值，如-3dB，如图3-133所示。

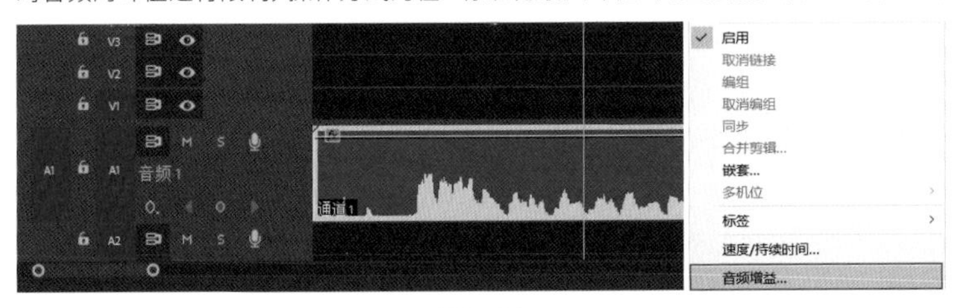

图3-132

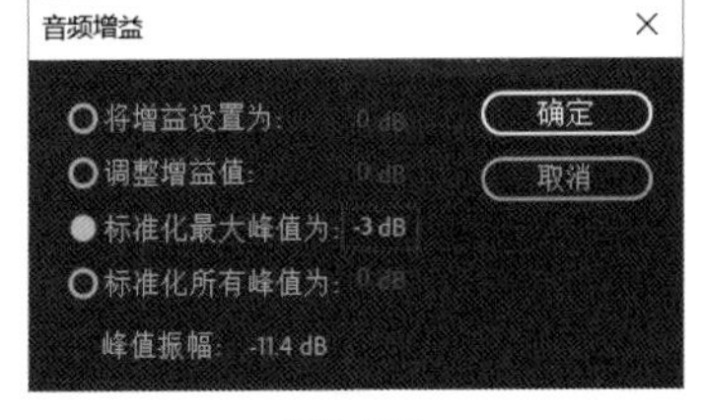

图3-133

04 “压缩程序”可以先将超过-18dB的音频部分进行压缩（此处“比例”设置为4），使音频前后部分的音量相近，如图3-134所示。压缩后，前一部分音频的音量峰值由-9dB变成了-18dB，即此时音频的整体音量均等，如图3-135所示。

05 -18dB左右的音量明显是不够的，还需要设置“补充”值，将音频整体的音量提升到一个可接受的范围内。设置“补充”为15dB，如图3-136所示。此外，为了标准化峰值或消除爆音现象，需要设置“限幅器”的“阈值”，如-3dB，如图3-136所示。

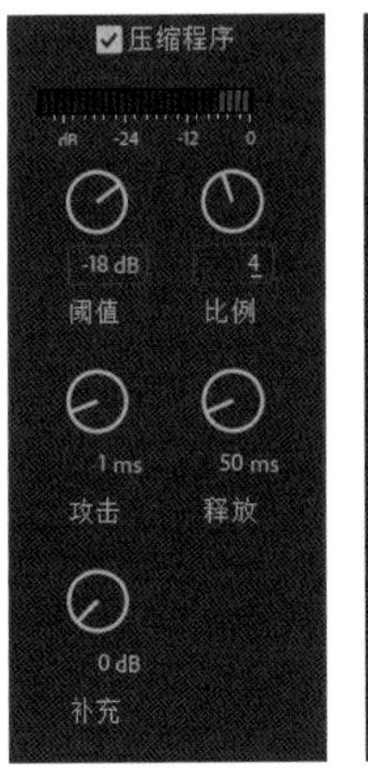

图3-134

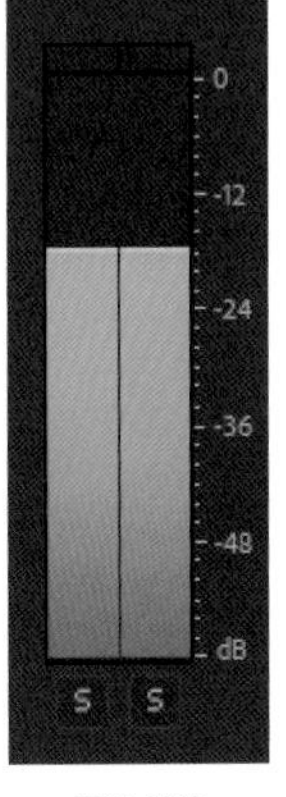

图3-135

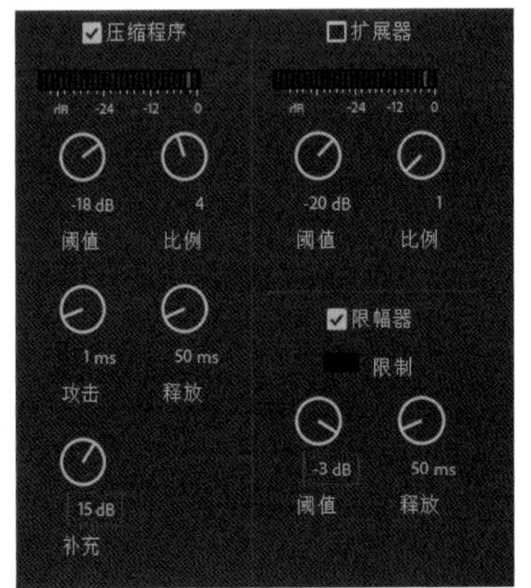

图3-136

提示

在设置完成后，一定要记得勾选所需模块的复选框，如图3-137所示，否则一切设置都不会应用到音频文件中。

巧用动态标准化，只需简单的数值设置，即可让这段人声音量由原先的忽大忽小变为现在的前后音量统一且音量合适。

☑压缩程序

图3-137

3.4 添加音效

扫码听音频效果 

扫码看教学视频 

素材文件	素材文件>CH03>音频素材	教学视频	添加音效
实例文件	实例文件>CH03>添加音效	学习目标	掌握添加音效的方法

电影中的声音是怎么来的？可能很多人在观看影片的时候都会认为是现场录音，但是事实上电影与电视剧最终成品中都会后期配音，而不是简单地使用在拍摄现场录制的声音（参考声）。在后期除了要重新配演员的台词之外，还要对画面中的关键部分配上一个好的音效，从而使观众身临其境般的观看影片。比如，打斗场面中演员的击打声、手臂在空中挥舞的风声以及脚步声可能都是后期配音添加的。这就需要影片的制作团队有专门负责声音处理的人员来对声音进行设计与编辑。

如果我们在制作视频时相应地添加一些音效，就可以让视频的质量提升一个等级。

需要注意的是，这样的音效分为两种，一种是某一动作的特定音效，用来增加一个特定画面的感染力。比如，屋檐的帆布在空中飘动时可以添加帆布抖动的音效，如图3-138所示。

另一种是背景音效，用来烘托或渲染一个特定的环境。比如，在一个室外公园的场景中，可以添加包含“风吹树木的沙沙声”“鸟叫”“人群说话声”等声音的室外环境声，如图3-139所示。

图3-138

图3-139

音效的添加方式也非常简单，只需要将相关音效的音频文件放在该画面下方空闲的音频轨道即可。对于持续的环境音效而言，可以将音频文件填满整个视频下方的音频轨道（数字①），而对于短暂的特定音效来说，则只需要将它放在画面中相关动作所对应的位置即可（数字②），如图3-140所示。

在添加完音效后，我们还需要对音频文件的音量大小进行调整，甚至添加一些关键帧来做出音量的坡度变化，从而使音效与其他音频文件更加协调。

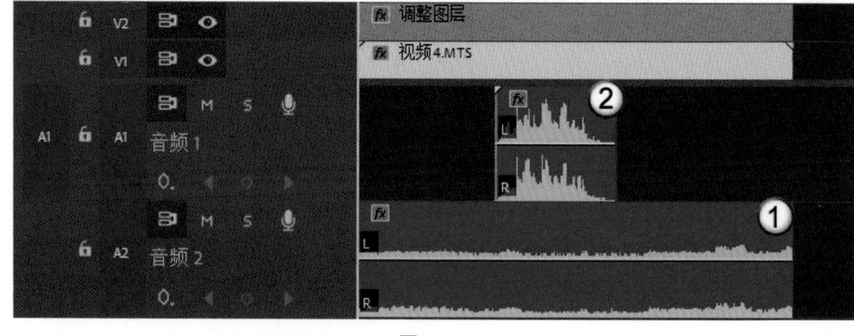

图3-140

提示 声音的设计与编辑是一个独立且庞大的体系，本书不做过多讲解，读者如需对此方面有更多的了解，请查阅相关书籍与网络资源。

3.5 添加视频水印

扫码看剪辑效果 

扫码看教学视频 

素材文件	素材文件>CH03>视频素材	教学视频	添加视频水印
实例文件	实例文件>CH03>添加视频水印	学习目标	掌握添加视频水印的方法

为视频添加水印是一种非常不错的增加视频品牌感的方式。水印是放在视频上半透明的静态图片。复杂的水印需要由专业的设计师来设计与制作，并将导出的透明背景的图片放在视频素材上方轨道即可。

对于独立的个人视频创作者来说，如果没有足够的图形设计与水印制作能力，完全可以使用Premiere内置的“文字工具”T或旧版标题在视频上添加水印。下面介绍使用旧版标题模式添加水印的方法，效果如图3-141所示。

图3-141

01 按照2.7.2节中介绍的方式创建旧版标题。使用粗体的思源黑体字体输入“水印设计”文字，然后分别设置字号、字间距和字体倾斜度，让文字更加美观，如图3-142所示。

图3-142

提示 水印的位置一般在视频的4个边角处，读者可以根据个人喜好进行摆放，本节为了使大家看得更清楚，将水印的字号设置得有些大。事实上，为了不影响视频观感，水印的字号在120以内为宜。

02 需要注意的是，字体颜色默认为灰白色，想要将字体改成纯白色，还需要单击色块，然后拖动“拾色器”内的圆圈到左下角，或在右侧设置颜色值为FFFFFF，如图3-143所示。前后对比效果如图3-144所示。

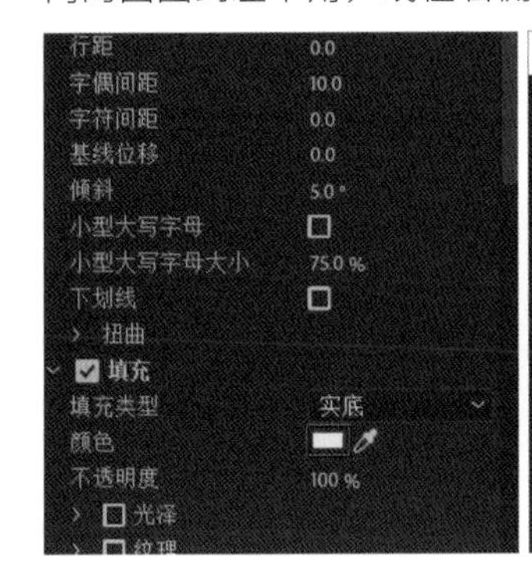

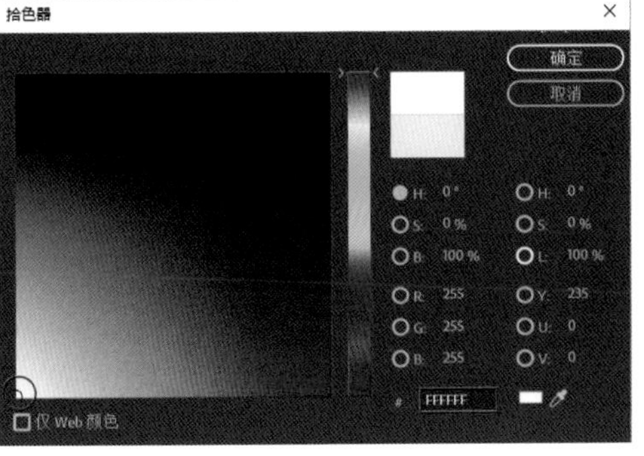

图3-143

默认颜色

纯白色

图3-144

03 展开"填充"面板，根据实际的画面需求将"不透明度"调低，使水印不影响画面内容，如图3-145所示。前后对比效果如图3-146所示。

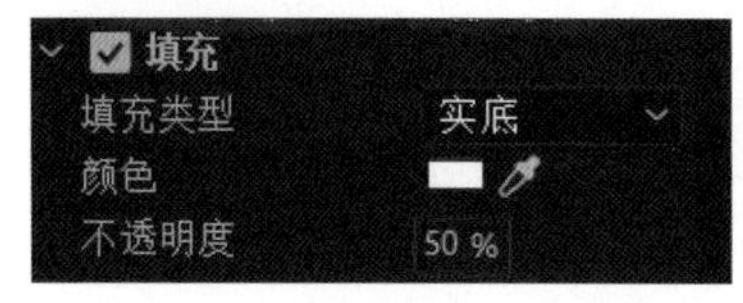

图3-145

不透明度=100%

不透明度=50%

图3-146

3.6 动态图形

在视频内添加动态图形不仅能让视频细节更加丰富，满足不同种类视频的需求，还能给人更加规范的直观感受。Premiere内置了一些经典的动态图形的模板，读者可以直接使用。

3.6.1 使用内置模板

扫码看剪辑效果

扫码看教学视频

素材文件	素材文件>CH03>视频素材	教学视频	使用内置模板
实例文件	实例文件>CH03>使用内置模板	学习目标	掌握使用内置模板的方法

01 转到"图形"工作区，如图3-147所示。选中右侧"基本图形"面板中的"本地模板文件夹"，如图3-148所示，此时面板内显示的所有模板均为可使用模板。

02 选择任意一个模板，如"Gaming Lower Third Left"，然后将其拖入序列中，模板素材会以浅红色显示，如图3-149所示。

图3-147

图3-148

序列 01
00:00:05:09
00:00
00:00:29:23
V3
V2
V1
A1
A2

图3-149

03 切换到"节目"面板，预览该模板的样式，如图3-150所示。

04 因为模板默认为英文，所以需要修改模板上的文字。选择序列内的模板素材，在"基本图形"面板中选择"编辑"，修改Title（标题）与Subtitle（副标题）的内容，如"全国体育锦标赛"和"决赛"，操作步骤和效果分别如图3-151和图3-152所示。

图3-150

图3-151

图3-152

05 虽然该模板不支持修改字体，但是可以对它的模块颜色进行修改。设置Main Color（主颜色）为红色，Subtitle Color（副标题颜色）为白色，如图3-153所示。效果如图3-154所示。

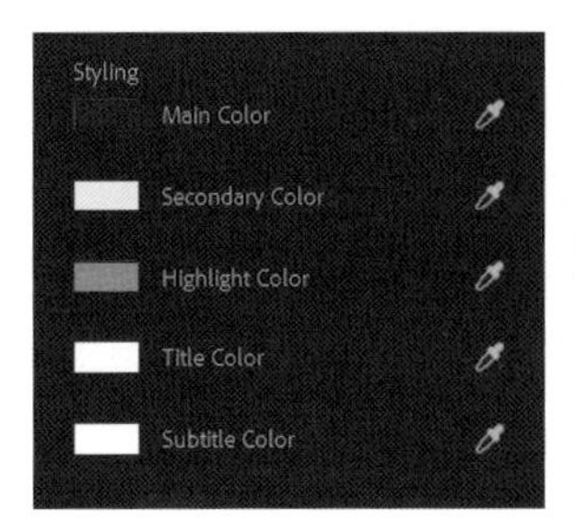

图3-153

图3-154

提示

除了这类自带动画的经典风动态图形，还有一些不错的纯文字类动态图形，例如，“Angled Image Caption”模板会以闪光的方式将文字引入画面，是一款非常值得使用的简洁风模板，如图3-155和图3-156所示。这款模板不仅可以修改文字内容，还可以修改字体样式，下面介绍具体操作方法。

图3-155

图3-156

（1）选中序列内的相应模板素材，同样在“基本图形”面板中选择“编辑”，并选中示例文字“IMAGE CAPTION HERE”，如图3-157所示。然后按T键激活“文字工具”T，并用“文字工具”全选当前文字内容，如图3-158所示，按Backspace键删除。

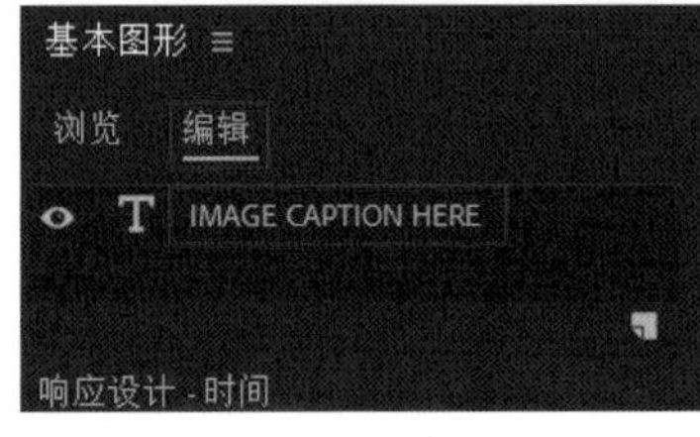

图3-157

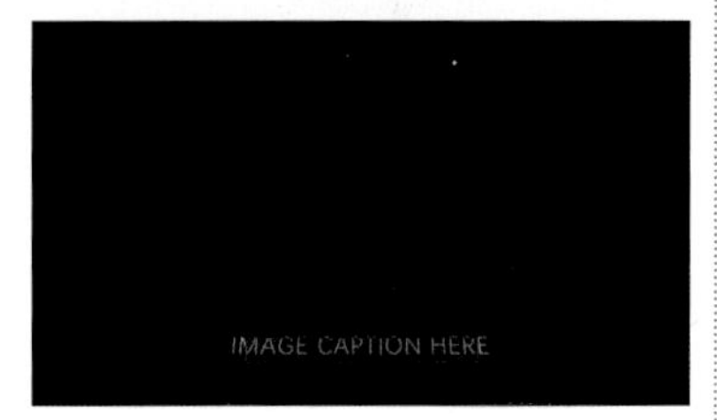

图3-158

（2）此时，画面下方会显示一个小红方框，如图3-159所示。读者直接输入所需文字即可。例如，想用这一模板显示时间和地点，输入“时间：早上8点，地点：北京”，如图3-160所示。

图3-159

图3-160

（3）在“基本图形”面板中选中输入的文字，如图3-161所示。在弹出的“文本”面板中设置字体为“Source Han Sans SC”（思源黑体），粗细为“Bold”（粗），间距为150，填充颜色为黄色，如图3-162所示。此时，一个文字闪入画面的动态图形就完成了，效果如图3-163和图3-164所示。

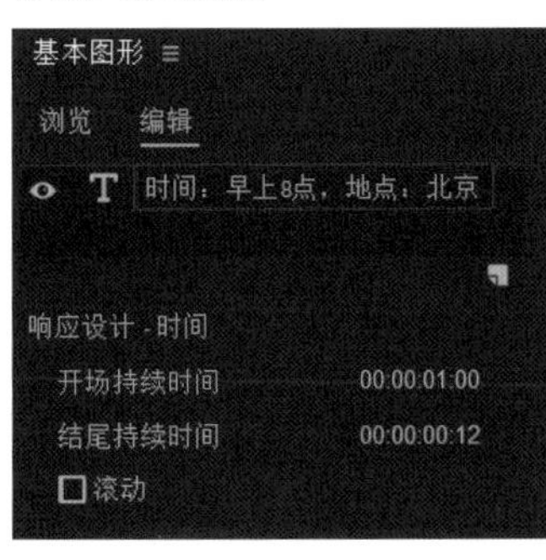

图3-161

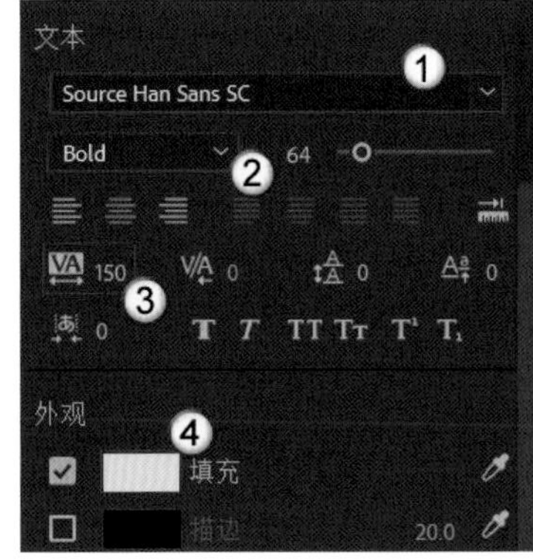

图3-162

图3-163

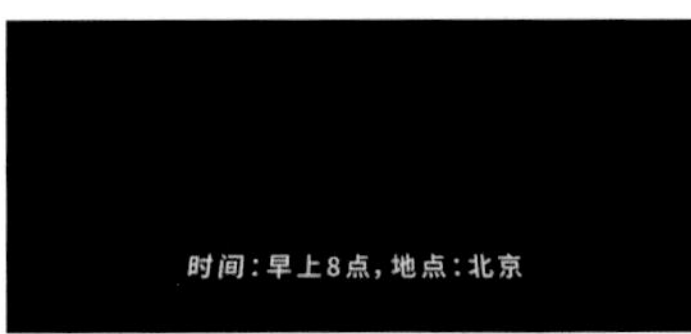

图3-164

3.6.2 自制移动类动态图形

扫码看剪辑效果

扫码看教学视频

素材文件	素材文件>CH03>视频素材	教学视频	自制移动类动态图形
实例文件	实例文件>CH03>自制移动类动态图形	学习目标	掌握移动类动图的制作方法

模板终究只是模板，复杂精美的第三方模板需要额外下载和商用付费，Premiere软件内置的模板又过于老旧。对于剪辑者来说，如果不会操作复杂的After Effects，掌握一些基本的Premiere动态图形制作方法还是很有必要的。在Premiere内设计一个简洁且不易过时的动态图形其实并不复杂。

移动类动态图形的核心原理为对图片或文字的位置移动和移动速度进行控制。

01 使用旧版标题功能在画面的中心位置创建“动态图形”的字样，并略微修改它的字体、字形和字号等参数设置，使文字更为美观，如图3-165所示。

> **提示**
>
> 当然，Premiere内部的图形制作能力是有限的，更加精致的图形仍需要使用Photoshop等图形制作软件来制作并导入Premiere中，本节只做Premiere内部操作原理的讲解演示。

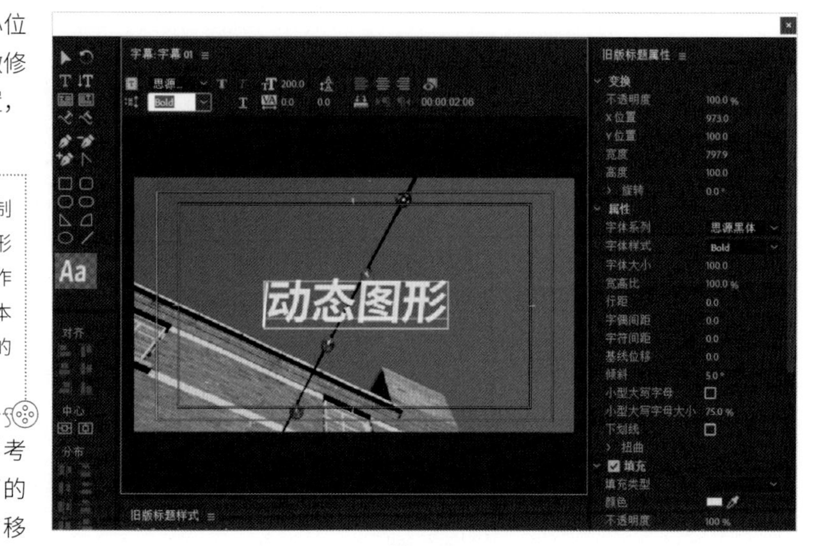

图3-165

02 当图形制作完成后，我们就要考虑如何让它动起来，例如，从画面的上方移至画面中央，再从画面下方移出；又或是从画面的左侧移至画面中央，然后从画面的右侧移出，如图3-166所示。

03 这里以图形从上至下运动为例。选中设计好的图形文件，将其放在画面的上方，调整其长度决定它在画面中运动的总时间，如图3-167所示。

图3-166

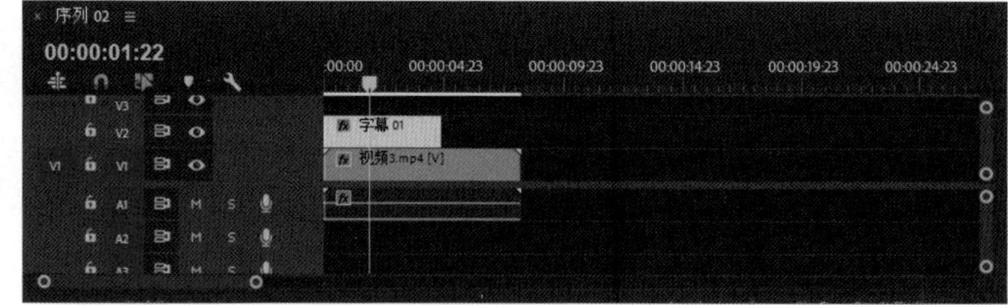

图3-167

04 选中该图形文件（此处为“字幕”），切换到“效果”工作区，并在左侧的“效果控件”中展开“运动”设置栏，如图3-168所示。

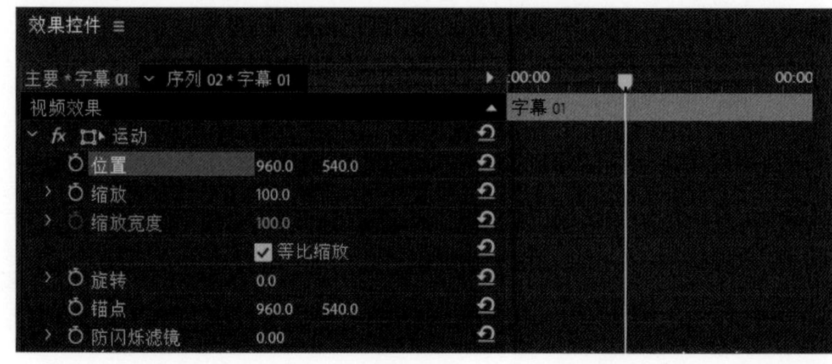

图3-168

05 将时间线控制条移动到靠近中心位置，单击“位置”左侧的“切换画面”按钮，设置第1个关键帧，如图3-169所示。

06 将时间线控制条稍稍向右移动，并单击左侧的“添加/移除关键帧”按钮，设置第2个关键帧，如图3-170所示。

图3-169

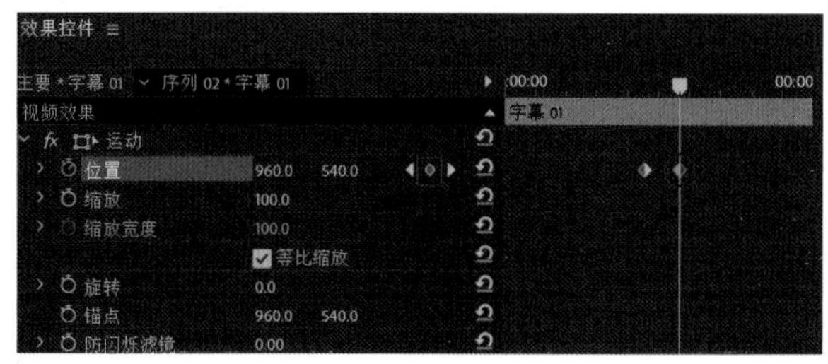

图3-170

提示 前两个关键帧因为并没有对x轴与y轴坐标进行修改，所以能保证该图形在这两个关键帧间保持静止（即停留在画面中央）。

07 将时间线控制条移动到图形素材的初始端，并将y轴坐标调小，使图形在该位置时处于视频画面的上方（不在画面内），如图3-171所示。

08 将时间线控制条移动到图形素材的末端，并将y轴坐标调大，使图形在该位置时处于视频画面的下方（不在画面内），如图3-172所示。

图3-171

图3-172

提示 此时，画面会形成图形从画面外的上方向画面中心移动，并经过短暂的停留后从画面下方移出的运动。

09 这样的移动默认是匀速的，较为生硬，为了让图形移动得更自然，需要先单击“位置”左侧的“展开”按钮，显示出该运动的速度调整线，如图3-173所示。

图3-173

10 选中第1个关键帧，并按照图3-174所示的方式拖动速度调整线的两个蓝色调整阀来让速度调整线的前半部分（即前两个关键帧的控制区域）由直线变为平滑的曲线，如图3-175所示。

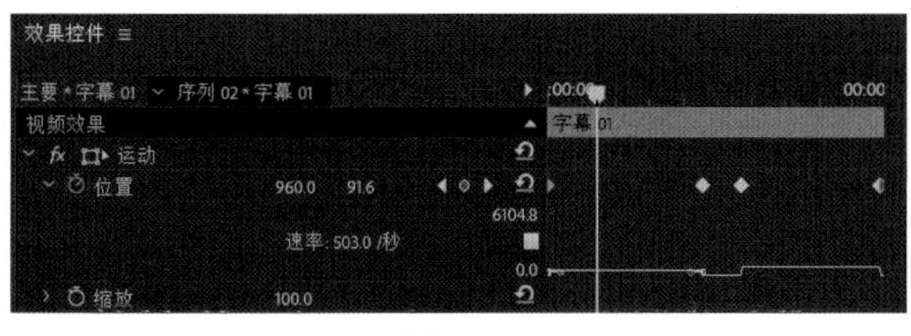

图3-174

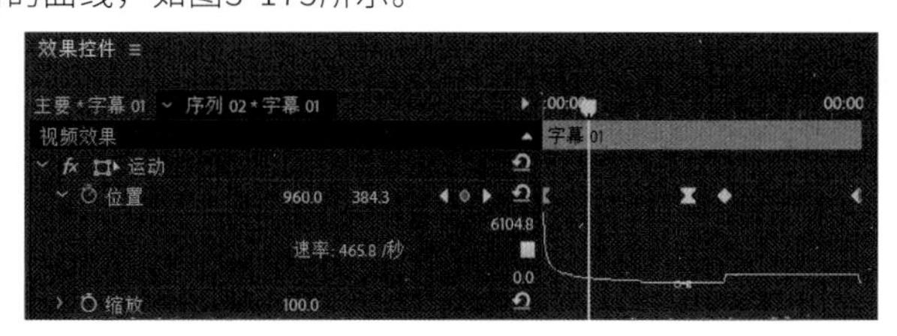

图3-175

11 以同样的方式调整速度调整线的后半部分（即后两个关键帧的控制区域），使该调整线形成一个“U”字形，如图3-176所示。

12 在图3-177所示位置修改移动速度峰值，设置为10000。

图3-176

图3-177

13 图形在画面中由上向下移动的效果已经制作好了。如果对图形在画面中的停留时间不满意，如觉得图形移动拖沓，那么可以进一步拉近各关键帧的位置并调高移动速度峰值，如图3-178所示。

图3-178

3.6.3 自制遮罩类动态图形

扫码看剪辑效果

扫码看教学视频

素材文件	素材文件>CH03>视频素材	教学视频	自制遮罩类动态图形
实例文件	实例文件>CH03>自制遮罩类动态图形	学习目标	掌握遮罩类动态图形的制作方法

遮罩类动态图形的核心思路是通过用遮罩来对现有图形或文字进行掩盖与重现的方式，达到一种伪动画的效果。

01 使用“矩形工具”画出任意矩形，如图3-179所示。切换到“图形”工作区，在“基本图形”面板内依次单击“水平居中对齐”按钮和“垂直居中对齐”按钮，使矩形居中对齐，如图3-180所示。

图3-179

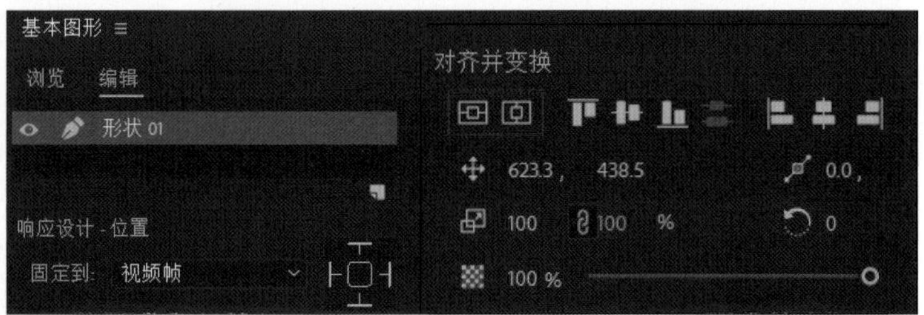

图3-180

02 在“基本图形”面板中将矩形的颜色修改为浅绿色，如图3-181所示。

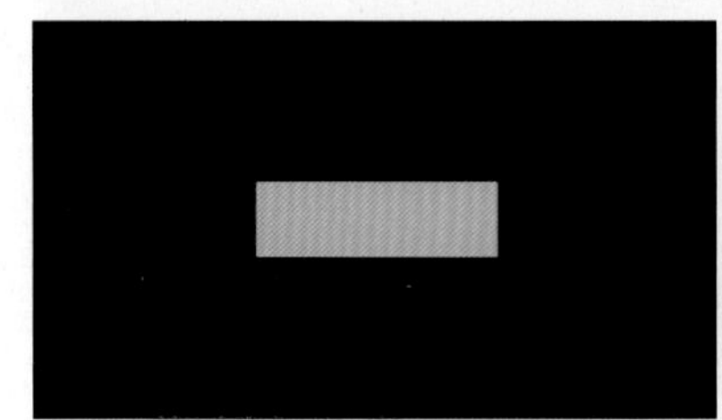

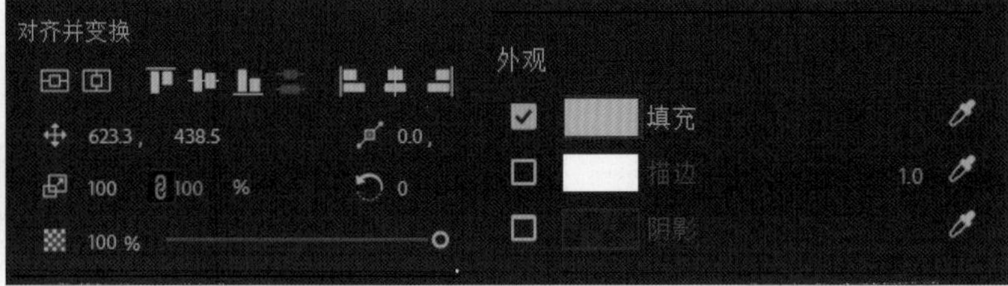

图3-181

03 使用“文字工具”创建任意文字（如“动态图形”），将文字居中，并修改字体、字形和字号等参数，使文字更美观，如图3-182所示。此时序列中自动生成“图形”与“动态图形”素材文件，如图3-183所示。

04 选中序列内的“图形”素材文件，使用左侧“效果控件”面板中的“钢笔工具”在“节目”面板中绘制出4个点，形成一个能将矩形完全覆盖住的遮罩，如图3-184所示。

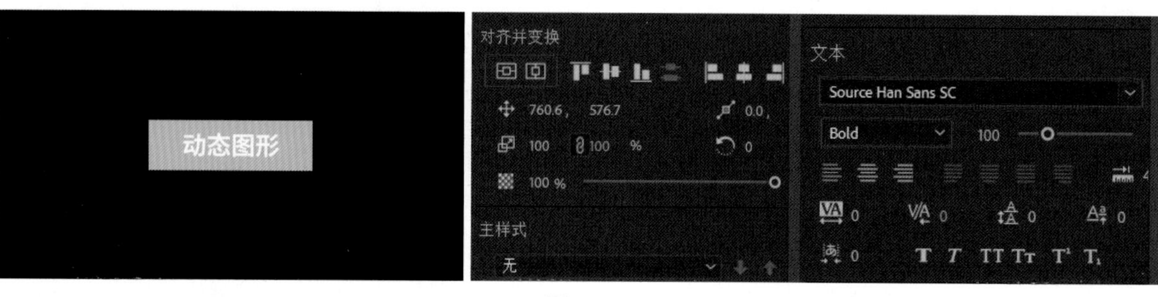

图3-182

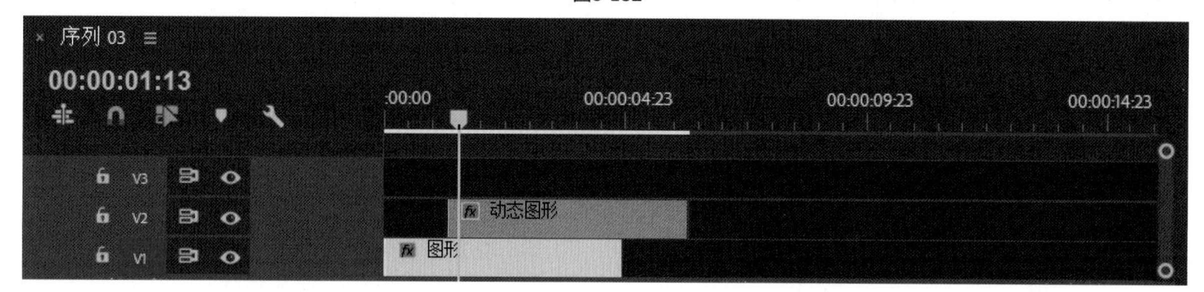

图3-183

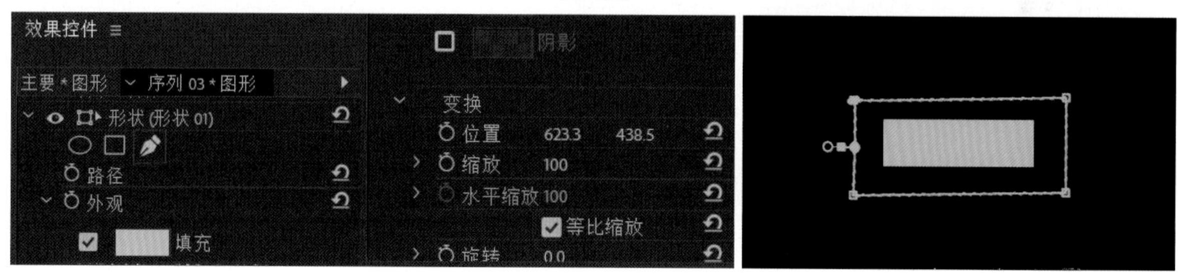

图3-184

05 按住Shift键，将鼠标指针放在遮罩上方，待出现手形指针后，如图3-185所示，向左拖动鼠标，直至绿色矩形消失（矩形被遮罩完全覆盖住），如图3-186所示。

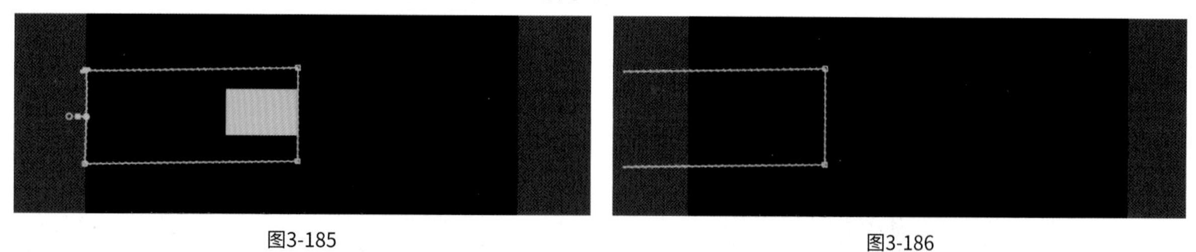

图3-185　　图3-186

06 将时间线控制条移动到开始位置，设置“蒙版路径”关键帧，如图3-187所示。

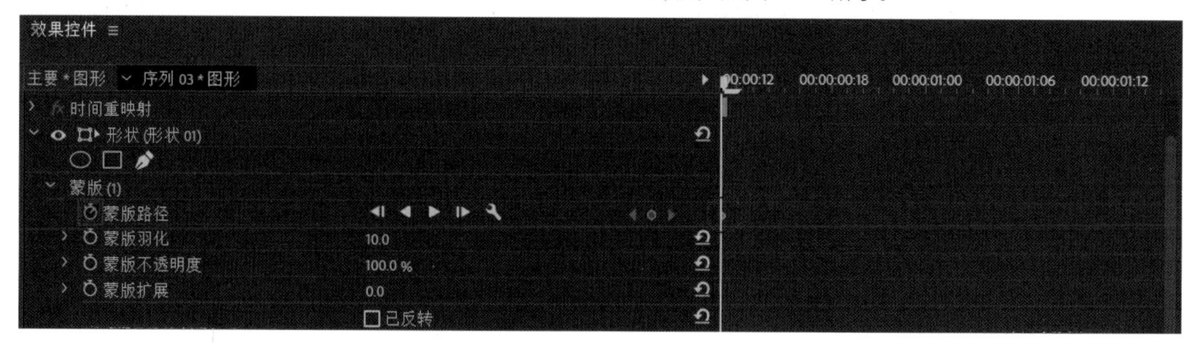

图3-187

07 将时间线控制条右移一段距离，并按住Shift键将遮罩从左向右移回原位置，此时系统自动设置第2个“蒙版路径”关键帧，如图3-188所示。

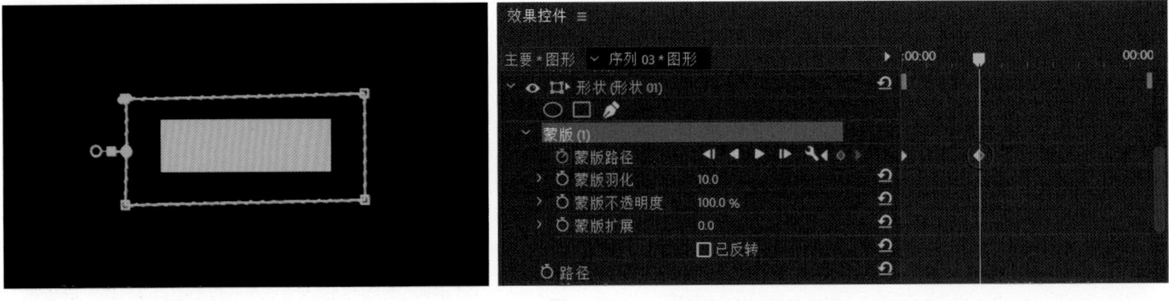

图3-188

提示

如在操作时遮罩（蒙版）显示消失，选中“效果控件”内的“蒙版”，确保其显示为灰色即可恢复遮罩的显示，如图3-189所示。

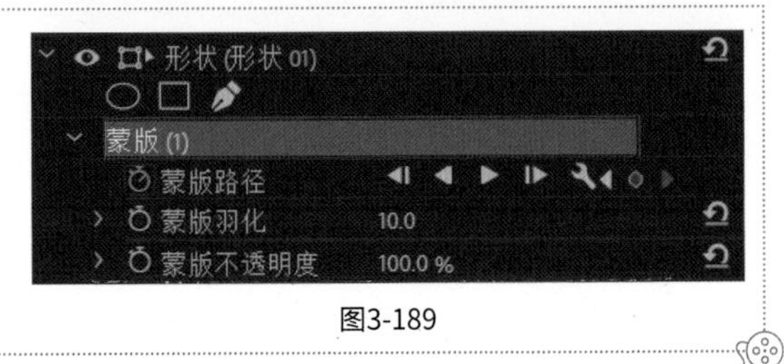

图3-189

08 保持时间线控制条位置不动，设置关键帧的“不透明度”为100%，如图3-190所示。将时间线控制条移动至开始位置，设置“不透明度”为0的关键帧，如图3-191所示。此时，绿色矩形形成淡入效果。

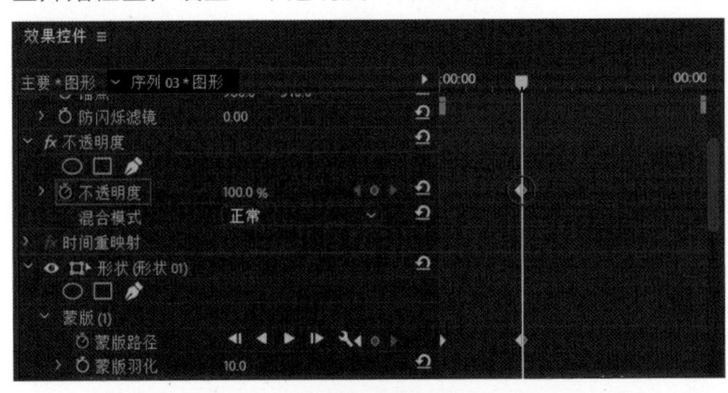

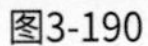

图3-190

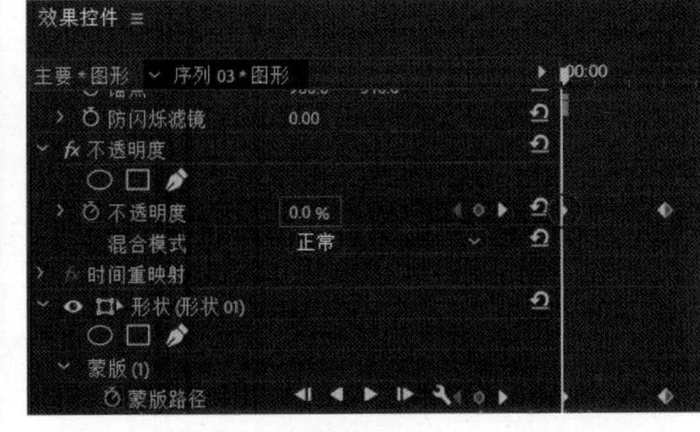

图3-191

提示

此时，绿色矩形慢慢展开的动画就已经做好了，演示效果如图3-192所示。

图3-192

09 绿色矩形展开的同时，将文字部分制作成向下展开的效果。将“动态图形”素材调整到绿色矩形展开途中的位置，即调整文字部分的开始位置，如图3-193所示。

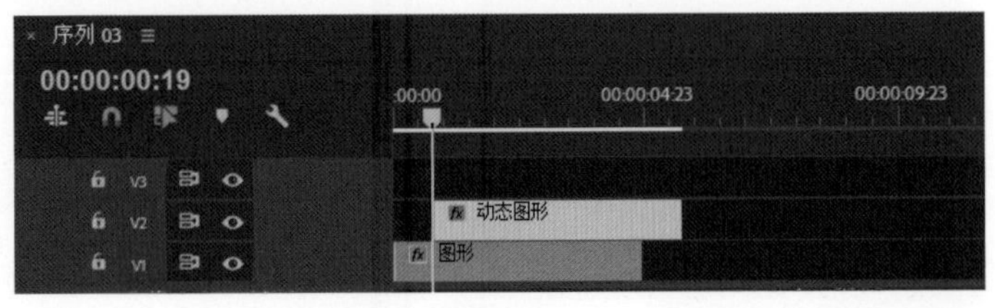

图3-193

10 以同样的方式创建一个能将文字完全覆盖住的遮罩，如图3-194所示。

> **提示** 因为这一层遮罩（蒙版）是对文字部分单独添加的，所以其遮挡效果对绿色矩形部分无效，并不会与绿色矩形的遮罩产生重叠。

图3-194

11 按住Shift键将遮罩向上拖动，直至文字消失，并创建“蒙版路径”关键帧，如图3-195和图3-196所示。

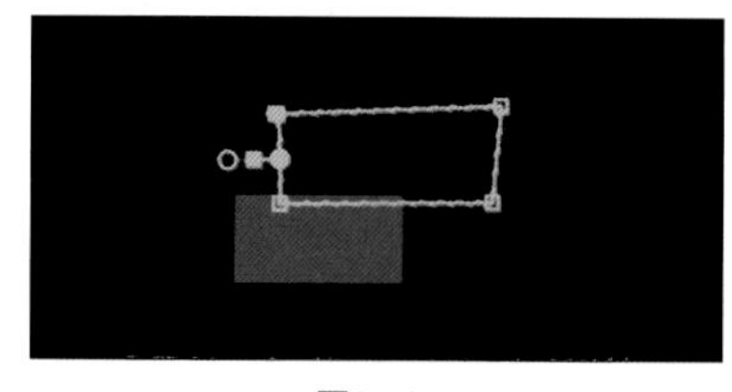

图3-195

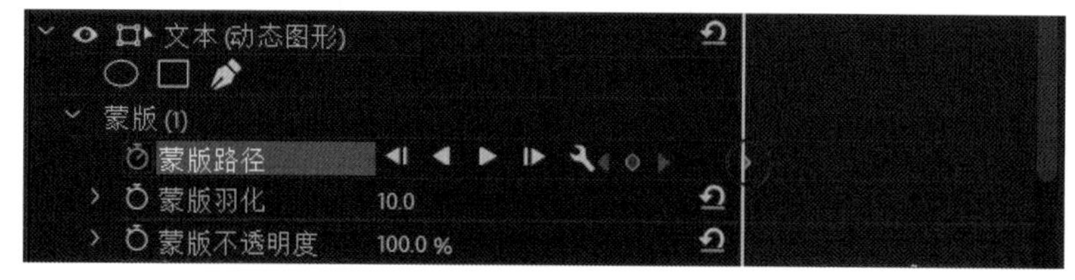

图3-196

12 将时间线控制条移动至绿色矩形完全显现的位置，并将遮罩移回原位置，使系统自动设置第2个“蒙版路径”关键帧，如图3-197和图3-198所示。

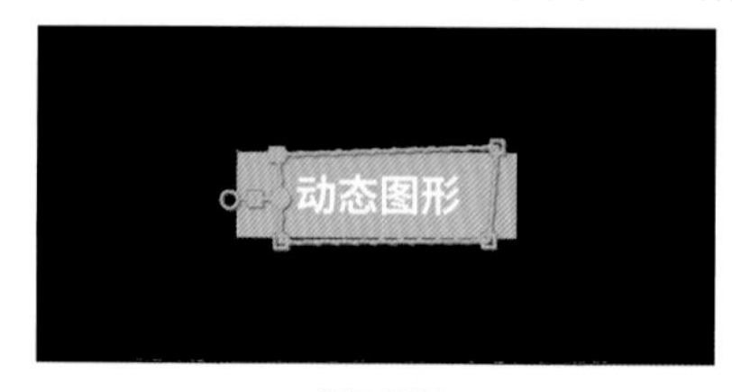

图3-197

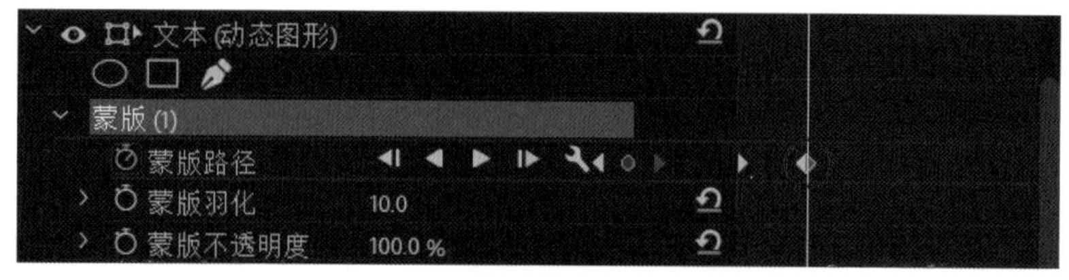

图3-198

13 以同样的方式设置“不透明度”为100%和0的一组关键帧，使文字也形成淡入效果，如图3-199所示。此时，绿色矩形向右展开的同时，文字向下展开的效果已经形成了，如图3-200所示。

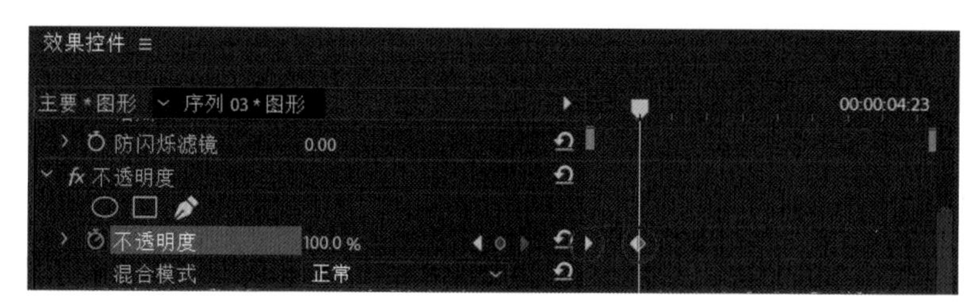

图3-199

图3-200

3.6.4 组合动态图形设计

素材文件	素材文件>CH03>视频素材	教学视频	组合动态图形设计
实例文件	实例文件>CH03>组合动态图形设计	学习目标	掌握组合类动图的制作方法

扫码看剪辑效果

扫码看教学视频

为了让动态图形更加丰富，我们可以以3.6.3节的基本动态图形为基础，设计出更复杂的动态图形组合。

01 可以考虑先在矩形上方再绘制一个黄色长条，并适当地修改字体，如图3-201和图3-202所示。

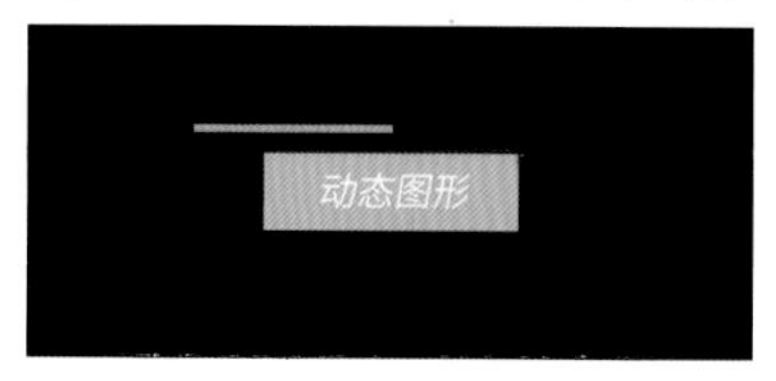

图3-201

图3-202

02 按住Alt键直接向上拖动新建的“图形”素材，复制长条，如图3-203所示。

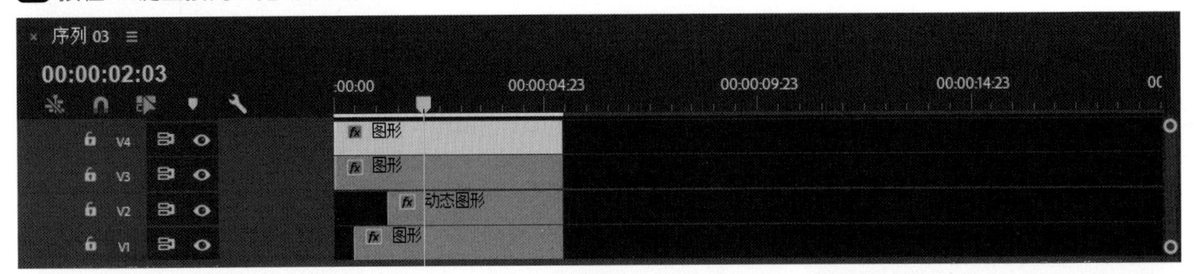

图3-203

03 在左侧“效果控件”内修改新长条的外观和位置，使其与上方的长条形成中心对称，如图3-204和图3-205所示。

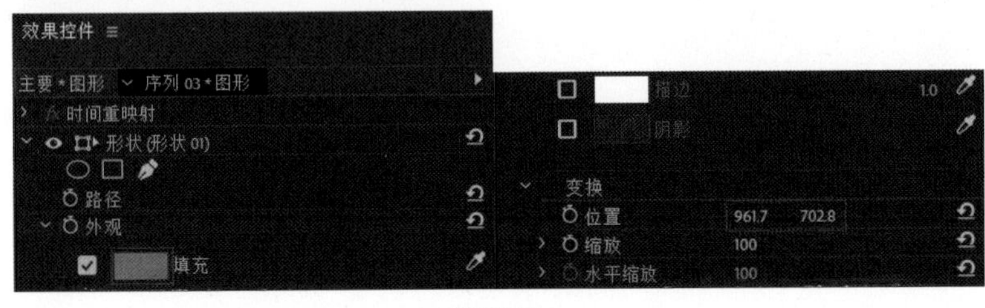

图3-204

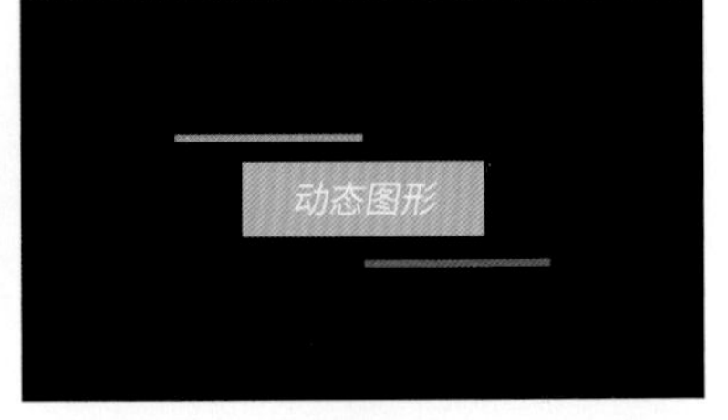

图3-205

04 尝试在画面中画出更多的形状以丰富整个动态图形，如图3-206所示。

05 对各图形逐个制作遮罩（蒙版），并根据图形的种类决定蒙版的移动模式，如图3-207和图3-208所示。

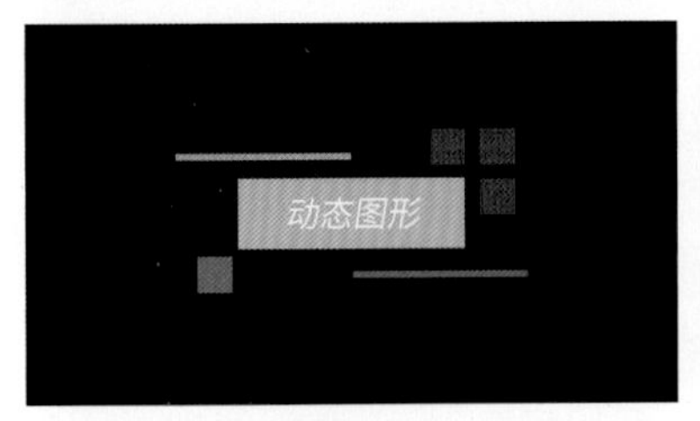

图3-206

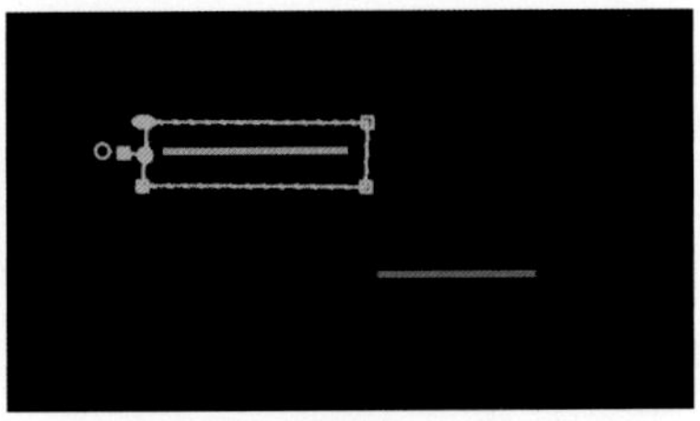

图3-207

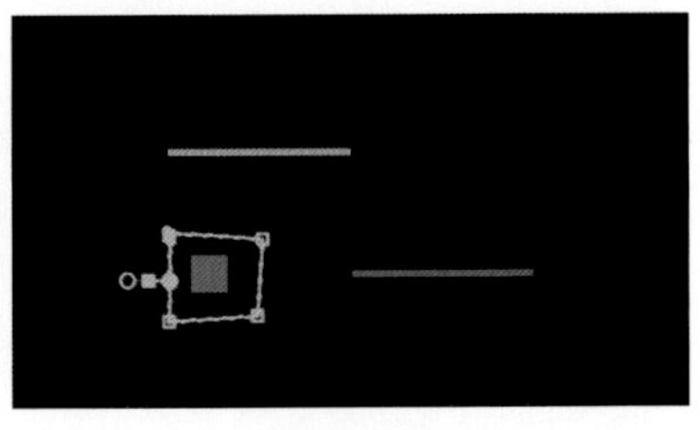

图3-208

06 对于长条来说，则可以将蒙版进行常规的水平向运动，而对于方块则可以对蒙版进行拓展运动，即设置“蒙版扩展”为负值（方块消失）与0（方块显现）的两个关键帧，如图3-209所示。

07 选中这两个关键帧并右击，在弹出的快捷菜单中选择“缓入”命令，如图3-210所示。通过这样的操作模式，方块会形成随着蒙版的扩展而弹出的效果。

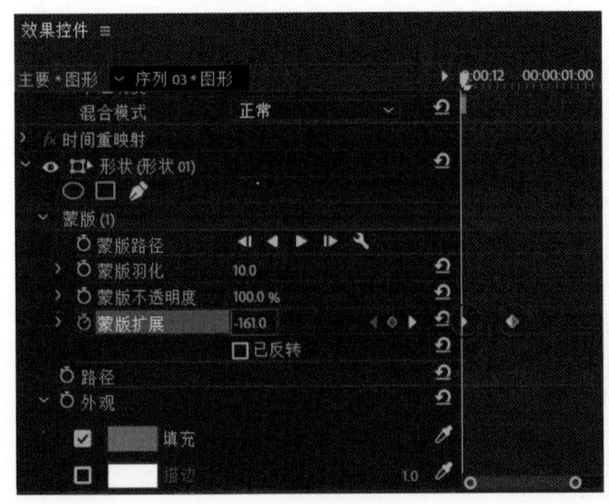

图3-209

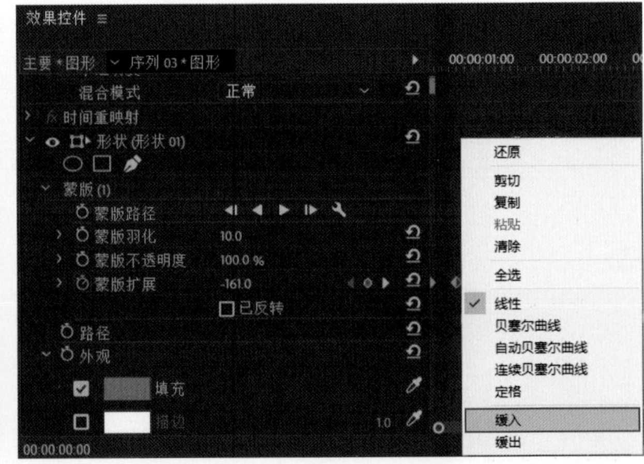

图3-210

08 这些图形在序列中的排列决定它们的出场顺序，如图3-211所示。这样，一个通过图形组合思路制作的动态图形就完成了，如图3-212所示。

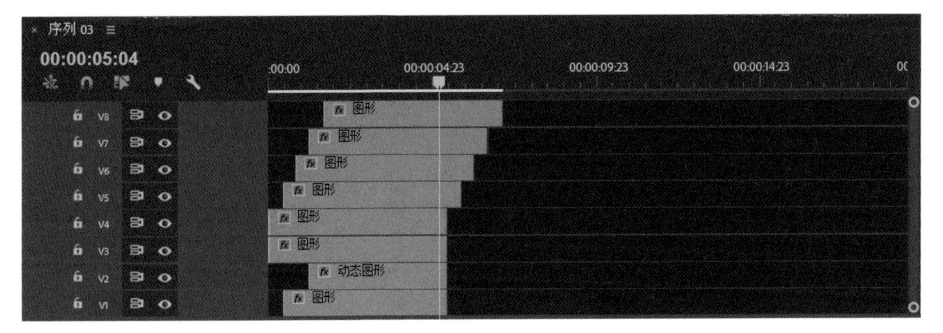

图3-211

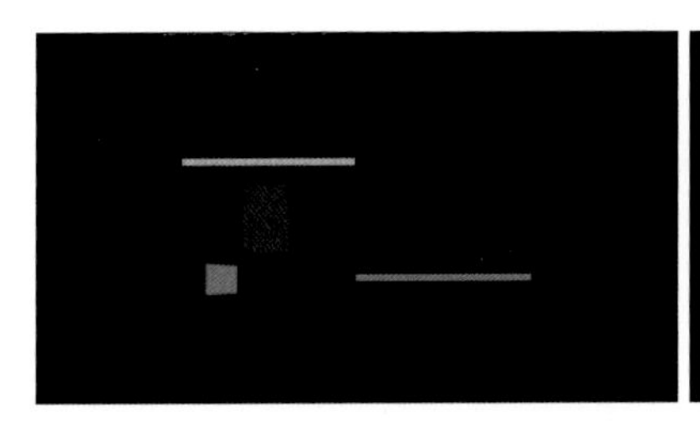
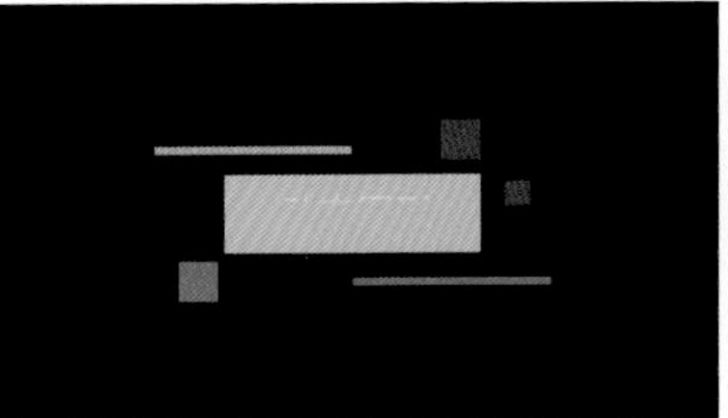

图3-212

提示 Premiere制作动态图形的能力是有限的，高质量的动态图形还需到After Effects软件中制作。

3.7 稳定抖动的画面

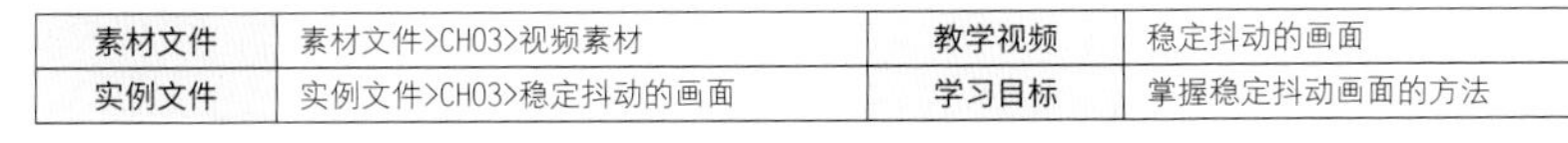

素材文件	素材文件>CH03>视频素材	教学视频	稳定抖动的画面
实例文件	实例文件>CH03>稳定抖动的画面	学习目标	掌握稳定抖动画面的方法

扫码看剪辑效果

扫码看教学视频

对视频观感产生直接影响的因素除了画面的内容与色彩之外，还有画面的稳定性。抖动严重的画面不仅会影响视频内容的表达，还会让观众在观看视频时产生头晕的感觉。因此，如果前期拍摄的素材没有使用稳定器，那么就要在Premiere中进行后期稳定处理。

01 后期稳定处理的操作步骤其实十分简单，只需要选中需要稳定的素材，切换到“效果”工作区，搜索并双击添加“变形稳定器”即可，如图3-213所示。

02 视频画面上就会显示“在后台分析”的字样，如图3-214所示。左侧的“效果控件”内也会显示当前“变形稳定器”处理的进度，即当前处理百分比和当前帧数，如图3-215所示。

图3-213

图3-214

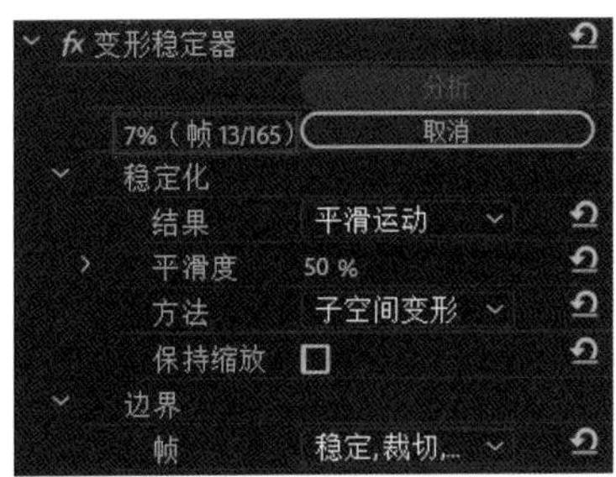

图3-215

提示 此时，除等待软件将所选视频的每一帧都分析完，剪辑者无须进行任何操作，分析的速度由计算机的性能决定。分析完成后，可以根据画面的特性来对“效果控件”内的设置进行一些微调。

03 若该视频为相机运动的画面，则“结果”选项设置为“平滑运动”；若相机为静止的画面，则需要将“结果”设置为“不运动”，如图3-216所示。

04 在“平滑运动”模式中，剪辑者还可以对“平滑度”进行调整，不过在大多数情况下，保持默认的50%即可，如图3-217所示。

05 此外，画面稳定的方法也是可以更改的，如图3-218所示。按照由上至下的顺序，这4个选项对画面稳定的效果表现为由弱到强，一般情况下保持默认的“子空间变形”即可。但是“子空间变形”过强的扭曲效果会使部分视频画面出现“果冻效应”，即扭曲且横向抖动。在这种情况下，可以尝试将稳定方法改为前3个选项中的一个，最后选取对当前画面稳定效果最好的选项。

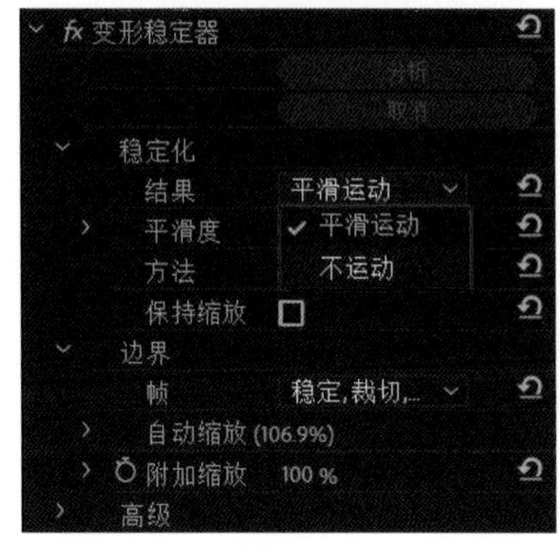

图3-216

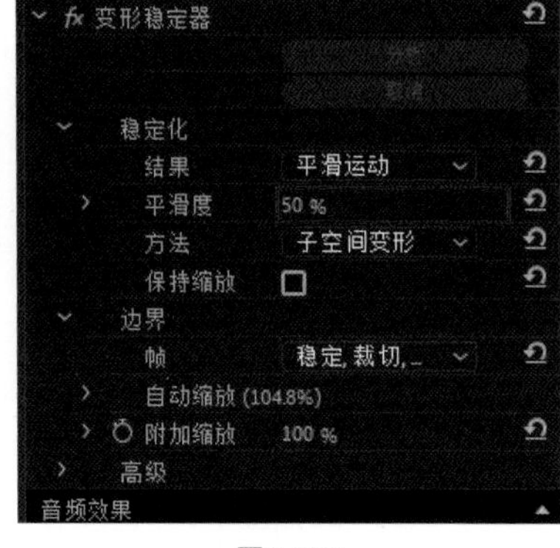

图3-217

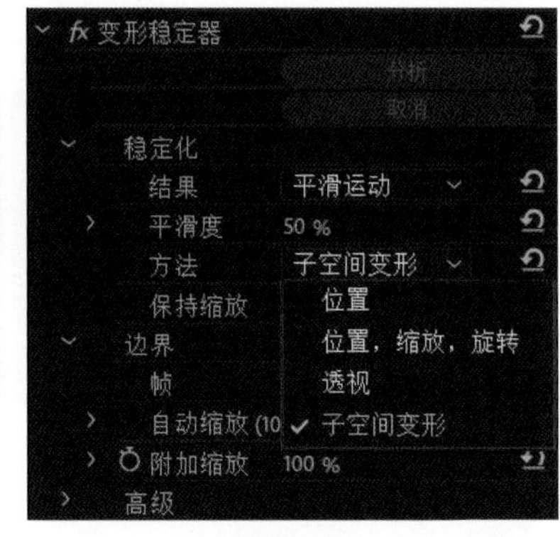

图3-218

> **提示**
> “变形稳定器”的原理是对画面的抖动部分进行扭曲、拉伸及缩放。因此如果素材过度无规则抖动，即使是添加了“变形稳定器”效果，也无法获得平滑稳定的画面，且大多数情况下会出现强烈的“果冻效应”，这种情况后期的稳定处理效果也不理想。

06 对“边界”处理模式的选择决定着软件将如何处理画面的边缘部分。默认设置为“稳定，裁切，自动缩放”模式，如图3-219所示。此模式对画面的边缘不仅要进行稳定处理，还会为了确保看不出后期稳定的处理痕迹从而对画面边缘部分进行裁切，以及按照实际的画面情况进行缩放。这一模式能满足常见的稳定需求，如果在该模式下的稳定画面出现不自然的变形，那么可以尝试改为“仅稳定”模式。

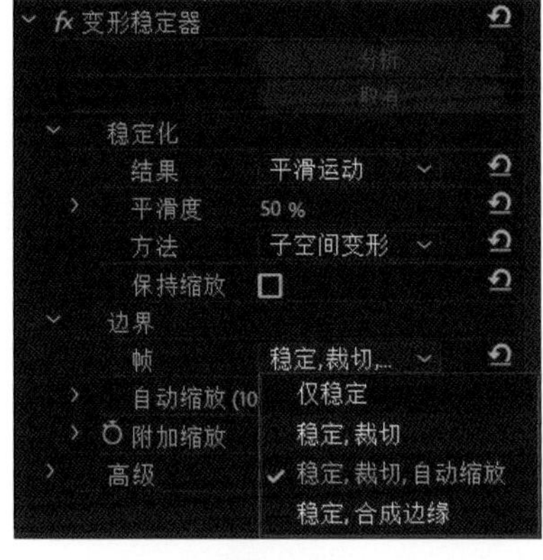

图3-219

3.8 制作真21：9宽屏视频

扫码看剪辑效果

扫码看教学视频

素材文件	素材文件>CH03>视频素材	教学视频	制作真21：9宽屏视频
实例文件	实例文件>CH03>制作真21：9宽屏视频	学习目标	掌握真21：9画面的制作方法

如果前期拍摄的视频素材比例为16：9（如1920×1080），剪辑者想要在后期转为21：9比例，常用的做法是在视频上添加类似黑色长条的PNG格式图片，或是“顶部”和“底部”添加12%左右的“裁剪”效果，操作步骤和效果分别如图3-220和图3-221所示。

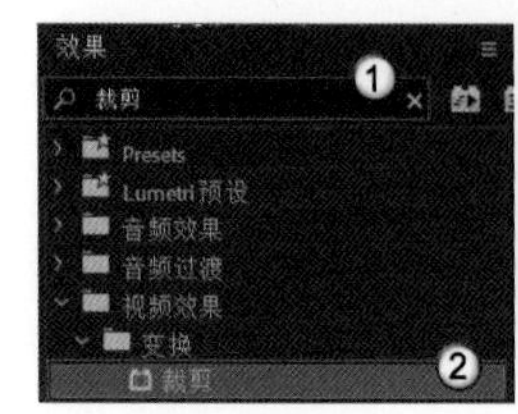

图3-220

图3-221

这样的伪宽屏模式在16：9比例的显示屏下观看不会产生任何问题，但如果观众的显示屏比例为21：9，视频画面不仅没有宽屏效果，还会集中显示在屏中央，被黑框包围。因此，如果想制作真正的21：9比例的视频，就需要在新建序列时提前设置好视频画面帧的比例。

在“新建序列”对话框中切换到“设置”选项卡，将“水平”数值保持不变，将“垂直”数值设置为823（适用于1920×1080格式的视频），如图3-222所示。此时画面变为真正的21：9宽屏视频，如图3-223所示。

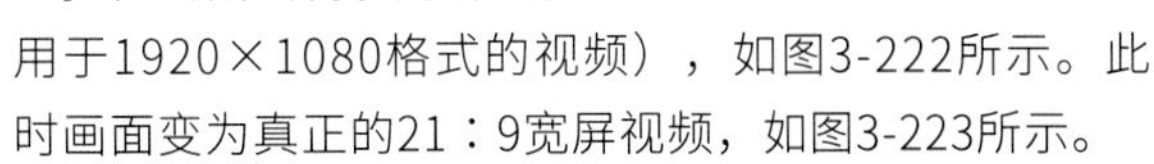

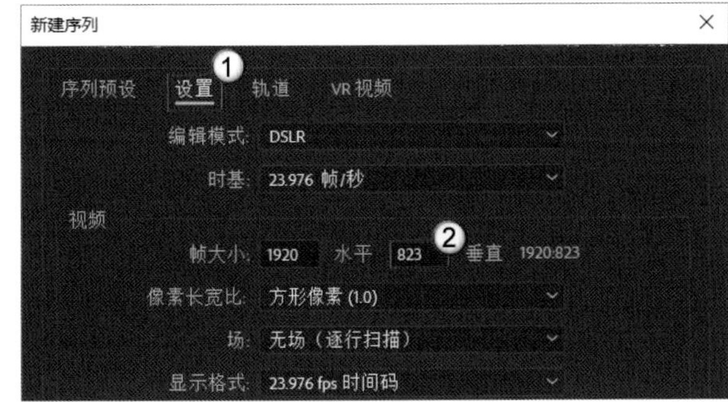

图3-222

图3-223

提示 “垂直”数值的计算方式为1920×9/21≈823，如果原素材分辨率不是1920×1080，那么“垂直”数值=“水平”数值×9/21。

值得注意的是，宽屏视频只有在21：9比例的显示屏上才能开启全屏模式，若在16：9比例的显示屏上播放，因为视频的垂直高度变小，所以会被系统自动添加上下两端的黑边。在发生此现象时，读者不要误认为画面帧比例修改失败。

3.9 代理剪辑工作流

扫码看教学视频

素材文件	素材文件>CH03>视频素材	教学视频	代理剪辑工作流
实例文件	实例文件>CH03>代理剪辑工作流	学习目标	掌握代理剪辑工作流的使用方法

随着人们对画质的需求越来越高，高分辨率和高码率的视频录制已经逐渐从工业领域进入了普通用户的工作流中。4K视频甚至8K视频在为我们带来高画质的同时，也对剪辑计算机硬件有更高的要求。为了解决这两项需求的冲突，代理剪辑应运而生。

简单地说，代理剪辑就是在剪辑视频前生成与原视频素材一一对应的代理素材，剪辑者通过代理素材剪辑视频，代理素材相比于原素材，无论是在分辨率上还是码率上都有很大程度的下降，使用代理素材进行剪辑大大降低了剪辑计算机的硬件需求，实现了使用普通计算机剪辑4K视频的梦想。虽然剪辑时使用低画质版本的代理素材，但是在渲染导出时，软件会自动调用原素材，所以使用代理剪辑工作流制作出的视频不会造成质量上的损失。下面介绍具体方法。

01 在新建项目文件时，需要转到“收录设置”，在“收录”选项栏中选择“创建代理”选项，如图3-224所示。

02 在“预设”下拉列表中选择创建代理文件的格式，如“1280×720 GoPro CineForm”，即基于原素材创建720p的代理素材，“代理目标”保持默认的“与项目相同”即可，如图3-225所示。

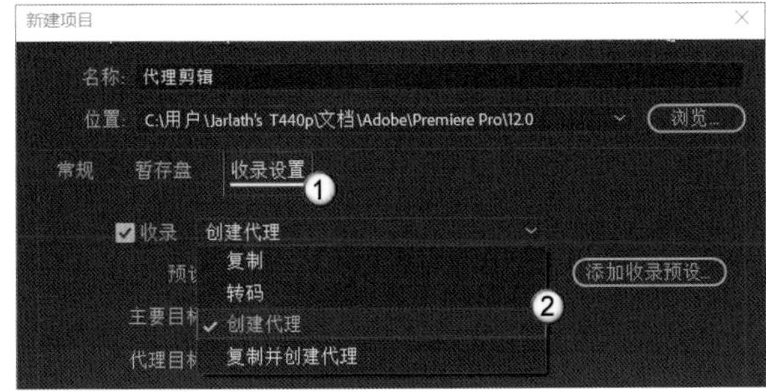

图3-224

图3-225

03 进入项目文件后，需在“组件”工作区内使用“媒体浏览器”功能找到需要剪辑的素材，然后将其选中并导入，如图3-226所示。

04 Premiere会自动调用Mercury Playback Engine对刚刚导入的素材进行压制，生成低分辨率的代理素材，如图3-227所示。此时，读者只需要耐心等待其处理完毕，当代理素材全部压制成功后，关闭Mercury Playback Engine即可。

图3-226

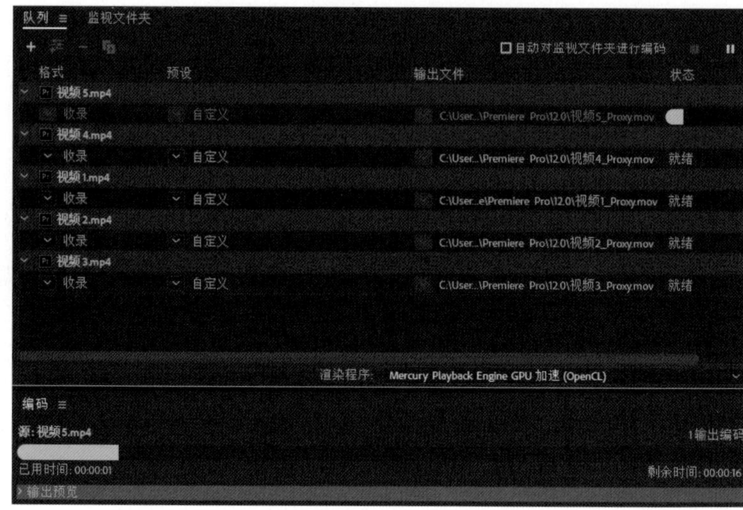

图3-227

05 在Premiere中导入的素材仍为原素材，在正式剪辑之前，还需要在“节目”面板中，将“切换代理”按钮拖动到下方的工具栏中，如图3-228所示。

06 此时，所有的代理剪辑准备工作便完成了。在实际剪辑时，Premiere默认使用原素材，如需使用代理素材，则需要在“节目”面板中选中“切换代理”按钮。当剪辑完成后，又想观看当前剪辑操作在原素材上的真实呈现效果，则取消选中“切换代理”按钮即可，如图3-229所示。

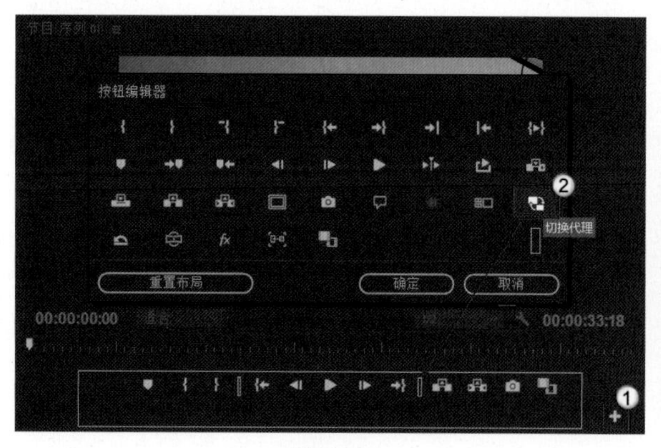

图3-228

图3-229

第 4 章

短视频的流行剪辑技法

第3章详细讲解了视频画面和声音改进的理论、操作流程及技巧，本章将进一步结合当前大热的短视频行业，如旅拍短片、VLOG的应用来详细介绍Premiere中的一些高级操作技巧，使读者也能剪辑出这类风格的短片。

4.1 根据背景音乐剪辑

如果读者看过旅拍短片，一定会对这些短片中的画面和音乐有深刻印象，而不像看普通视频一样很快忘记。产生这种现象的原因是旅拍短片多数会通过剪辑将画面与背景音乐完美契合，而不是简简单单地向视频轨道下方的音轨中插入一段背景音乐。高质量旅拍短片的背景音乐大多是由专门的音乐工程师设计、编写与编辑的，能与视频的主题、情感和直观画面内容相匹配。对于这种短片来说，很多情况下，背景音乐是根据画面剪辑的，而并非根据背景音乐剪辑画面。

但是，对于独立的视频创作者与剪辑爱好者来说，因为他们缺乏与音乐编曲工程师的合作，可能很难找到跟自己拍摄短片完美契合的背景音乐，所以他们有时只能退而求其次，选择根据背景音乐来剪辑视频画面的方式，从而让视频与音乐搭配得更加自然。因此，剪辑者在剪辑前需要对音乐进行基础的分析。

在分析背景音乐时，首先要清楚该音乐的类型，即思考它是否与影片的视频画面相符。例如，在一段快速变化的旅拍短片中放入一首匀速的抒情歌曲很显然是不合适的。其次，要去分析背景音乐的细节特征，例如“音乐高潮部分的位置在哪儿”“各小节与乐段间是如何变化的”“怎样才能将画面特征与这些音乐特征结合到一起”等。

4.1.1 分析背景音乐

扫码看教学视频

素材文件	素材文件>CH04>音频素材	教学视频	分析背景音乐
实例文件	实例文件>CH04>分析背景音乐	学习目标	掌握分析背景音乐的方法

下面通过一段音乐来演示如何分析音乐的细节特征。

这是一首“弱—强—弱—强—弱”结构的音乐，该音乐有着非常清晰的音乐结构和层层推进的细节特征。根据2.4节中所介绍的思路，分析音乐声波的波形图，剪辑者可在听觉和视觉两种形式去分析音乐。

分析背景音乐的波形图，并结合其实际的声音，就能快速将这段音乐分成4部分，如图4-1所示。这段音乐的结构并不复杂，第1部分与第3部分是基本一致的片段，都为弱段，第2部分与第4部分也是基本一致的片段，都为强段（高潮部分）。第1部分与第3部分旋律过于弱，很难与比较动感的短视频画面相结合。第2部分与第4部分的旋律十分符合要求，且每部分时间也在40秒以上，可以用来做短视频或者空镜头的背景音乐。此外，由于第2部分与第4部分是大致相同的片段，读者二选一即可。

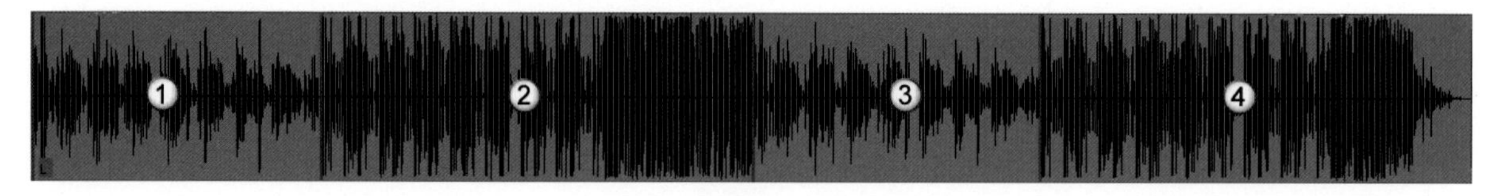

图4-1

这里选择第2部分，然后放大这部分的波形细节，如图4-2所示。通过波形图可以发现，这部分音乐的中间部分也遵循着一个鲜明的规律，即不断地重复相似的旋律（由红线分割），而在这些不断重复的旋律部分，刚好可以放入一个个视频。

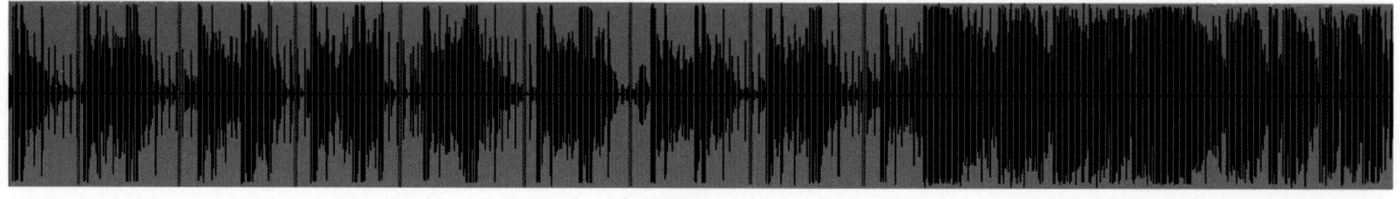

图4-2

4.1.2 根据节拍自动剪辑

扫码看剪辑效果  扫码看教学视频 

素材文件	素材文件>CH04>音频素材	教学视频	根据节拍自动剪辑
实例文件	实例文件>CH04>根据节拍自动剪辑	学习目标	掌握根据节拍自动剪辑的方法

在4.1.1节中介绍了如何分析背景音乐的结构规律，以及如何根据已分析好的音乐进行剪辑。但对于很多剪辑者来说，他们对音乐并不敏感，很难去分析出音乐中的规律与实际可用的部分。因此，本节介绍一种更简便的方法，即根据音乐节拍自动剪辑。

需要注意的是，使用这种方式剪辑时有两个前提条件。

第1个： 所使用的音乐有明显且较快的节拍。

第2个： 所使用的素材仅需要跳切（Jump Cut）转场。

01 将背景音乐直接拖入序列音轨，然后回放该音乐以确认它的可用性，即确认节拍是否清楚。确认完音乐可用性后，再一次从头开始回放音乐，并在听到第1个重节拍（嗒）的时候，按M键添加标记；之后每听到“嗒”这个节拍都按M键添加一个标记。做完一系列的标记之后，音乐文件上会留下等距离的标记点，如图4-3所示。

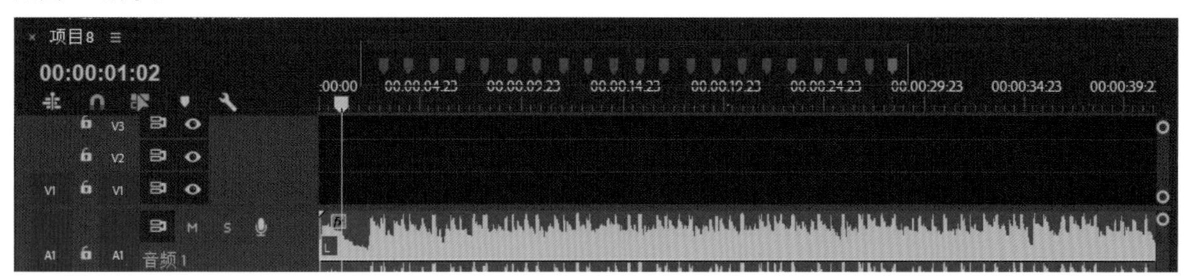

图4-3

提示

为了保持乐曲的鼓点有恒定的节拍速度，乐手通常会遵循拍号来敲打，比如常见的4/4拍，鼓点为我们熟知的“动次嗒次”。因此每个“嗒”之间的间隔是相同的，在键盘上按M键的时间间隔也是相同的。

另外，此时所有的标记点都必须加在时间轴上，而不是加在音频文件本身，如图4-3所示。所以添加标记前要确保音频文件未被选中（颜色显示为绿色），并按Enter键回放音频。

02 添加完标记点后，要确保视频素材都放在同一素材箱中，并单击左下方的“从当前视图切换到图标视图”按钮将显示模式从列表视图改为图标视图，如图4-4所示。

03 在素材箱中直接拖动视频素材进行排序，决定自动匹配的先后顺序，如图4-5所示。

图4-4

图4-5

提示

在实际拖动时，素材可能不会完全按照箭头指向移动，需要剪辑者多次拖动。如果素材无须重新排列，读者可以跳过此步骤。

04 按住Ctrl键，选中所有要用到的视频素材（保证视频素材的数量小于等于标记的数量），并单击“项目”面板右下方的“自动匹配序列”按钮，如图4-6所示。

05 打开“序列自动化”对话框，确保“顺序”“放置”“方法”的设置与图4-7所示的参数一致，然后取消勾选“转换”选项组中的“应用默认音频过渡”和“应用默认视频过渡”选项。另外，如果原素材自带音频，那么需要勾选“忽略音频”选项。此时，被选中的视频素材已根据标记好的节拍点自动匹配并放入序列中，如图4-8所示。

图4-6

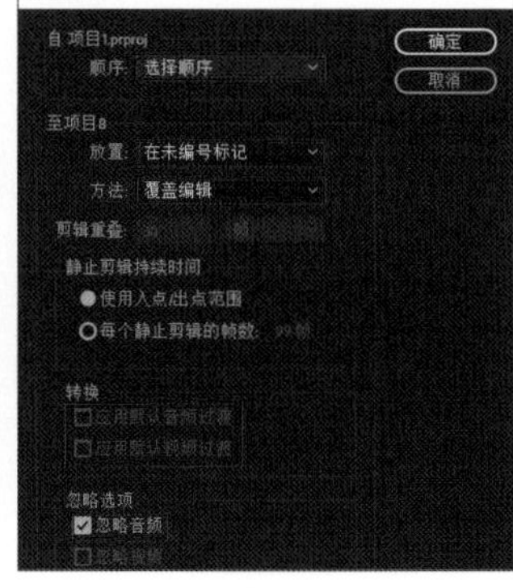

图4-7

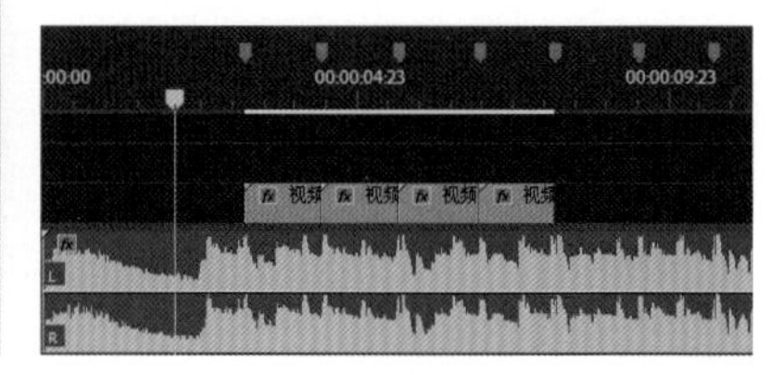

图4-8

4.2 慢动作与升格

升格是电影摄影中的一种相机拍摄手法，采用高于电影通用帧率24帧/秒（如50帧/秒、60帧/秒、100帧/秒和120帧/秒等）的模式进行拍摄，让相机在每秒钟记录更多的画面，以便后期在Premiere中做出慢动作效果。

人眼对于流畅视频的识别帧率为24帧/秒（每秒播放24个独立画面），如果前期的拍摄模式低于这一帧率（也称之为降格），观众观看视频的观感便是卡顿的。低帧率的视频只能在Premiere中做快动作的后期处理（类似于快进），即提前将下一秒的画面帧放到前一秒进行播放，使视频每秒的播放帧数至少达到24帧，以具备正常的观感。但是，经过快动作处理后，视频的时长会缩短。

相反，如果前期拍摄的帧率高于24帧/秒（也称之为升格），后期在Premiere中可以将它放慢到24帧/秒，从而获得慢动作的效果。将每秒钟超出24帧的画面全部移到下一秒进行播放，并保证每秒的帧数都为24帧，所以视频的时长也相应变长了。如果画面的镜头为一个连贯的动作，经过慢动作处理之后，观众能非常清楚地看到这一连贯动作的运动轨迹，体会到非常震撼的视觉效果。目前慢动作是电影感短片中流行且应用非常广泛的后期效果。

4.2.1 速度/持续时间

扫码看剪辑效果

扫码看教学视频

素材文件	素材文件>CH04>视频素材	教学视频	速度/持续时间
实例文件	实例文件>CH04>速度/持续时间	学习目标	掌握“速度/持续时间”的设置方法

大多数初学者喜欢直接使用Premiere中的“速度/持续时间”功能来对素材的播放速度进行修改，以形成慢动作效果。

在任意一段视频素材上右击，选择“速度/持续时间”命令，然后在弹出的“剪辑速度/持续时间”对话框中设置“速度”低于100%来使视频放慢（或输入高于100%便可让视频加快），具体设置思路如图4-9和图4-10所示。此外，将图4-10中的“倒放速度”选中，还可以将整个视频倒放。

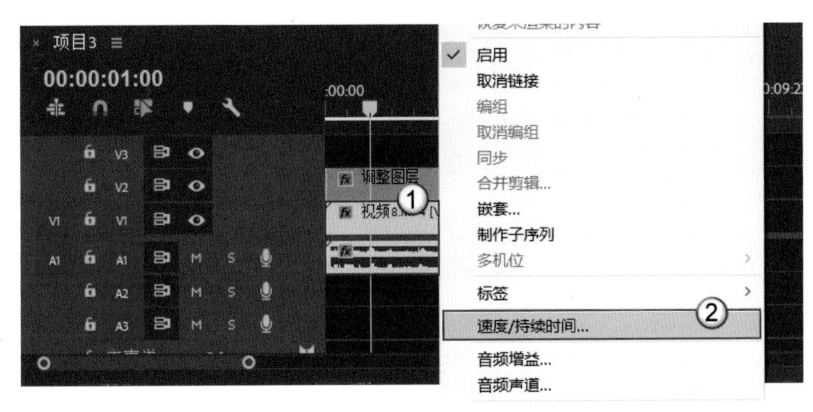

图4-9

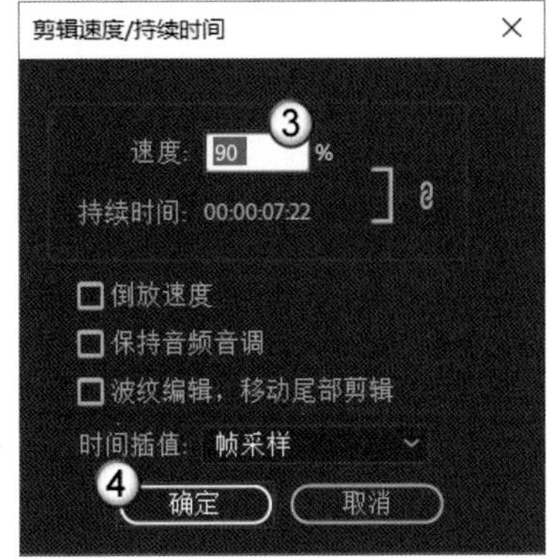

图4-10

剪辑者使用这种方式更改视频速度前需要计算放慢的百分比，这显然增加了后期的工作量，且易因输入错误的比例值而形成放慢后的视频出现卡顿的现象，从而无法得到最顺滑的慢动作电影感效果。

提示 通过4.2.1节中的方式对视频的速度进行修改后，音频的速度也会被同时修改。如果想要单独对视频或音频的速度进行修改，那么可以选中序列中的需要修改的素材，并按快捷键Ctrl+L让视频与音频分离，最后单独对视频或音频进行修改（"速度/持续时间"命令可单独作用于音频文件）。该操作在实际剪辑的过程中非常实用。

4.2.2 解释素材

扫码看教学视频

素材文件	素材文件>CH04>视频素材	教学视频	解释素材
实例文件	实例文件>CH04>解释素材	学习目标	掌握解释素材的方法

与"速度/持续时间"功能不同的是，"解释素材"功能不需要剪辑者去计算所要放慢的百分比，经过计算机的计算与更改就能让视频自动调整为最顺滑的电影感慢动作播放模式。在使用"解释素材"功能时，要提前在"项目"面板中修改素材文件，而不是像"速度/持续时间"功能一样将素材文件先拖入视频轨道之后再修改。

01 在"项目"面板中右击任意高帧率素材（大于24帧/秒），然后在弹出的菜单中执行"修改">"解释素材"命令，如图4-11所示。

图4-11

02 在"修改剪辑"对话框中的"采用此帧速率"选项后输入想要修改的帧率，如23.976，如图4-12所示。修改完成后，"项目"面板中素材的帧率也会自动修改，如图4-13所示。

图4-12

图4-13

提示

fps全称为frame per second，译为帧/秒。

值得剪辑者注意的是，为了保证完成后视频不产生卡顿现象，最终输入的帧率应等于当前序列的帧率。例如，选用了一个DSLR 1080p 24的序列，那么它的帧率即为23.976fps。当前序列的具体帧率可以在“项目”面板中该序列右侧的描述中查看，如图4-14所示。也可以在创建新序列时界面右侧的“预设描述”中进行查看，如图4-15所示。

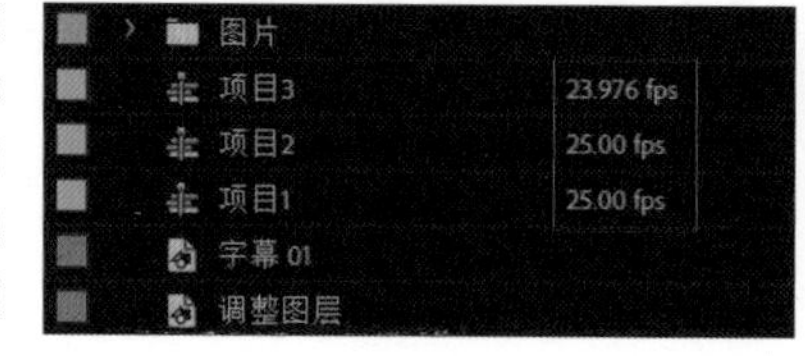

图4-14

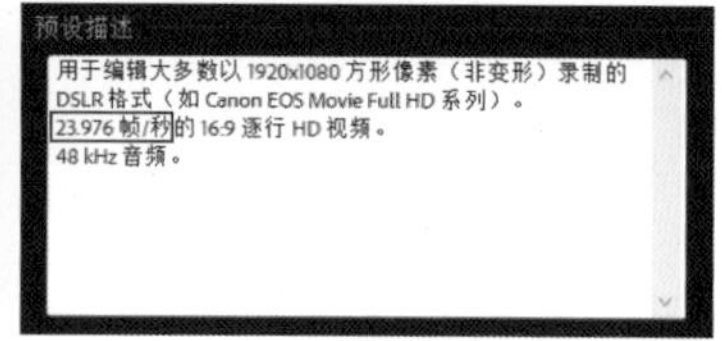

图4-15

根据慢动作的放慢逻辑，如果原始素材的帧率为50帧/秒，在后期修改为24帧/秒就相当于将视频放慢了约50%；如果原视素材的帧率为120帧/秒，在后期修改为24帧/秒就相当于将视频放慢了80%。因此，前期视频的帧率越高，在后期越能达到更好的慢动作视觉效果。这也是各大相机设备厂商都将自己的120帧/秒记录模式优先提供给高端旗舰机型的原因。

4.2.3 超级慢动作

扫码看教学视频

素材文件	素材文件>CH04>视频素材	教学视频	超级慢动作
实例文件	实例文件>CH04>超级慢动作	学习目标	掌握速超级慢动作的设置方法

除了普通的慢动作模式，Premiere还能在素材各个画面的帧间进行估算补帧，从而使视频的播放速度进一步放慢，形成更慢的慢动作。

将修改完帧率的素材通过“速度/持续时间”功能再一次降低帧率，如将“进度”修改为50%，然后将“时间差值”由原本的“帧采样”修改为“光流法”，如图4-16所示。

使用“光流法”能将视频的速度放慢为原速度的1%。这样的操作如果按照“帧采样”的操作逻辑，需要前期的拍摄帧率达到2400帧/秒，很显然这样的拍摄帧率目前来说是不可能的。所以用“光流法”做的慢动作也被称作超级慢动作或伪慢动作。

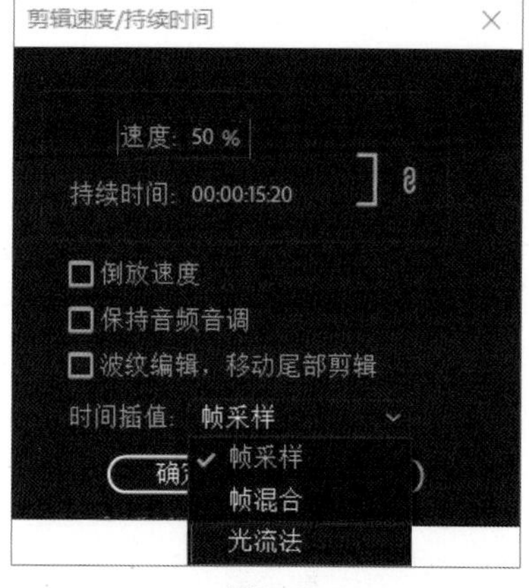

图4-16

提示

超出的帧数是通过电脑计算合成的，最终获得的画面效果可能会由于计算机算法差异而形成非常奇怪的画面，例如，在画面上出现多余的波纹，或是画面变得模糊等。这种慢动作的操作方式不如“帧采样”模式直接与稳定。

4.2.4 时间重映射

扫码看剪辑效果

扫码看教学视频

素材文件	素材文件>CH04>视频素材	教学视频	时间重映射
实例文件	实例文件>CH04>时间重映射	学习目标	掌握“时间重映射”的设置方法

相信不少读者一定对那些速度忽快忽慢的画面感到震撼，也非常羡慕别人能游刃有余地剪辑视频。其实忽快忽慢的画面在Premiere中是通过“时间重映射”完成的，且操作简单。“时间重映射”功能类似于将视频速度的放慢与加速功能合并到一起，并加入了速度渐变的功能，这也是使视频的观感特别顺滑与流畅的原因。

01 在进行“时间重映射”操作时，要调整视频的修改模式。右击序列轨道上的任意一段视频，“显示剪辑关

引导学习卡

全书采用“学练一体化”模式编写，读者在学习过程中既不能只看书，也不能脱离书本去操作Premier
内容在Premiere中进行练习，并通过观看教学视频来了解操作细节。

打开方式 OPEN METHOD

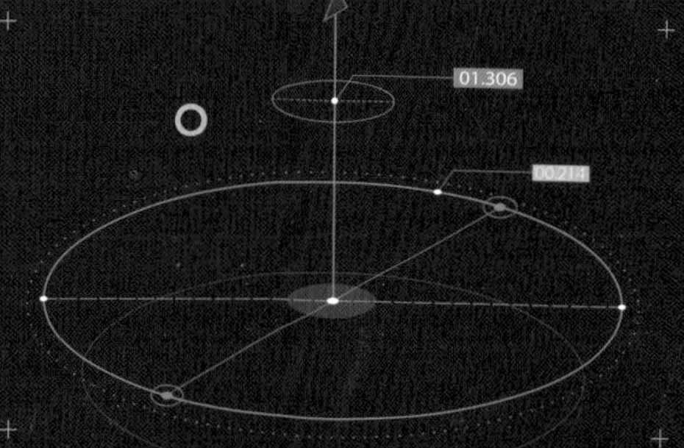

1. 购买本书

2. 完成注册

扫描“资源与支持”页面二维码，关注“数艺设”公众号，输入第51页的资源获取验证码。

3. 获取资源

素材文件、实例文件和教学视频是学习本书的必要文件，请务必取得。

4. 在线学习

教学视频支持在线无限期观看。

5. 咨询作者

学习过程中，可以加入官方读者群，与老师和同学一起交流。

学习方式 LEARNING STYLE

快速进入剪辑状态：化繁为简，事半功倍

1. 熟悉软件界面

书中对复杂的Premiere界面进行了科学的分类，从工作需求的角度进行讲解。

2. 掌握素材管理

书中介绍了素材的导入和组织方法，这是剪辑工作的起点。

3. 掌握剪辑工具

这些工具是打开剪辑世界的钥匙，以练代学，印象更加深刻。

剪辑流程与基本技术：流程化结构，碎片化知识点

1. 熟悉剪辑流程

展开剪辑流程，了解短视频剪辑过程中的工作内容。

2. 掌握操作细节

熟悉流程中的具体工作内容，掌握用Premiere剪辑视频的基本操作。

短视频的精剪技术：视频/音频/水印/动态图形

1. 掌握参数原理

通过调整参数对比效果的学习方法，掌握参数决定效果的原理，才能以不变应万变，学会制作各种效果。

2. 切忌死记硬背

视频剪辑是灵活的，具体的参数值仅供参考，千万不能让它限制思维的发挥空间。

短视频的流行剪辑技法：卡音乐/控制节奏/转场/RGB分离

1. 类型了然于胸

厘清各种类型的效果和作用，做到胸有成竹，避免使用时乱了方寸。

2. 一步一个脚印

跟随书中讲解操作完成，并不代表学习完成，要反复练习，多加测试，才能加深印象。

3. 善于挖掘自己的设计能力

书中介绍的是技法，它们可以衍生出多种效果，读者应结合生活素材或参考其他作品，制作自己的作品，将技法用“活”。

电影感短视频剪辑实训：制作短视频作品

1. 观察并思考

观看短视频效果，思考视频主体、风格、色调、音乐风格等问题，切忌“一上来就动手”。

2. 尝试创作

根据前面的思考，用已经掌握的知识进行创作或临摹，对自己的水平进行合理的评估。

3. 查看源文件并观看教学视频

跟随书中步骤或观看教学视频来创作，掌握短视频创作的完整思路和方法；在创作过程中加入自己的创新，做到学以致用，拒绝生搬硬套。

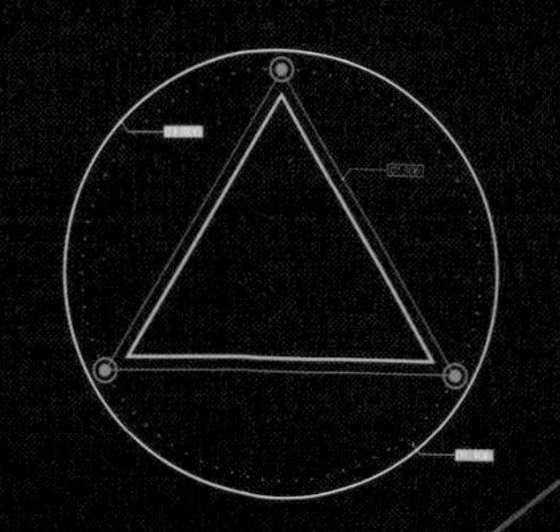

注：本书最后两章分享了“新原创自媒体网络节目秘籍”和“自媒体网络视频案例剖析”，包括作者多年自媒体创作的经验分享和业内的创作规则，读者可以根据实际情况查阅，以便创作出优质的作品。

软件
1.快

速进入剪辑状态

类别	操作	用途	重要程度
新建视频剪辑项目	/	创建视频文件和任务	★★★★
认识Premiere工作界面	/	熟悉Premiere的工作模块	★★★★
导入视频素材	在“项目”面板中导入	将硬盘中的素材视频以链接的形式导入到Premiere中，为剪辑做准备	★★★★★
	在“媒体浏览器”面板中导入		
	直接拖动到面板中导入		
组织视频素材	使用“素材箱”	将素材归类整合，让素材保持良好的组织性，以确保剪辑工作能高效进行	★★★★
常用工具	选择工具	选择对象和拖动视频素材	★★★★★
	轨道选择工具	选中素材及沿着时间轴向左/右的所有轨道中的素材或单个轨道中的素材	★★★★★
	波纹编辑工具	在移动视频素材时，能让相邻的视频同步移动，从而让两个视频保持原本的衔接状态，且相邻视频的长度不变	★★★★★
	滚动编辑工具	在移动视频素材时，能让相邻的视频同步移动，从而让两个视频保持原本的衔接状态，且相邻视频的长度发生变化，适用于调整两个视频的转场位置	★★★★★
	剃刀工具	对时间轴上的视频、音频、图片和调整图层等素材进行剪断操作	★★★★★
	外滑/内滑工具	处理一段素材与左右两端相邻素材间的联系，即3段素材间的联系	★★★★★
	钢笔/矩形/椭圆工具	在视频素材上绘制图形	★★★★★
	手形工具	左右拖动所有轨道，且不触及任何素材	★★★★★
	缩放工具	放大或缩小任意一段素材的显示长度（非实际素材长度）	★★★★★
	文字工具	在素材上添加文字	★★★★★
创建正确的序列	文件>新建>序列	创建一个空序列，以便将所有需要的视频与音频素材填充进去	★★★★

2.短视频剪辑的流程与基本技术

类别	操作	用途	重要程度
使用回放功能	/	预览视频画面，截取视频长度	★★★★
使用轨道的编排素材	/	编排素材的视频内容和音频内容	★★★★
编辑背景音乐	/	试听音频，截取音频	★★★★
组装与剪切视频	/	按“镜头（Shot）→场景（Scene）→序列（Sequence）”排布素材	★★★
添加转场	J-Cut与L-Cut	J-Cut提前让后一段素材的声音与前一段素材一起播放，形成一种衔接的效果；L-Cut使前一段素材的音频延伸到后一段素材下方	★★★
	黑场转场（淡入/淡出）	让两段视频间有画面以“逐渐变黑→逐渐变亮”的形式衔接	★★★★
添加文字	使用“文字工具”	对视频内容进行旁白说明，也可以制作结尾的鸣谢列表	★★★★
	旧版标题		
制作影片的开场与谢幕	关键帧	决定素材的某一个特定属性，以便在某些特定位置产生变换的帧位置	★★★★
	视频的淡入/淡出	形成一个不透明度为0~100%或100%~0的渐变效果，从而形成视频的开始和谢幕效果	★★★★
	音频的淡入/淡出	形成“无声状态→正常状态”或“正常状态→无声状态”的声音渐变效果	★★★★
	谢幕文字	根据视频需求添加类似“鸣谢”的文案	★★★
添加字幕	/	为视频台词添加字幕	★★★★
视频的渲染与压制	预渲染	最终压制前能流畅地预览视频的最终效果，检查剪辑是否有误	★★★★
	导出与压制	由Adobe Media Encoder生成视频文件	★★★★★

3. 短视频的精剪技术

类别	操作	用途	重要程度
使用调整图层	/	在调整图层中添加的任意效果，会应用到视频素材中，且不对视频素材做任何修改	★★★★★
对视频素材进行调色	白平衡校正	校正画面中的色彩偏色问题	★★★★

续表：短视频的精剪技术

类别	操作	用途	重要程度
对视频素材进行调色	色调校正	调整曝光、对比度和饱和度	★★★★★
	色轮	进行更主观的创造性调色	★★★★★
	创意	载入与使用LUT	★★★★★
	HSL辅助	修改画面中的颜色，甚至对画面中的单个色彩进行修改	★★★★★
	晕影	在画面的四个边角处添加暗角效果	★★★★
	曲线	调整对比度和饱和度	★★★★★
	使用JW LUT进行调色	作者自制的一套调色包，让扁平模式或Log模式的视频快速恢复色彩与风格化调色	★★★★
改进视频的声音	调整音量	调整整段或局部音量	★★★★★
	音轨混合器	批量且系统化地调节音频的音量	★★★★
	后期降噪	对音频进行降噪处理	★★★★
	人声与背景音乐的均衡	对音频文件进行均衡处理，保证背景音乐在不影响人声内容的基础上，也能被观众听到，起到渲染氛围的正面作用	★★★★
	使用动态标准化人声的音量	处理人声音量忽大忽小的问题	★★★★★
添加音效	特定音效	提高视频质量	★★★★
	背景音效		
添加视频水印	/	增加视频品牌感	★★★
动态图形	使用内置模板	不仅能让视频细节更加丰富，满足不同种类视频的需求，还能给人更加规范的直观感受	★★★★
	自制移动类动态图形		
	自制遮罩类动态图形		
	组合动态图形设计		
稳定抖动的画面	/	让视频画面保持稳定	★★★★
制作真21：9宽屏视频	/	将16：9的画面变为21：9的画面	★★★
代理剪辑工作流	/	在剪辑视频前生成与原视频素材一一对应的代理素材，剪辑者通过代理素材剪辑视频	★★★

4. 短视频的流行剪辑技法

类别	操作	用途	重要程度
根据背景音乐剪辑	分析背景音乐	根据背景音乐来剪辑视频画面，让视频与音乐搭配得更加自然	★★★★★
	根据节拍自动剪辑		
慢动作与升格	速度/持续时间	对素材的播放速度进行修改，以形成慢动作效果	★★★
	解释素材	让视频自动调整为最顺滑的电影感慢动作播放模式	★★★★
	超级慢动作	在素材各个画面的帧间进行估算补帧，从而使视频的播放速度进一步放慢，形成更慢的慢动作	★★★★
	时间重映射	将视频速度的放慢与加速功能合并到一起，加入速度渐变的功能，使视频的观感特别顺滑与流畅	★★★★★
用流行转场（过渡）放大视觉冲击	拉镜转场	使视频内容从远景迅速变为近景的一种快速伪变焦效果。用于衔接两个独立的分镜头（即两段素材），保障视频的连贯性，带给观众一种空间拉近的视觉感受	★★★★★
	摇镜转场	模拟相机左右移动的运镜效果，通过后期做出动态模糊与方向性移动来衔接两个分镜头	★★★★★
	变速转场	让两个场景间的过渡由生硬的跳切变为加速形成的动态模糊，甚至让观众产生一种“这两个分离的镜头是连续的”的错觉	★★★★★
	遮罩转场	利用遮罩功能将素材中除遮掩物以外的背景部分遮住，并将下一个素材叠放在该素材下方，以填补被遮住的背景部分，随着遮掩物的不断移开，下一个素材逐渐显现出来	★★★★★
	渐变擦除转场	使前一段视频的画面呈水墨流散样消去，后一个画面最终完全显露出来，形成前后两段视频画面融合的频视转场效果	★★★★★
大热Vlog文字书写效果	/	模拟笔在视频画面上写字的真实移动轨迹，将文字以动画的方式引入画面	★★★★★
抖音式RGB分离特效	/	让画面出现色彩偏移效果	★★★★★
老电视效果	添加屏幕雪花	形成一种浓浓的复古感，也可以与RGB分离效果互相搭配，非常适用于具备复古元素的短片或音乐短视频	★★★★
	添加画面扭曲		
电视彩条效果	/	填补电视台无节目播放的空缺，即休台时的画面；在网络视频中多用于修正或过渡视频的突然中断，如用于遮挡视频搞笑片段中主持人的夸张行为，以便和下一个正常的画面良好衔接	★★★★

键帧”>“时间重映射”>“速度”命令，如图4-17所示。

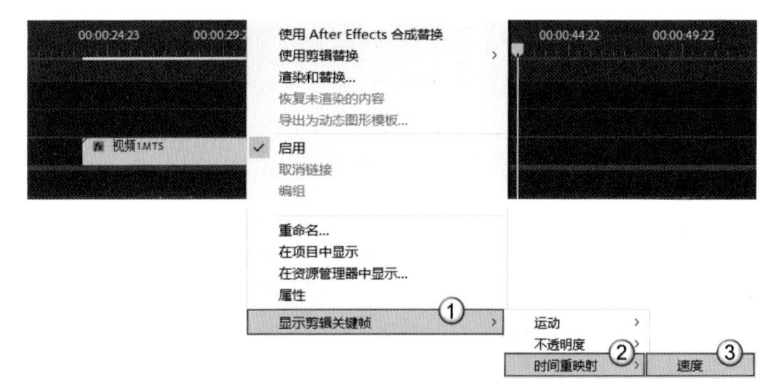

图4-17

02 双击轨道左侧的灰色空余部分将该视频素材的可视大小放大，以便后续的操作，如图4-18所示。

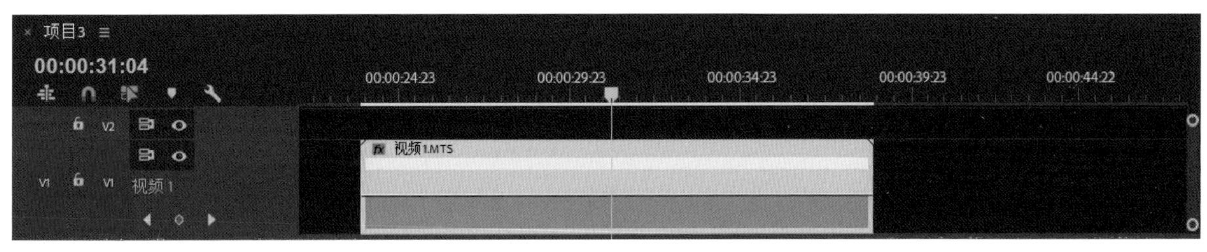

图4-18

> **提示** 为了保证最终成片的流畅度，进行“时间重映射”处理的帧率需与序列帧率保持一致，所以对于前期使用高帧率拍摄的素材，还需提前执行“解释素材”命令。

03 当一切准备工序完成后，按住Ctrl键，并单击视频素材上的时间线显示条，添加一系列的关键帧，如在左右两边分别添加一个关键帧，如图4-19所示。

04 将两个关键帧中间的直线向上拖动，就可以加快中间部分视频的速度，如图4-20所示。保持左右两侧视频的速度不变，形成了先加快再变慢的视频变速效果。

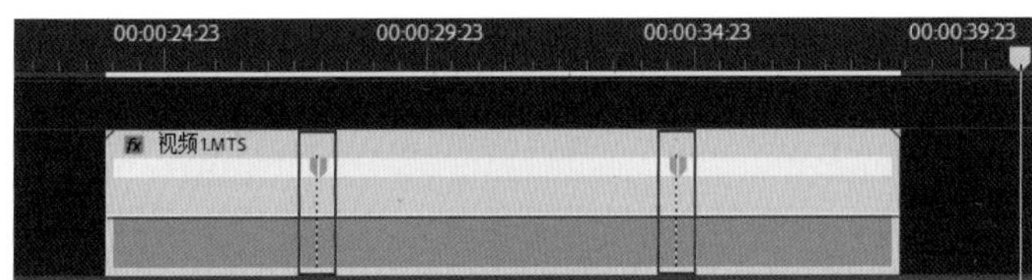

图4-19

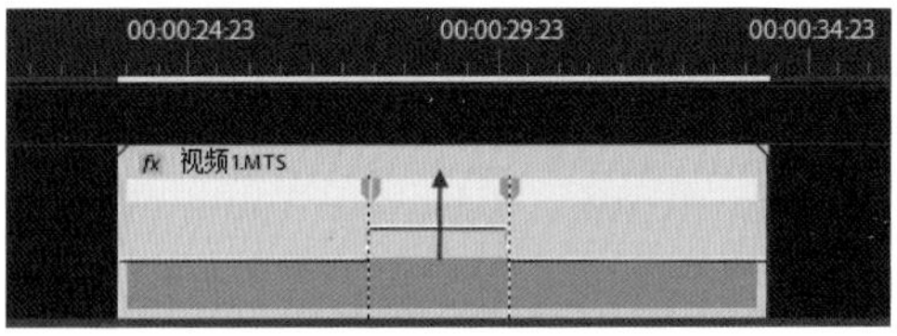

图4-20

05 此时视频在变速时属于直线上升与直线下降，并没有流畅的过渡，视频的观感达不到顺滑的效果。将关键帧两侧的蓝色标记分离开，形成直线坡度的形状，如图4-21所示。

06 旋转直线坡度上的调节阀，使之由竖直状态变为水平状态，让直线变为曲线，如图4-22所示。

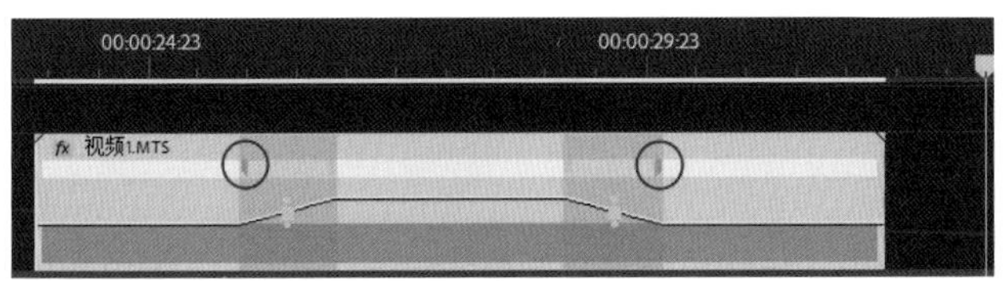

图4-21

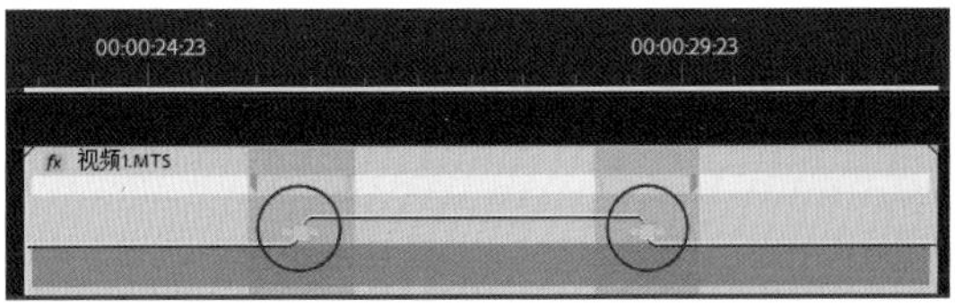

图4-22

> **提示** 这样视频就能形成由正常播放速度平滑地加快再减慢的效果了。

4.3 用流行转场（过渡）放大视觉冲击

转场是视频素材间切换的过渡内容。在视频剪辑中，转场效果各式各样，但随着短视频制作的普遍化发展，大众逐渐抛弃了烦琐复杂的转场，而采用能尽快出效果的转场，甚至无转场。

4.3.1 拉镜转场

扫码看剪辑效果  扫码看教学视频 

素材文件	素材文件>CH04>视频素材	教学视频	拉镜转场
实例文件	实例文件>CH04>拉镜转场	学习目标	掌握拉镜转场的设置方法

拉镜转场是通过Premiere剪辑，使视频内容从远景迅速变为近景的一种快速伪变焦效果。拉镜转场一般用于衔接两个独立的分镜头（即两段素材），从而保障视频的连贯性，并带给观众一种空间拉近的视觉感受。

适配场景分析

现如今很多视频创作者使用拉镜转场模式，但也存在不少使用不当的情况，如用在毫无远近变化的两个镜头之间。虽然这样也能给观众带来奇特的视觉观感，但是已经失去了拉镜转场的核心意义。因此，总体来说，需要使用拉镜转场进行衔接的素材有2种。

第1种：前一段素材为远景拍摄，后一段素材为近景拍摄，前后素材之间存在一定联系，但所拍摄主体不一样。比如，前一段素材是一片广袤的大草原，后一段素材是对在大草原上放风筝的孩子的近景拍摄。又比如，前一段素材的主体是一个小岛的航拍镜头，后一段素材的主体为岛上狂欢的人群。

第2种：前一段素材为远处拍摄的一个人或物体，后一段素材为近处拍摄的同一人或物体。这种模式的两段素材的拍摄主体无任何变化，只是拍摄的远近不一样。

技法演练分析

这里主要演示如何将图4-23所示的房屋远景通过拉镜转场的方式过渡到图4-24所示的房屋上的花篮。视频过程如图4-25所示，此时所有的转场帧（即素材连接处前后的帧），都出现了拉镜模糊效果。

图4-23

图4-24

图4-25

01 将两段视频素材导入到序列中，向左拖动序列底栏右侧的圆形滑块来放大素材图标，方便后面的操作，如图4-26，效果如图4-27所示。

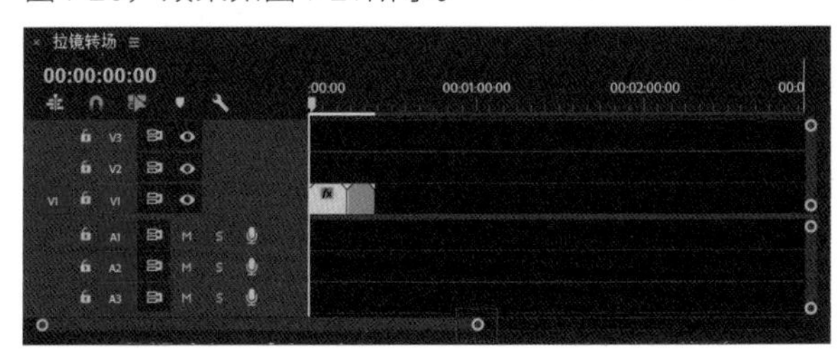

图4-26

图4-27

02 分别建立两个调整图层，用第1个调整图层只盖住右侧素材的4帧，用第2个调整图层盖住左侧素材的3帧与右侧素材的4帧，然后选中第1个调整图层，如图4-28所示。

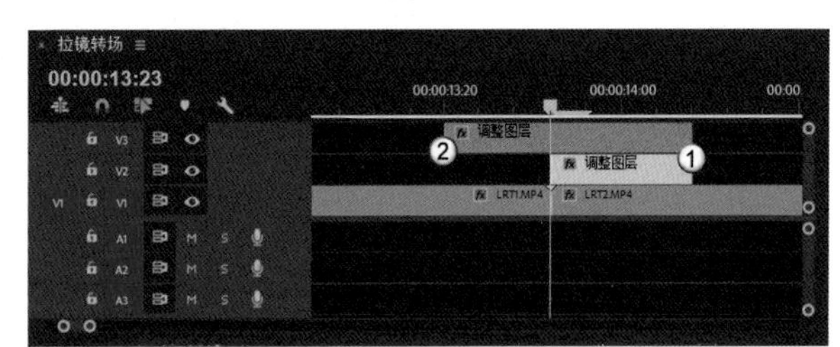

图4-28

03 切换到“效果”工作区，在效果搜索栏中搜索“复制”并双击“复制”选项，如图4-29所示。此时，已成功为右侧素材添加“复制”效果，如图4-30所示。

图4-29

图4-30

04 在左侧的“效果控件”面板中，将“复制”效果的“计数”修改为3，如图4-31所示，效果如图4-32所示。

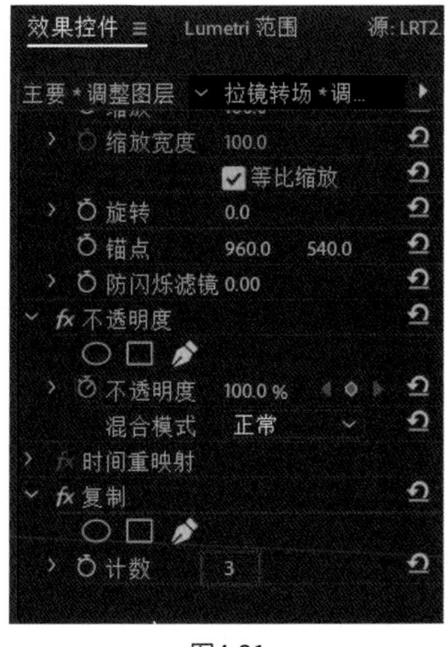

图4-31

图4-32

提示 添加“复制”效果是为了增强拉镜的逼真感。

05 以同样的方式向第1个调整图层中添加“镜像”效果，并将左侧的“反射角度”设置为90°，如图4-33所示。此时画面的底部已倒转，如图4-34所示。

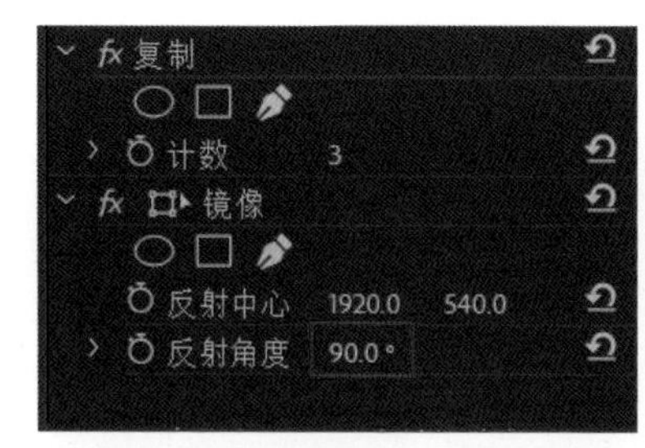

图4-33

图4-34

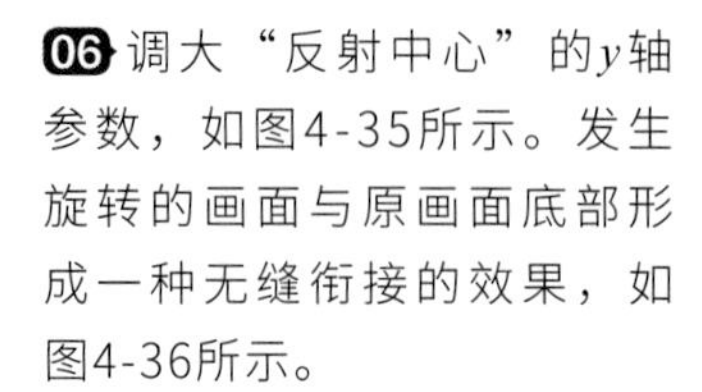

06 调大“反射中心”的y轴参数，如图4-35所示。发生旋转的画面与原画面底部形成一种无缝衔接的效果，如图4-36所示。

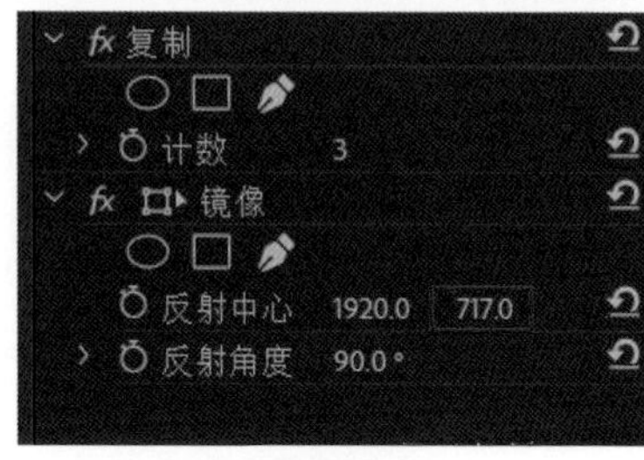

图4-35

图4-36

> **提示**
> “反射中心”效果右侧显示的两个参数左右分别为x轴坐标和y轴坐标。将鼠标指针放在蓝色参数上则可进行左右拖动调整，向左拖动为减小数值，向右拖动为增大数值。

07 以同样的方式向第1个调整图层中添加第2个“镜像”效果，设置“反射角度”为180°，画面会暂时变黑；调小“反射中心”的x轴坐标数值，如图4-37所示。发生旋转的画面与原画面左侧形成无缝衔接的效果，如图4-38所示。

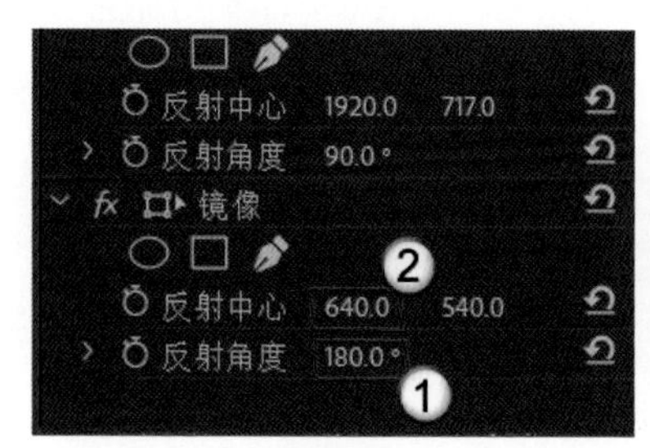

图4-37

图4-38

08 以同样的方式向第1个调整图层添加第3个“镜像”效果，并将左侧的“反射角度”设置为360°（输入360°后，界面中会显示“1×0.0°”），然后调小“反射中心”的x轴坐标数值，如图4-39所示。发生旋转的画面与原画面右侧形成一种无缝衔接的效果，如图4-40所示。

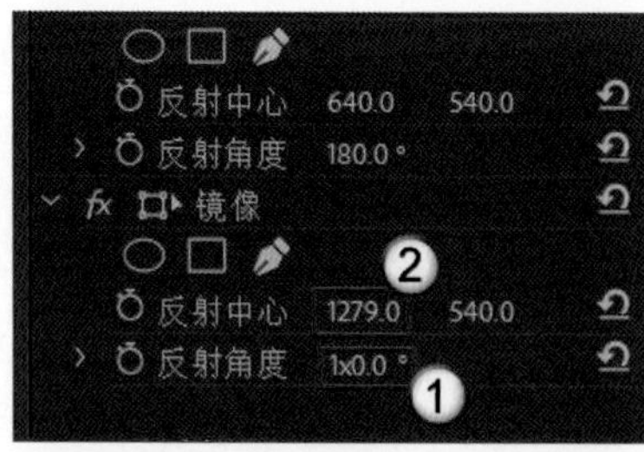

图4-39

图4-40

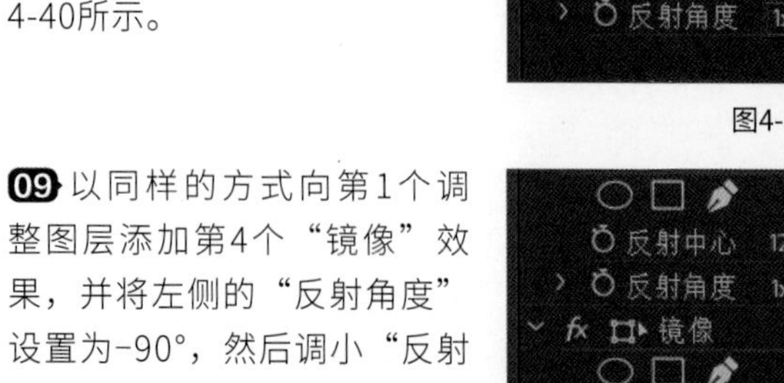

09 以同样的方式向第1个调整图层添加第4个“镜像”效果，并将左侧的“反射角度”设置为-90°，然后调小“反射中心”的y轴坐标数值，如图4-41所示。发生旋转的画面与原画面顶部形成一种无缝衔接的效果，如图4-42所示。

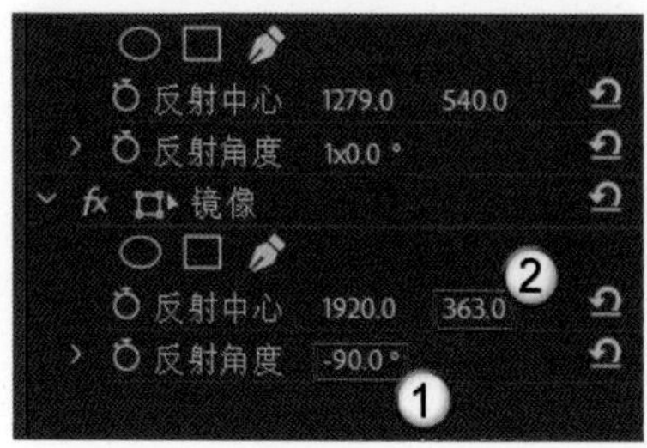

图4-41

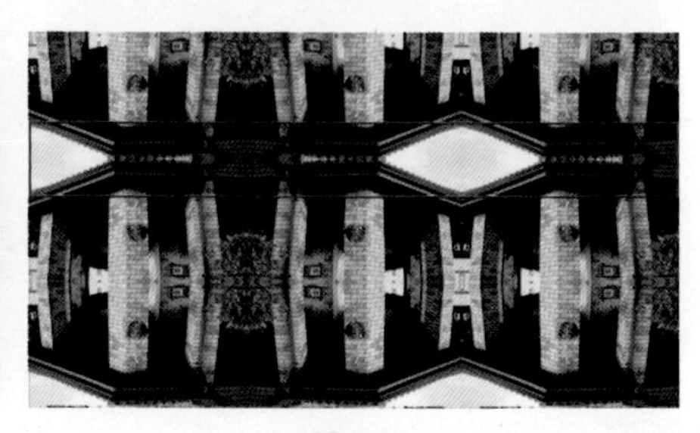

图4-42

10 选中第2个调整图层，用同样的方法添加“变换”效果，并将时间线控制条移动到第2个调整图层的最前端，即距离两段素材中心位置3帧的位置，如图4-43所示。

11 在“效果控件”面板中，展开“变换”效果，单击“缩放”选项前的“切换动画”按钮，为其添加关键帧，如图4-44所示。

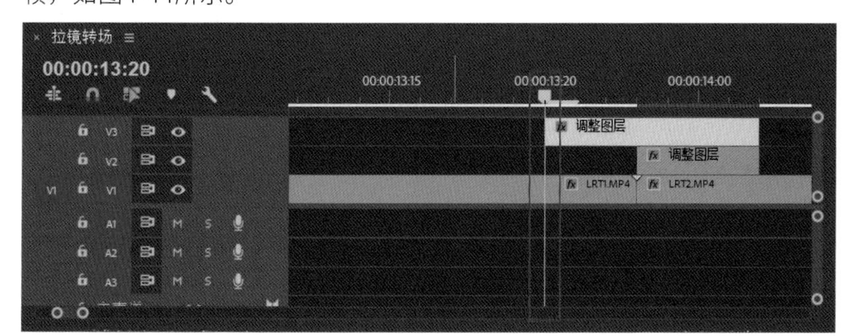

图4-43

图4-44

12 将时间线控制条移动到第2个调整图层的第6帧位置，即距离素材连接处向右3帧的位置，如图4-45所示。

13 再次转到“效果控件”面板中，展开“变换”效果，单击“缩放”选项后的“添加/移除关键帧”按钮，为其添加第2个关键帧，并将“缩放”数值改为300，如图4-46所示。

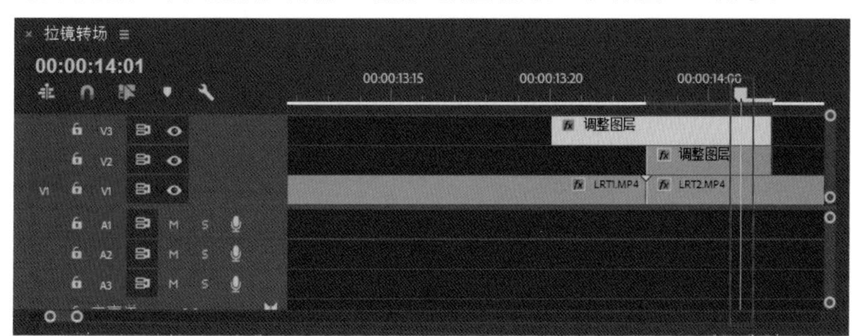

图4-45

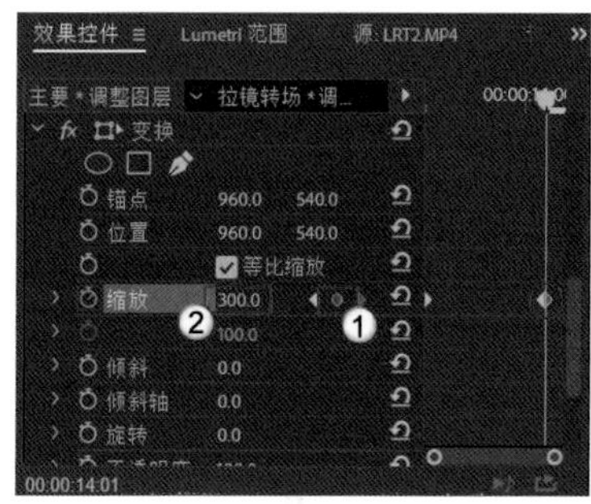

图4-46

14 选中任意一个关键帧，然后右击选择“贝塞尔曲线”命令，如图4-47所示。

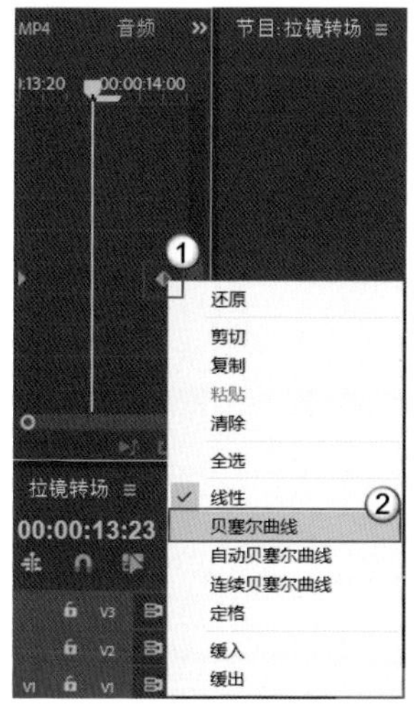

图4-47

15 转到“效果控件”面板中，在“变换”效果下取消勾选“使用合成的快门角度”选项，并将“快门角度”改为360，如图4-48所示。此时播放效果为远端的房屋被拉近，然后呈现出近处的花篮，如图4-49所示。

图4-48

图4-49

提示 如果对拉镜转场的速度不满意，可以直接拉近两个关键帧的距离来加快拉镜转场速度，如图4-50所示。

图4-50

4.3.2 摇镜转场

扫码看剪辑效果  扫码看教学视频 

素材文件	素材文件>CH04>视频素材	教学视频	摇镜转场
实例文件	实例文件>CH04>摇镜转场	学习目标	掌握摇镜转场的设置方法

摇镜转场是Premiere模拟相机左右移动的运镜效果，摇镜转场的功能特性与拉镜转场类似，即通过后期做出动态模糊与方向性移动来衔接两个分镜头。

适配场景分析

摇镜转场目前不仅广泛使用在网络视频中，还用于部分电视剧的后期剪辑中。摇镜转场应用广泛，无论前后镜头有没有关联性，都能使用摇镜转场来达到不错的过渡效果。但是，摇镜转场的普适性也导致部分剪辑者不恰当的使用，如用于任意两个静止镜头的衔接处。这种现象在个人旅拍视频中较为常见。

技法演练分析

这里通过图4-51和图4-52所示的两个视频素材来演示如何在任意两个镜头间制作摇镜转场效果，视频效果过程如图4-53所示。摇镜效果非常平滑，并具备梦幻般的动态模糊。

图4-51

图4-52

图4-53

01 将前后两段视频置于同一视频轨道中，并直接连接在一起，如图4-54所示。

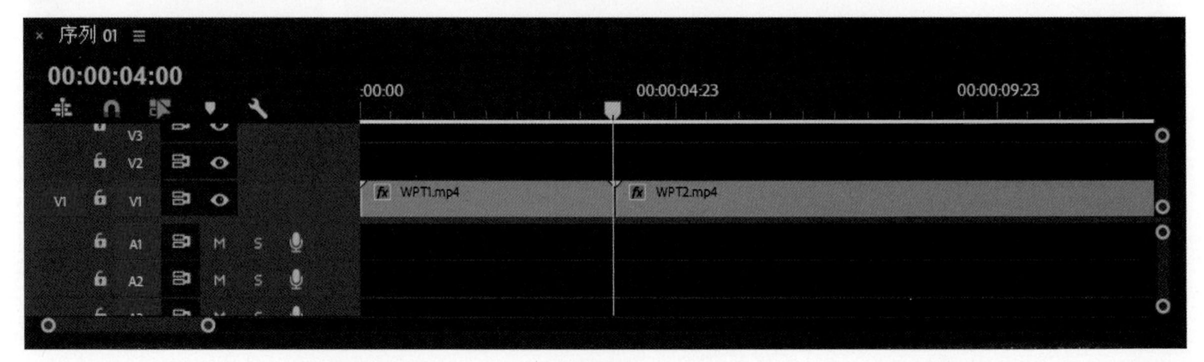

图4-54

02 在这两段视频连接处的上方添加任意长度的调整图层，并按Z键放大素材的显示长度，然后多次使用←键与→键将时间线控制条精准地移动到连接处位置（精确到帧），如图4-55所示。

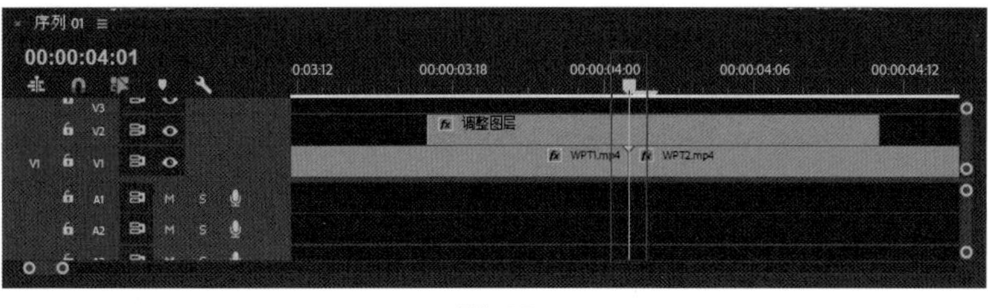

图4-55

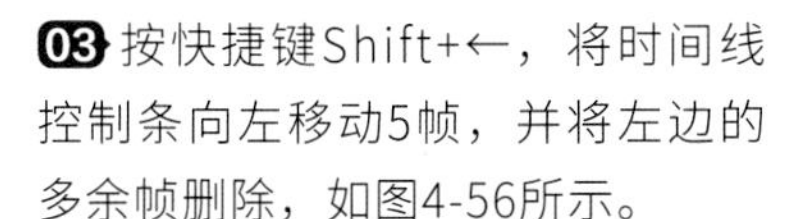

03 按快捷键Shift+←，将时间线控制条向左移动5帧，并将左边的多余帧删除，如图4-56所示。

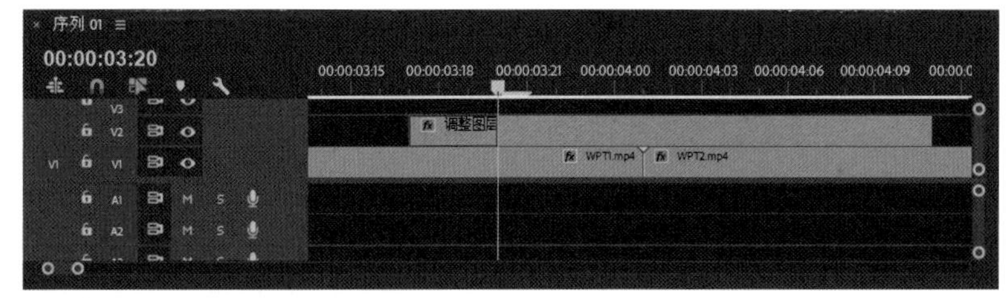

图4-56

04 按两次快捷键Shift+→，将时间线控制条向右移动10帧，并将右边的多余帧删除，如图4-57所示。此时调整图层在前后两段视频的上方的长度为5帧，如图4-58所示。

图4-57

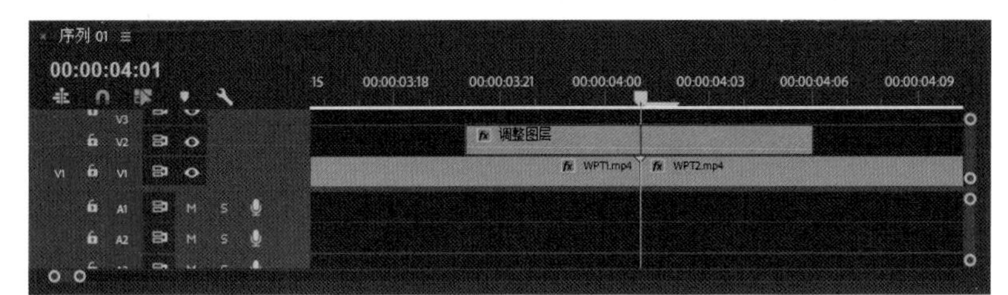

图4-58

05 选中该调整图层，切换到“效果”工作区，在搜索栏中搜索“位移”效果并双击，为调整图层添加“位移”效果，如图4-59所示。

06 将时间线控制条移动到调整图层的最左端，并在“效果控件”中单击“将中心移位至”左侧的“切换动画”按钮，添加第1个关键帧，如图4-60所示。

图4-59

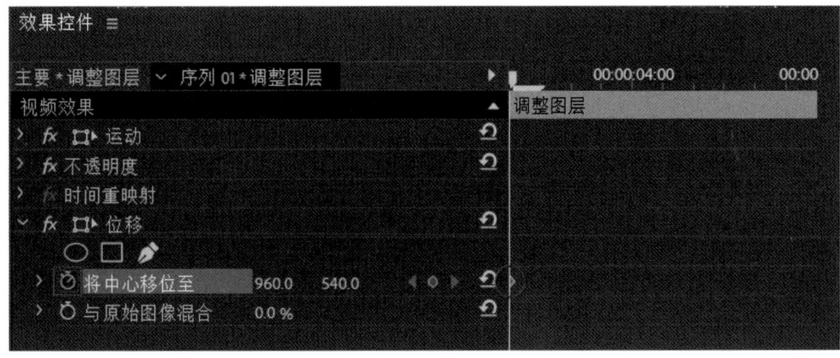

图4-60

07 将时间线控制条移动到调整图层的末端，并将“将中心移位至”的x轴坐标改为-988，此时，系统会自动添加第2个关键帧，如图4-61所示。

图4-61

提示 这一步操作就是为了形成类似PPT模式的帧播放效果，为摇镜转场打下基础，如图4-62和图4-63所示。

图4-62

图4-63

08 在第1个关键帧上右击，然后执行“临时插值”>“缓出”命令，如图4-64所示；在第2个关键帧上右击，执行“临时插值”>“缓入”命令，如图4-65所示。

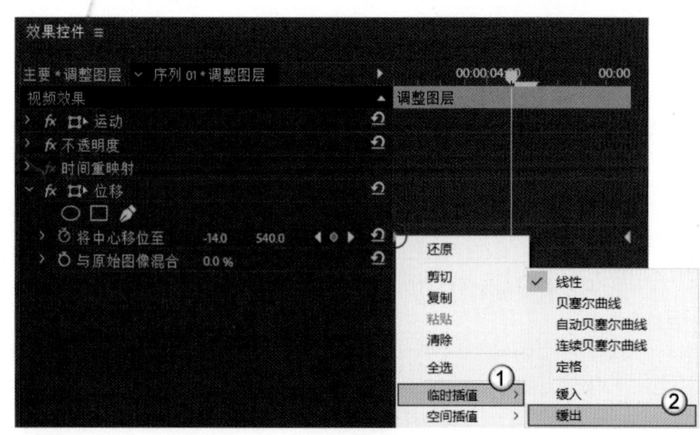

图4-64

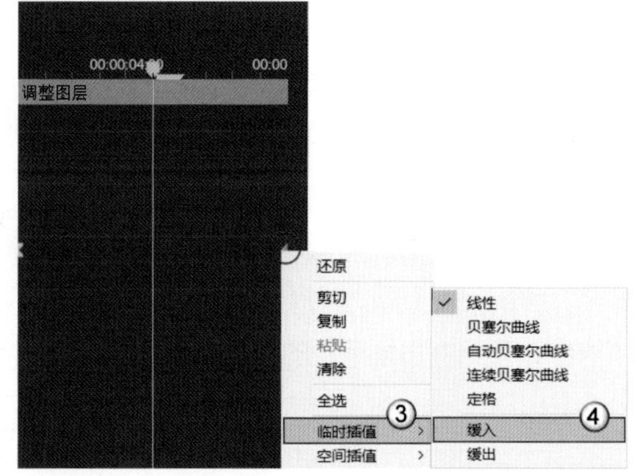

图4-65

09 单击“将中心移位至”左侧的展开按钮，两个关键帧间的速度变化由原本的线性变化变为了曲线变化，这可以使摇镜转场的效果更加平滑，如图4-66所示。

10 再一次选中调整图层，在右侧“效果”面板中搜索“方向模糊”并双击该选项，为调整图层添加“方向模糊”效果，如图4-67所示。

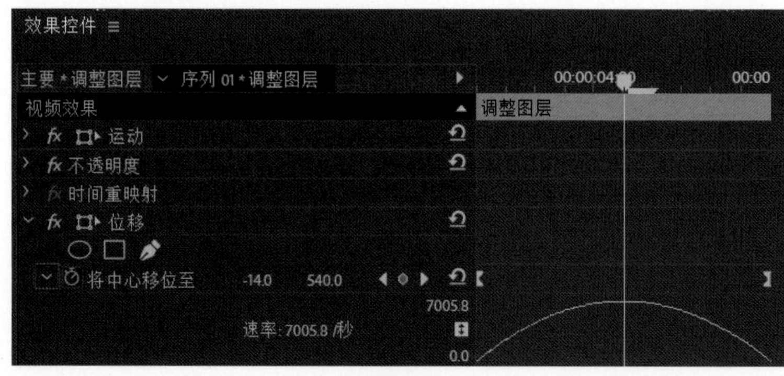

图4-66

图4-67

11 在“效果控件”中将“方向”改为90°（即摇镜方向），并将“模糊长度”改为260（动态模糊的模糊度数值越小，模糊程度越低），如图4-68所示。播放摇镜转场效果如图4-69所示。

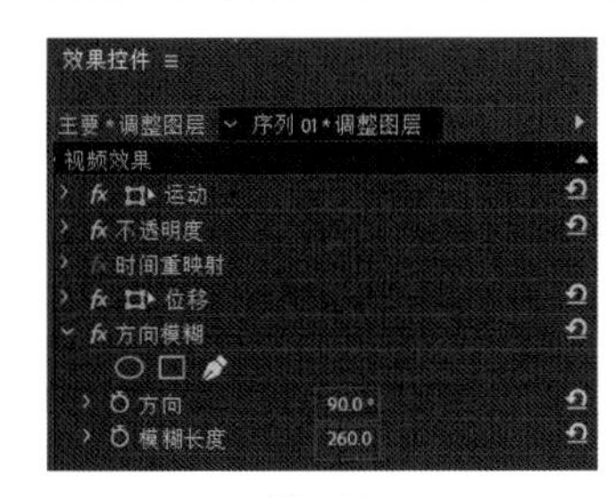

图4-68

图4-69

4.3.3 变速转场

扫码看剪辑效果

扫码看教学视频

素材文件	素材文件>CH04>视频素材	教学视频	变速转场
实例文件	实例文件>CH04>变速转场	学习目标	掌握变速转场的设置方法

变速转场是巧妙使用“时间重映射”形成一种无缝转场的效果。它的核心思路是将视频的播放速度在“当前镜头快要结束前”与“下一个镜头开始时”大幅加快，让这两个场景间的过渡由生硬的跳切变为由于加速形成的动态模糊，甚至让观众产生一种“这两个分离的镜头是连续的”的错觉。

适配场景分析

变速转场属于短视频流行剪辑技巧的一种，比较适合在个人短片创作和网络视频制作中使用，能让观众感受到视频无缝衔接的效果，便于吸引观众眼球。但是对于比较注重叙事的电影或微电影来说，这一效果适配的场景就比较局限了，可用于部分空镜头。

此外，从技术角度上来说，变速转场需要前后两个镜头均具备运镜，即画面是移动的。这样画面在加速后才能做出画面中物体运动的加速效果和成功的变速转场。

技法演练分析

这里以图4-70和图4-71两段视频素材为例，向读者演示如何在两个运动的镜头间制作变速转场。

图4-70

图4-71

01 将两段视频添加到序列中，然后双击轨道前端的空余部分，将视频素材的显示面积放大，以方便后续操作，如图4-72所示。

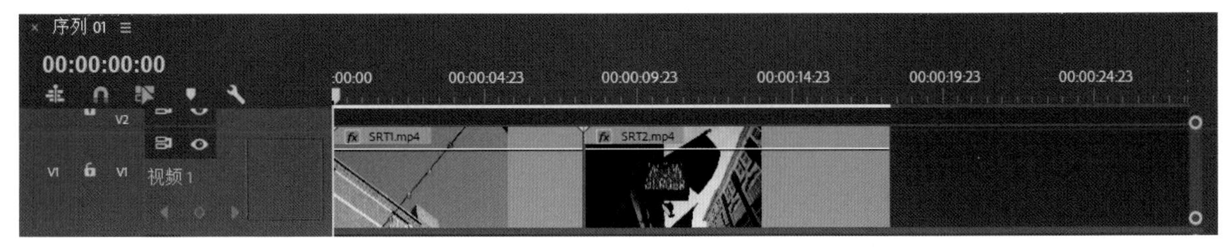

图4-72

02 在视频素材上右击，执行“显示剪辑关键帧”>“时间重映射”>“速度”命令，将这两段素材都切换到“时间重映射”编辑模式。视频画面的预览消失，此时关键帧的控制线在素材中间，如图4-73所示。

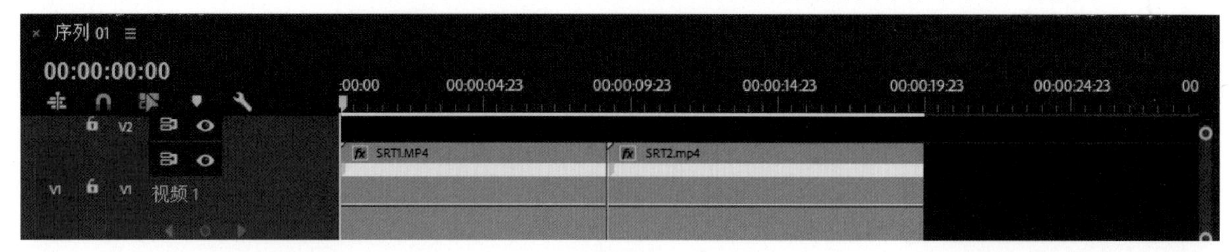

图4-73

03 按Ctrl键，同时单击第1段素材结尾前的位置，在素材中间的关键帧控制线上添加1个关键帧，如图4-74所示。

图4-74

提示　因为结尾部分的素材速度需要大幅加快，所以关键帧的位置必须与第1段素材结尾相隔一段距离，切不可离得过近。

04 将关键帧的左右两部分分开，如图4-75所示。将第1段素材的最后一部分向上拉到极限位置，即放大倍数为1000%，如图4-76所示。

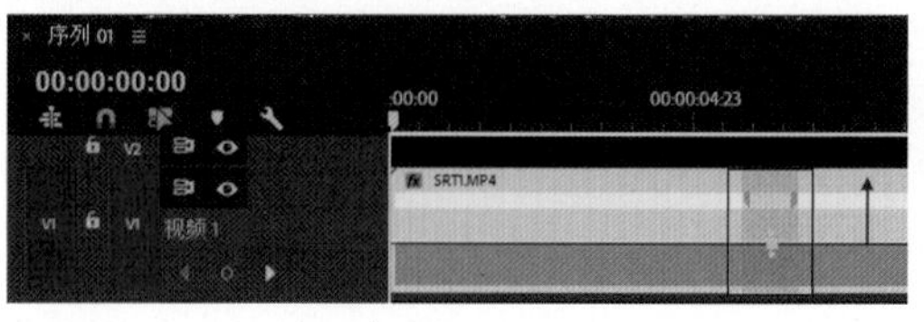

图4-75

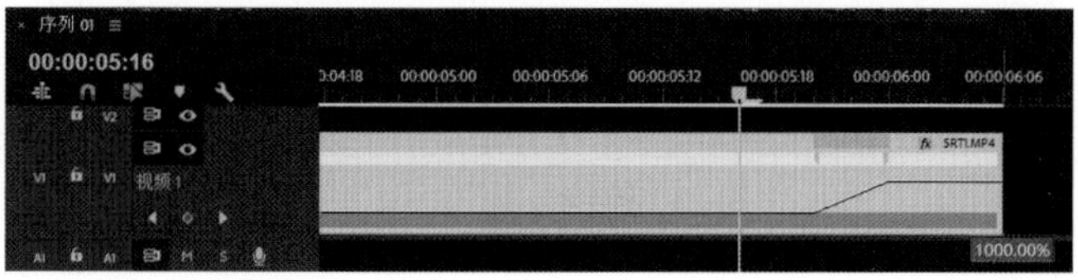

图4-76

提示　向上拉关键帧控制线的时候，可能无法一次性提拉到1000%，一般要多拉几次。

05 选中关键帧的任意一侧，并将中间的控制阀扭动至接近水平位置，使关键帧控制线的过渡区域产生弧度，如图4-77所示。

06 对第2段素材做同样的操作，但方向相反，如图4-78所示。

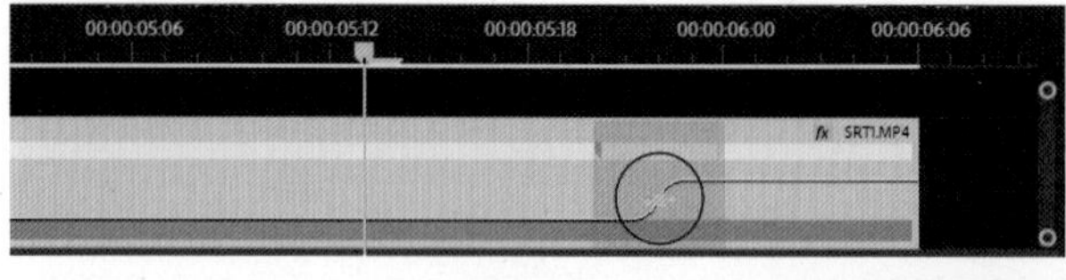

图4-77

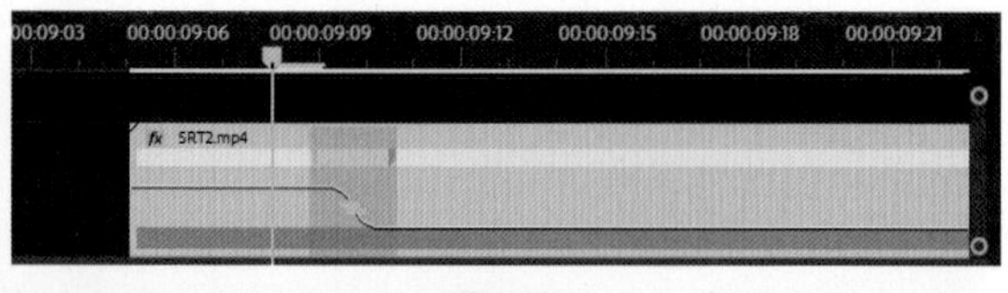

图4-78

07 将这两段素材合并到一起，关键帧控制线形成一个“几”字形，如图4-79所示。如果对转场的位置不满意，那么可以微调关键帧的位置来调整。

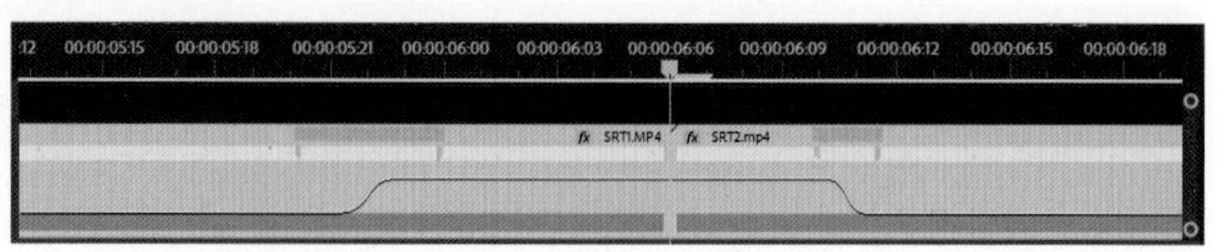

图4-79

4.3.4 遮罩转场

扫码看教学视频

素材文件	素材文件>CH04>视频素材	教学视频	遮罩转场
实例文件	实例文件>CH04>遮罩转场	学习目标	掌握遮罩转场的设置方法

遮罩转场是将素材本身特性与Premiere的蒙版功能相结合的转场效果，它是一种非常流行的无缝转场。利用蒙版功能将素材中除遮掩物以外的背景部分遮住，并将下一个素材叠放在该素材下方，以填补被遮住的背景部分，最后随着遮掩物的不断移开，下一个素材逐渐显现出来。这一转场需要与前期的运镜相结合。用来制作遮罩转场的镜头必须是运动的，若是静止的画面，则无法制作遮罩转场。

适配场景分析

遮罩转场适用于个人短片与电影，被当作遮掩物的可以是建筑物，也可以是人、汽车等一切为了后期制造遮罩效果而拍摄的主体。

技法演练分析

这里主要演示如何将图4-80所示的柱子处理成遮掩物，并使用遮罩转场进入图4-81所示的建筑物。随着柱子逐渐移开，建筑物体逐渐呈现出来，效果如图4-82所示。

图4-80

图4-81

图4-82

01 将两段素材在序列中上下叠放，并保证作为遮掩物的素材在上方轨道，且将下方轨道的素材开始位置与遮掩物开始运动的起始点对齐（数字①位置），如图4-83所示。

02 为了方便遮罩的添加，将“节目”面板中画面的缩放调小为25%，如图4-84所示。

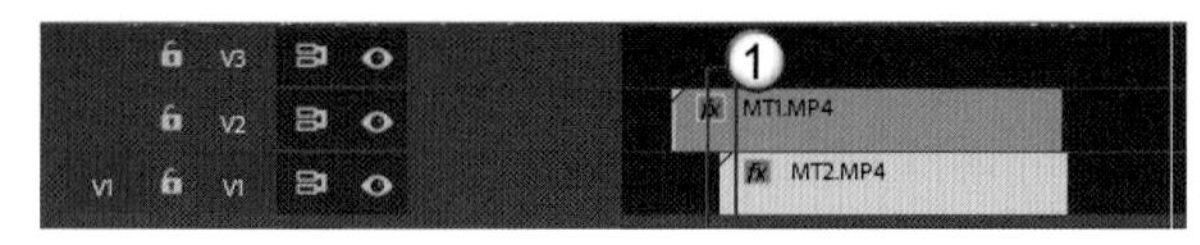

图4-83

图4-84

03 切换到“效果”工作区，按→键将当前显示画面向右移动1帧，露出背景部分。数字①标记部分为用于制作遮罩转场的柱子，数字②标记部分则为无用的背景部分，如图4-85所示。

04 使用左侧“效果控件”面板的“不透明度”中的“钢笔工具”在视频画面中添加一系列的点（点的数量根据画面实际情况而定），将因遮掩物的移动而无法遮住的背景部分（空缺）遮住，并在左侧“效果控件”面板中生成的“蒙版”中勾选“已反转”选项，如图4-86所示。

图4-85

图4-86

提示 如果不勾选“已反转”选项，则会将所画遮罩的那一小部分遮住，从而显示出下层素材的画面，如图4-87所示。

图4-87

05 在“蒙版”控件中的“蒙版路径”与“蒙版扩展”上添加两个关键帧，如图4-88所示。

06 向右移动1帧，并移动现有的4个组成蒙版的点，来遮住因遮掩物继续移动而新出现的背景部分，如图4-89所示。

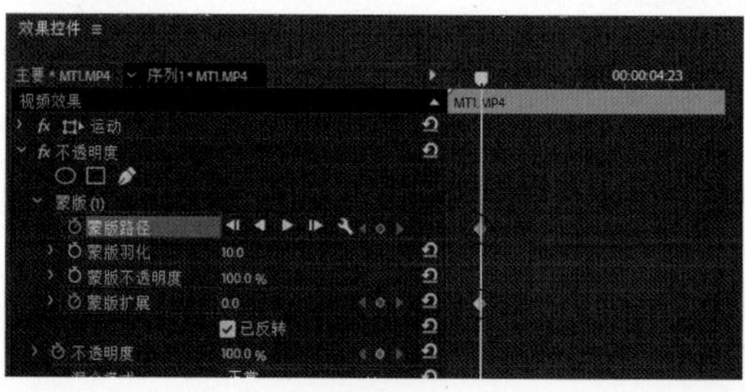

图4-88

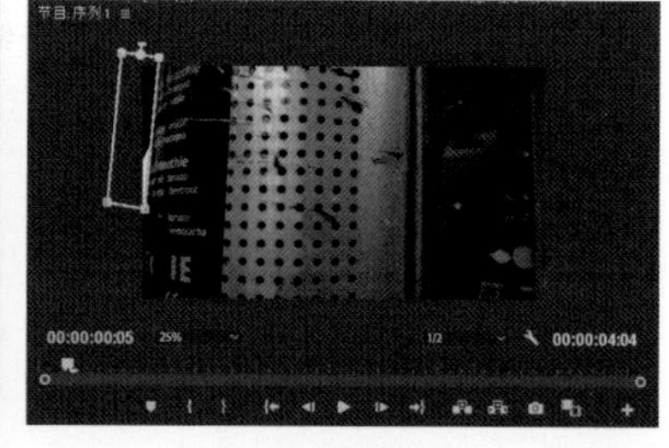

图4-89

07 一帧帧地移动，并在每一帧位置调整构成蒙版点的位置，使蒙版的覆盖面积不断扩大，如图4-90所示。此时，左侧的“效果控件”面板中也会自动生成一系列的关键帧，无须再手动添加，如图4-91所示。

图4-90

图4-91

提示 此时蒙版的边缘已覆盖画面的整个宽度，可以使用“蒙版扩展”功能来添加新的关键帧，无须再进行复杂的点移动。

08 这时可以直接向遮掩物运动方向拖动圆形拉环左侧的实心方块。因为实心圆环的位置不是处于遮掩物的运动路径上，此时需要将实心圆环按照蓝色的蒙版边缘线拖动到遮掩物的运动路径一侧，如图4-92和图4-93所示。

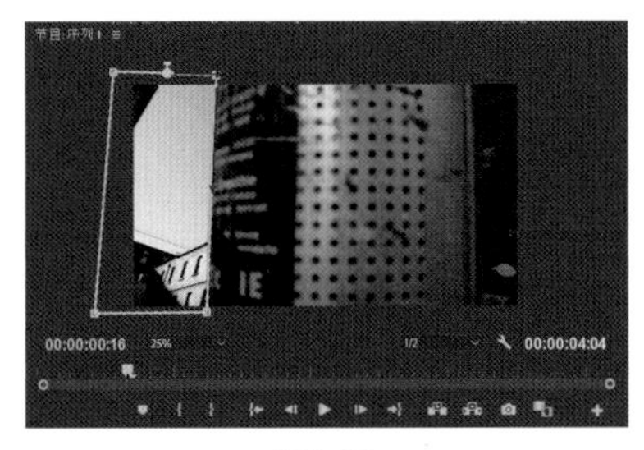

图4-92

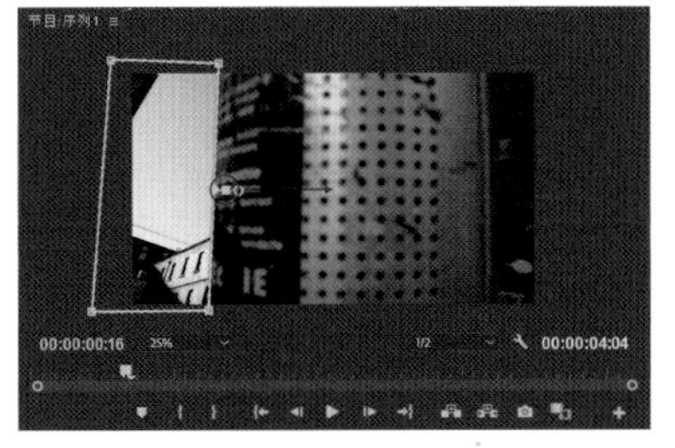

图4-93

提示

由“蒙版扩展”功能新生成的遮罩部分的线框由虚线显示，如图4-94所示。

图4-94

09 结合调整遮罩构成点的位置和“蒙版扩展”功能逐帧地将剩余的遮罩都添加完，直到遮掩物完全移出画面。此时可能会遇到画面中遮掩物边缘的角度在运动中发生变化，剪辑者需要重新调整构成蒙版点的位置来调整蒙版边缘的角度，而不是不顾一切地使用“蒙版扩展”功能，如图4-95所示。完成操作后，播放效果如图4-96所示。

图4-95

图4-96

提示

为了保证遮罩转场更加具备无缝感，必须逐帧添加蒙版，且需保证蒙版边缘与遮掩物的边缘完美贴合。如果遮挡物的移动非常规律，那么可以隔5帧左右添加一次蒙版。

另外，如果遮罩的边缘过渡较生硬，可以适量增大“蒙版羽化”的值，如图4-97所示。

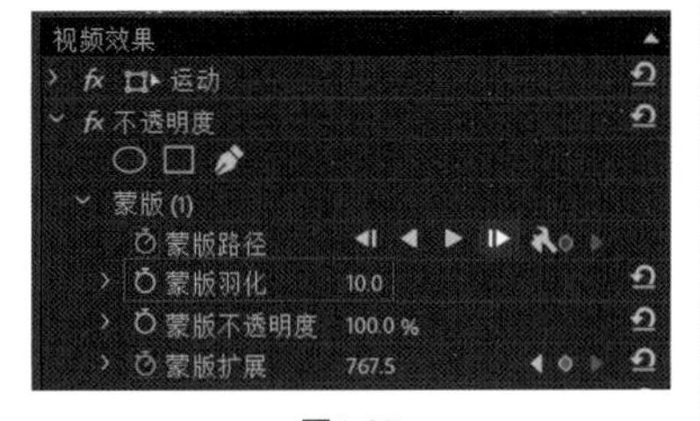

图4-97

4.3.5 渐变擦除转场

扫码看剪辑效果

扫码看教学视频

素材文件	素材文件>CH04>视频素材	教学视频	渐变擦除转场
实例文件	实例文件>CH04>渐变擦除转场	学习目标	掌握渐变擦除转场的设置方法

渐变转场也叫Luma Fade，是通过渐变擦除效果使前一段视频的画面呈水墨流散样消去，后一个画面最终完全显露出来，形成前后两段视频画面融合的频视转场效果。

适配场景分析

渐变转场目前在旅拍视频中非常流行，也适合用于音乐短视频中不同场景的过渡。尤其在对人像画面（近景特写）与建筑物、天空、大海等场景（远景画面）间转场使用时，效果最佳。相反，如果前后的画面都是近景拍摄的小花小草，利用渐变转场所达成的视觉效果就不明显了。

技法演练分析

这里通过渐变擦除转场将图4-98所示的天空远景转变到图4-99所示的房屋近景，播放效果如图4-100所示。渐变擦除转场形成之后，前一段视频画面中两侧的建筑还在，但是天空部分已经呈半镂空状态，并被后一段视频的画面填充，过渡效果非常自然。

图4-98

图4-99

图4-100

01 将前一段视频的末端与后一段视频的前端呈“之”字形叠加在序列中，为转场做准备，如图4-101所示。

02 选中前一段视频，切换到“效果”工作区，在搜索框中搜索“渐变擦除”且双击该效果，为当前视频素材添加渐变擦除效果，如图4-102所示。

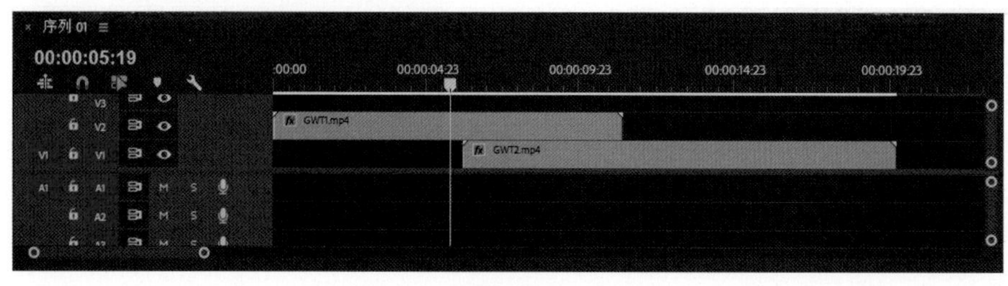

图4-101

图4-102

03 将时间线控制条移到后一段视频的开始位置，如图4-103所示。在“效果控件”面板中单击“过渡完成”前的“切换动画”按钮，添加“过渡完成”为0的关键帧，即形成渐变擦除效果的开头，如图4-104所示。

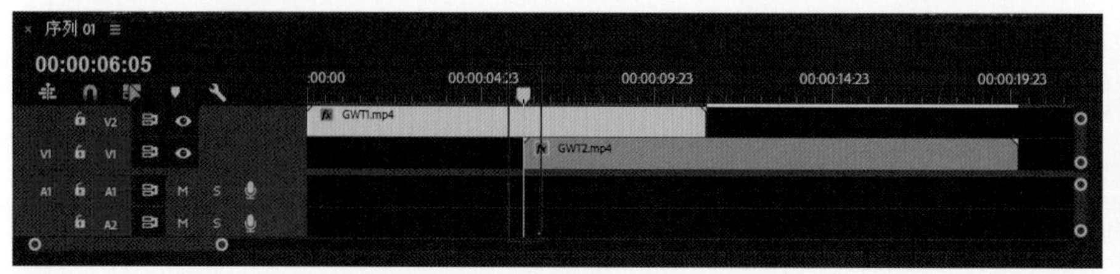

图4-103

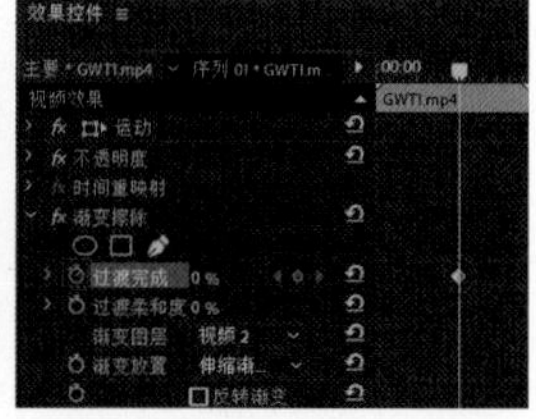

图4-104

04 将时间线控制条移到前一段视频的结尾位置，如图4-105所示。在“效果控件”中将“过渡完成”设置为100%，系统会自动添加第2个关键帧，即形成渐变擦除效果的结尾，如图4-106所示。

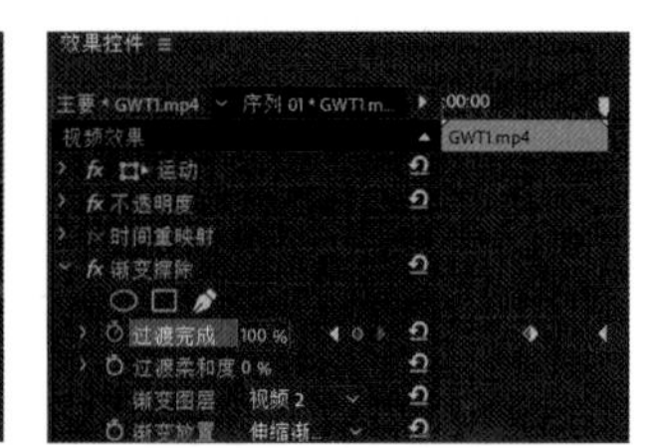

图4-105　　图4-106

05 设置“过渡柔和度”为“20%”（可根据实际画面增减），并勾选“反转渐变”选项，如图4-107所示。转场过渡效果如图4-108所示。

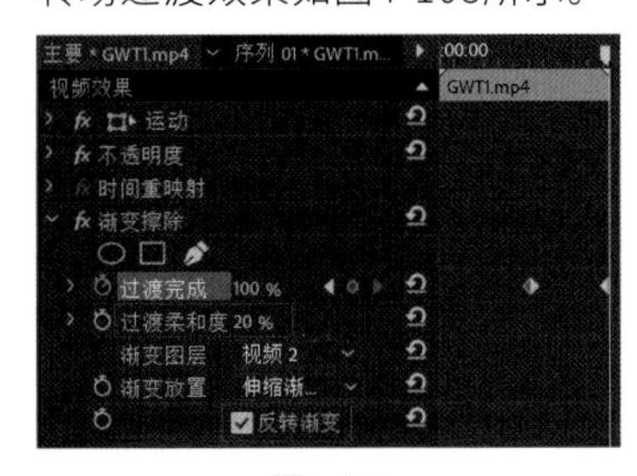

图4-107

图4-108

4.4 大热VLOG文字书写效果

扫码看剪辑效果

扫码看教学视频

素材文件	素材文件>CH04>视频素材	教学视频	大热VLOG文字书写效果
实例文件	实例文件>CH04>大热VLOG文字书写效果	学习目标	掌握文字书写效果的制作方法

文字书写效果是当下大热VLOG（视频日志）中很容易吸引观众眼球的效果。与使文字通过淡入/淡出或飞入/飘出的方式进入画面的传统效果不同，文字书写效果可以模拟笔在视频画面上写字的真实移动轨迹，将文字以动画的方式引入画面。本节演示的文字书写效果如图4-109所示。

图4-109

01 在导入的视频素材中新建一个旧版标题，并使用手写体或喷涂体字体输入标题，如Travel。修改字号和字距，使字体大小适中且排版美观，并使用中心功能来使文字居中，如图4-110 所示。

02 在“项目”面板中右击，执行“新建项目”>“透明视频”命令，在“项目”面板中生成“透明视频”素材，操作如图4-111所示。

图4-110

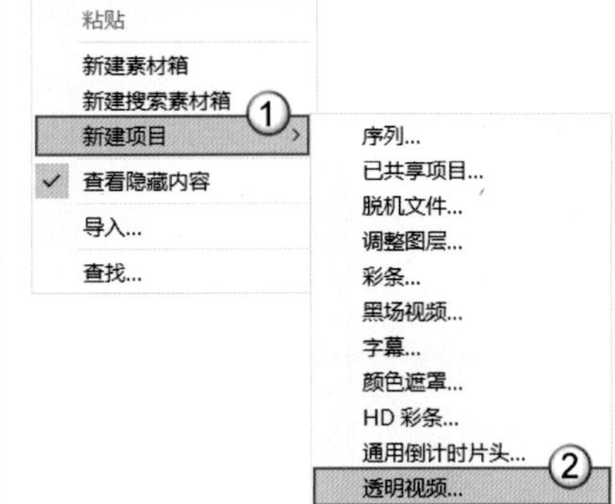

图4-111

03 将“透明视频”素材与旧版标题（“字幕02”）素材互相叠加，并放在需要添加手写文字效果的视频素材上方，如图4-112所示。

04 选中“透明视频”，切换到“效果”工作区，搜索并添加“书写”特效，如图4-113所示。

05 为了更好地添加书写效果，暂时在旧版标题的“属性”面板中设置“颜色”（文字颜色）为除白色以外的其他颜色，如图4-114所示。

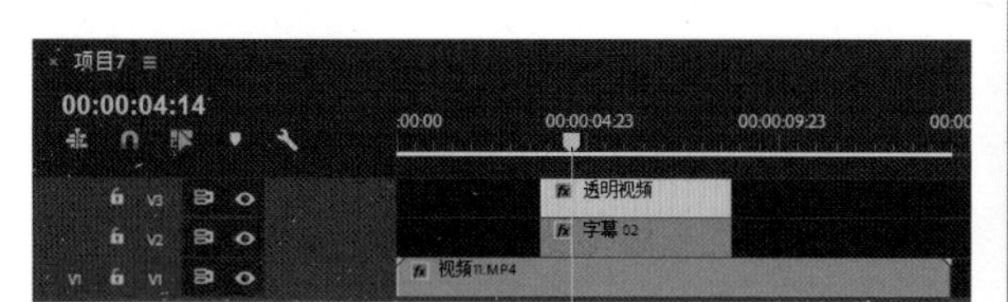

图4-112

图4-113

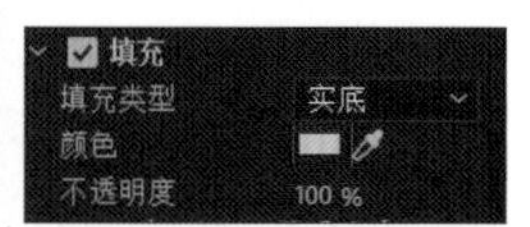

图4-114

提示 因为后续步骤需要添加大量的关键帧，推荐将颜色修改为对眼睛刺激较小的绿色或看起来比较舒服的颜色。

06 按照图4-115所示的参数修改“书写”效果控件中的设置。这样可以使书写效果更加真实。

提示 “画笔大小”决定着笔迹的粗细，其大小应当大于等于文字的粗细程度；“描边长度（秒）”代表着画笔覆盖所有文字笔画的最大时间长度（字幕越多，建议设置时间越长）；“画笔间隔（秒）”表示相邻两次下笔之间的间隔。

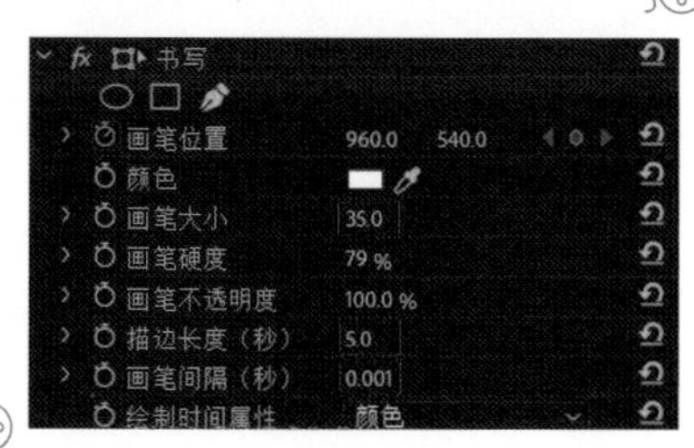

图4-115

07 选中“效果控件”中的“书写”标题，使“节目”面板中心的白色画笔显示出来，如图4-116所示。

08 将“节目”面板中的画面缩放修改为75%，让画面放大以方便书写，并将画笔指针拖动到书写的起始位置，如图4-117所示。

图4-116

图4-117

09 在“书写”效果控件中，添加第1个关键帧（起始位置），如图4-118所示。

图4-118

图4-119

10 在“书写”效果控件中，按→键将时间线控制条向右移动1帧，并在“节目”面板中将圆形画笔的位置顺着字母的笔画顺序进行拖动，如图4-119所示。与此同时，在“书写”效果控件中，系统会自动生成与目前位置相对应的关键帧，而不用再手动添加，如图4-120所示。

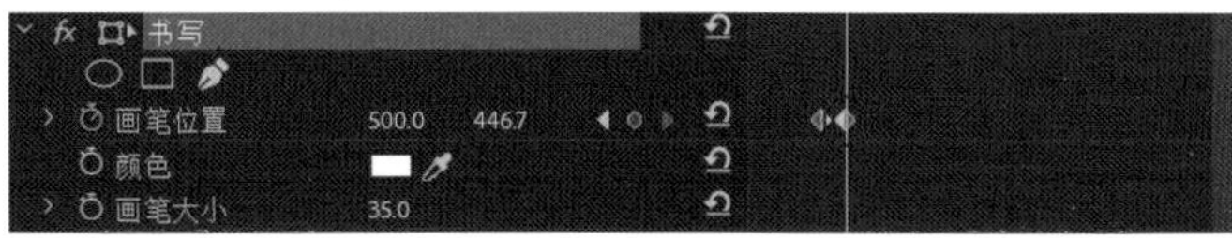

图4-120

提示　圆形画笔在每一帧中移动的距离越短，即离上1个点的位置越近，最终形成的书写效果则越精细。

图4-121

11 重复步骤10，直到将文字的所有笔画都盖住，如图4-121所示。此时在“书写”效果控件中，系统也会自动生成一连串的关键帧，如图4-122所示。

图4-122

提示　为了确保字母被完全覆盖，建议最后一笔的位置相对于理论位置要设置得稍远一些。

12 选中旧版标题（“字幕02”）素材，在搜索框搜索并添加“轨道遮罩键”效果，并在“轨道遮罩键”效果控件中，将“遮罩”改为“视频3”（具体名称由透明视频素材所在的轨道数而定），如图4-123所示。

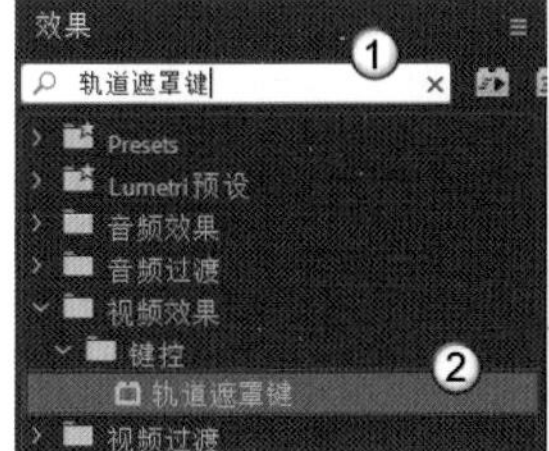

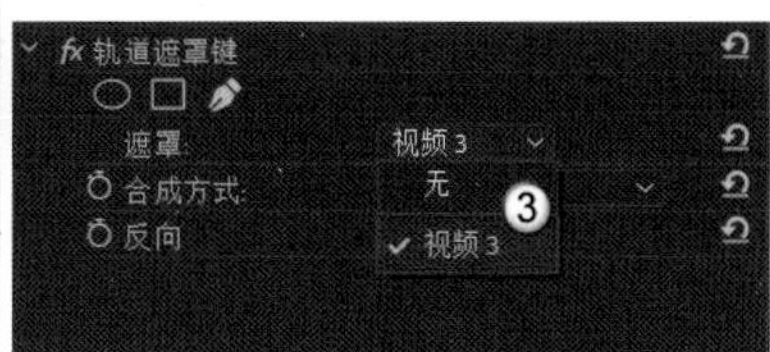

图4-123

13 将文字的颜色从绿色改为白色，文字书写效果就完成了，如图4-124所示。

图4-124

提示　文字在书写完成后，还会按照书写轨迹自动擦除，若“描边长度”的值设置得过小，则会在所有字母书写完成前就开始擦除第1个字母，如图4-125所示。

图4-125

4.5 抖音式RGB分离特效

素材文件	素材文件>CH04>视频素材	教学视频	抖音式RGB分离特效
实例文件	实例文件>CH04>抖音式RGB分离特效	学习目标	掌握RGB分离特效的制作方法

扫码看剪辑效果

扫码看教学视频

红（R）、绿（G）和蓝（B）可以互相叠加形成了其他颜色，视频画面中的色彩也是由这3种颜色的颜色层混合形成的。这3个颜色层重合在一起时，则显示出正常颜色。如果移动任意一种颜色层的位置，画面就会出现色彩偏移，这就是抖音流行的RGB分离效果的原理。抖音的图标是移动红色（R）颜色层形成的。本节介绍的抖音式RGB分离效果如图4-126所示。

图4-126

01 在制作RGB分离前，首先按住Alt键，选中素材并向上拖动素材，将原视频素材复制3份，为制作3种单一颜色层做准备，如图4-127所示。

02 转到“效果”工作区，搜索“算术”效果，并向3个复制生成的视频素材上添加该效果，如图4-128所示。

图4-127

图4-128

03 在由上至下的第1个视频素材的“效果”工作区中，将“算术”效果的“运算符”修改为最大值，并将“红色值”修改为255，如图4-129所示。第一个视频素材完全变为红色，如图4-130所示。

图4-129

图4-130

04 同理，将第2个与第3个视频素材的“运算符”也修改为最大值，并分别将“绿色值”与“蓝色值”修改为255，使第2与第3个视频素材完全变为绿色与蓝色，如图4-131与图4-132所示。

图4-131

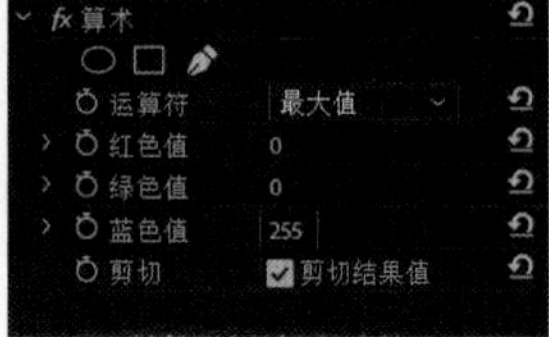

图4-132

提示

此时，由于最上方的颜色层为红色，不透明度为100%，按照Premiere软件中上方图层掩盖下方图层的计算逻辑，这3个颜色层叠加在一起的最终颜色为红色，并非为正常颜色。因此，需要修改这3个颜色层的叠加模式，使它们混合形成正常的颜色。

05 将由上至下第1个与第2个视频素材的“混合模式”由“正常”修改为“线性减淡（添加）”，如图4-133所示。处理后的效果如图4-134所示。

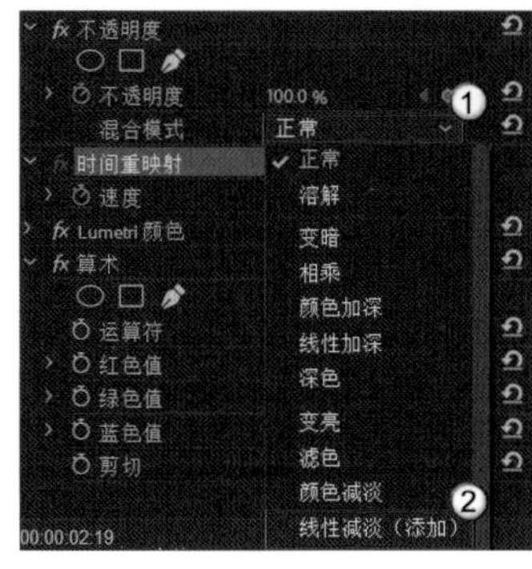

图4-133

图4-134

提示

为了让读者清晰地理解三原色混合的原理，观察一下“Lumetri范围”中的分量(RGB)图，当画面中只有红(R)、绿(G)和蓝(B)中的一种颜色时，分量图上就只有一种颜色的分量存在，如图4-135~图4-137所示。当这3种颜色分量混合到一起后，颜色就会恢复正常，如图4-138所示。

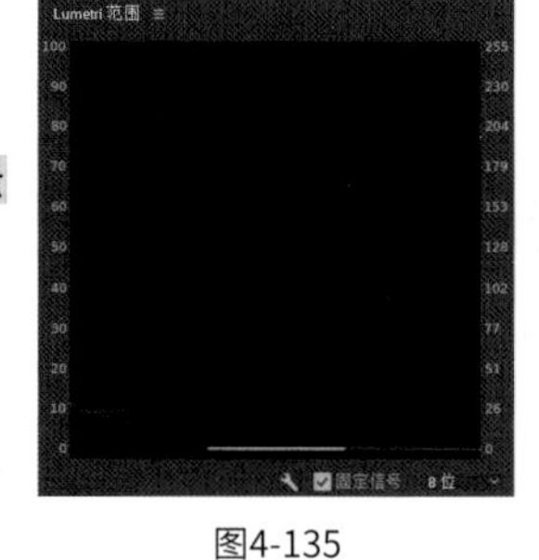

图4-135

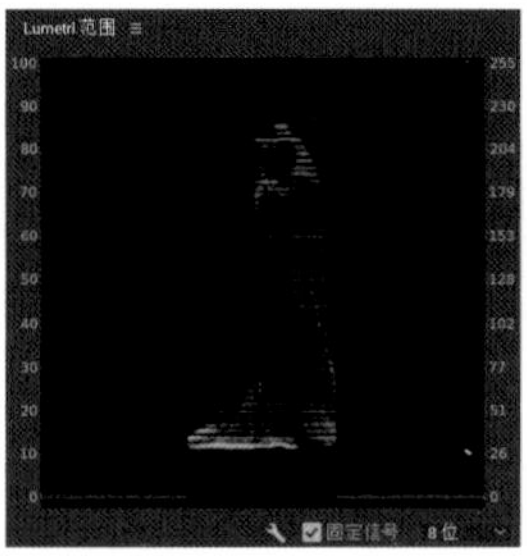

图4-136

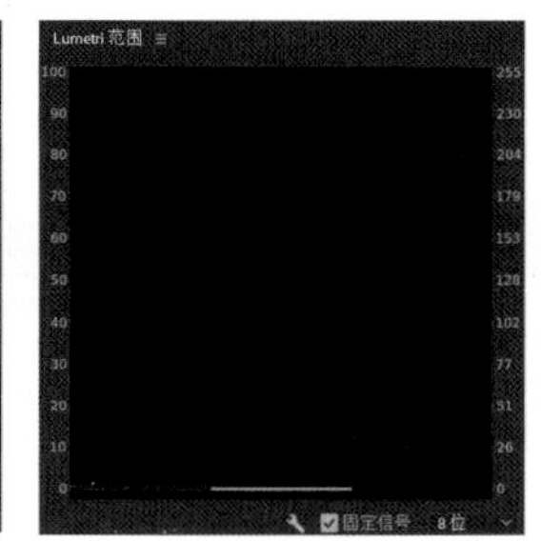

图4-137

图4-138

06 移动由上至下第1个视频的水平位置，将其移动到x轴坐标为927的位置，将3个视频的“缩放”调整为110（形成放大效果），如图4-139所示。RGB分离效果如图4-140所示。

图4-139

图4-140

提示

此外，因为抖音的RGB分离效果基本都是在画面中瞬间出现几次（频闪效果），所以需要将这3个视频素材切碎，留下一些长度为4帧的小片段，如这里的1帧、2帧、3帧和4帧，并以1帧或2帧为间隔，注意底层的原视频是保持不变的，如图4-141所示。这样即可形成开始画面正常，然后突然连续出现频闪、放大的RGB分离的视频效果。

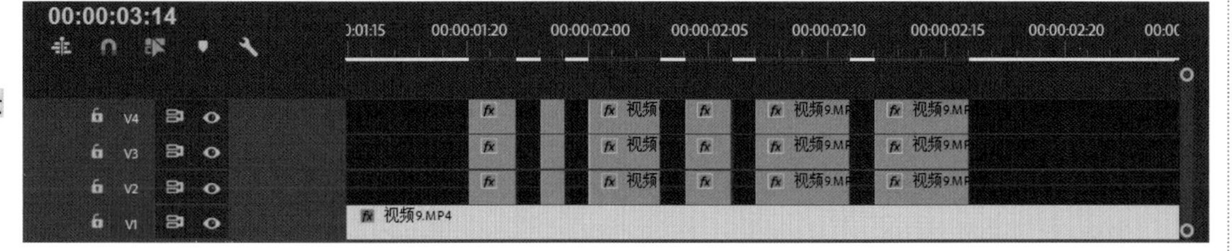

图4-141

另外，在RGB分离效果出现的位置添加相应的音效可以让该效果更有临场感。

4.6 老电视效果

扫码看剪辑效果

扫码看教学视频

素材文件	素材文件>CH04>视频素材	教学视频	老电视效果
实例文件	实例文件>CH04>老电视效果	学习目标	掌握老电视效果的制作方法

老电视效果基本由两种元素组成，第1种元素是屏幕雪花，即老式显像管电视机收不到信号时显示的样子；第2种元素是画面扭曲，也就是老电视屏幕出现故障的样子。将这两种效果加在一起就能形成一种浓浓的复古感，也可以与RGB分离效果互相搭配，非常适用于具备复古元素的短片或音乐短视频中。很多Premiere初学者会认为老电视效果只有使用After Effects特效合成才能制作出来，其实在Premiere中只需要向视频素材中添加这两个效果即可完成。老电视的效果如图4-142所示。

图4-142

4.6.1 添加屏幕雪花

01 在需要添加老电视效果的视频素材上方添加调整图层，以方便效果的添加与更改。选中所添加的调整图层，转到“效果”工作区，在效果搜索栏中搜索并添加“杂色”效果，如图4-143所示。

02 在左侧相应的“杂色”效果控件中修改“杂色数量”，为了使读者能看清效果，此处设置为100%，如图4-144所示。原本清晰的视频画面上就蒙上了一层厚雪花，效果如图4-145所示。

图4-143

图4-144

图4-145

> **提示** “杂色数量”具体的设置值根据画面的实际效果而定，该数值设置得越大，画面的雪花效应越明显，视频也越不清晰。该参数一般在50%左右为宜，让视频蒙上一层薄薄的雪花即可。若追求强烈的视觉效果可以将此数值设置得高一些。

4.6.2 添加画面扭曲

01 选中调整图层，在效果搜索栏中搜索并添加“波形变形”效果，如图4-146所示。

02 在“波形变形”效果控件中修改“波形类型”为正方形，并修改“波形高度”“波形宽度”“方向”“波形速度”“固定”等参数来做出比较自然的画面扭曲效果（此处为了让效果更加直观，暂时关掉雪花效果），如图4-147所示，效果如图4-148所示。

图4-146

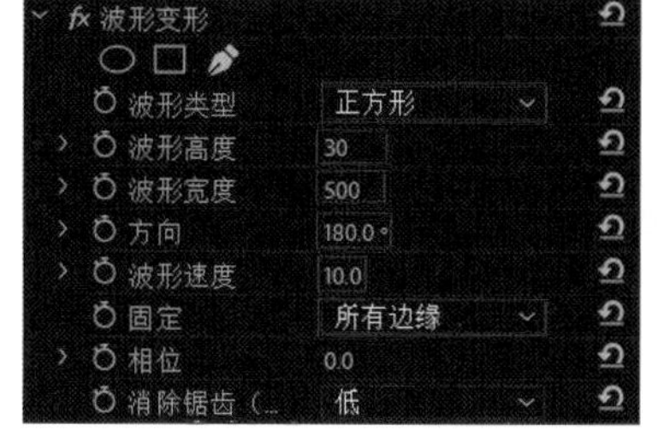

图4-147

图4-148

03 激活屏幕雪花效果，老电视的最终效果如图4-149所示。

图4-149

> **提示**
>
> 读者可以按照与RGB分离效果同样的处理方式，将调整图层裁剪成一些长度为4帧的小片段，从而让老电视效果突然出现再消失。在老电视效果出现的位置添加相应的音效，如电视机搜不到台的沙沙声或吱吱的电流声，让该效果更加逼真。

4.7 电视彩条效果

素材文件	素材文件>CH04>视频素材	教学视频	电视彩条效果
实例文件	实例文件>CH04>电视彩条效果	学习目标	掌握电视彩条效果的制作方法

扫码看剪辑效果

扫码看教学视频

彩条（检验图）由各色的彩色条纹组成，通常被电视台在当天电视节目开始前或结束后播放，以供观众检验、校正电视机的画面色彩。此外，它也用于填补电视台无节目播放的空缺，即休台时的画面。在网络视频中，彩条多用于修正或过渡视频的突然中断，如用于遮挡视频搞笑片段中主持人的夸张行为，以便和下一个正常的画面良好衔接。

彩条视频（包含背景声“哔”音）置于Premiere软件中，无须额外的下载。

01 在“项目”面板空处右击，执行“新建项目”>“彩条”命令，如图4-150所示，参数设置如图4-151所示。

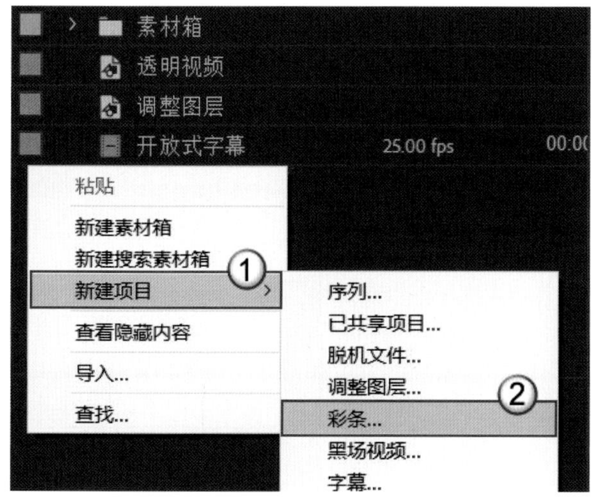

图4-150

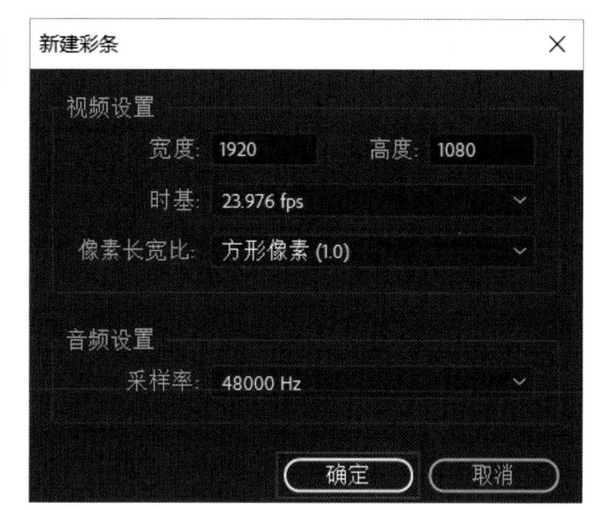

图4-151

02 此时，在“项目”面板中已经生成了“彩条”视频素材，接下来只需将它拖动到相应序列中使用即可，如图4-152所示。

图4-152

提示

此外，还有另一种彩条样式可供选择，即“HD彩条”，其添加的方式与“彩条”相同，如图4-153所示。

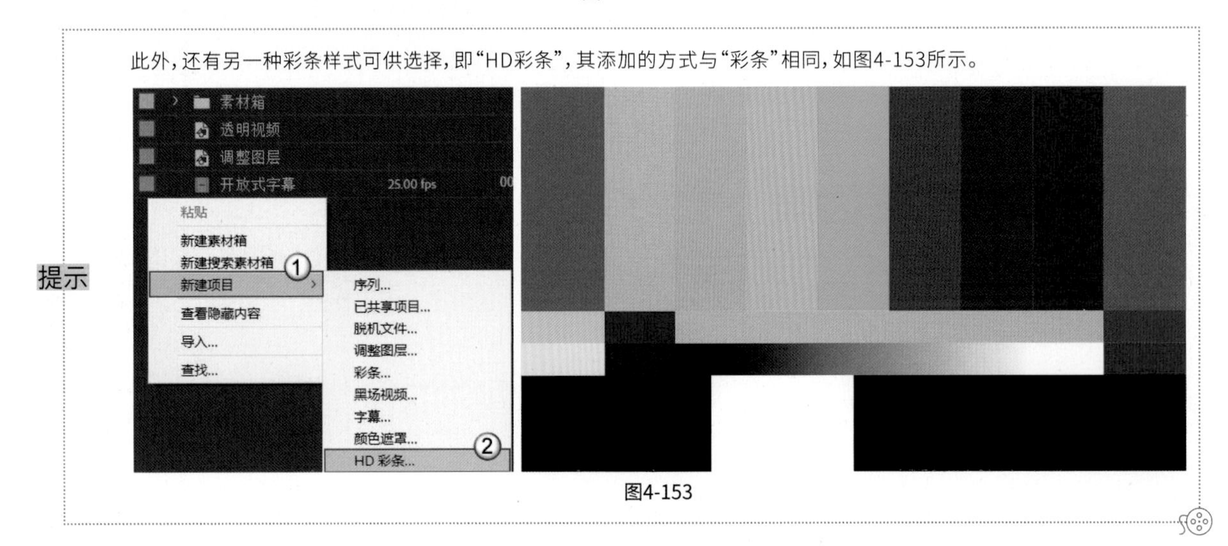

图4-153

第5章 电影感短视频剪辑实训

本章主要介绍B-roll（辅助镜头）电影感的短视频剪辑实例。B-roll主要有两种：一种是烘托氛围型，多见于网络视频中，即使用流行的转场、动感的背景音乐、速度变换的镜头来增强对观众的吸引力。另一种则为叙事型，即不使用过度夸张的特效，但是对影片的故事发展有着很强的补充与推进作用，这种类型的B-roll则为电影的拍摄模式。

5.1 欧洲印象·街巷随拍剪辑

扫码看剪辑效果 扫码看教学视频

素材文件	素材文件>CH05>视频素材	教学视频	欧洲印象·街巷随拍剪辑
实例文件	实例文件>CH05>欧洲印象·街巷随拍剪辑	学习目标	掌握短视频的制作方法

本节旨在培养读者对长序列剪辑的基本思维，帮助读者了解如何对零散素材进行筛选与组合，如何分析背景音乐并使之与画面形成基本的协调融合，如何对存在色彩问题的视频初始素材进行调色与校色，如何向视频内融入基本的剪辑元素。

通过本节的练习，读者能从了解软件操作方式，能对单一素材进行简单修饰过渡到具备剪辑多素材的全局观，掌握完成一部短视频作品的能力”。画面展示效果如图5-1所示。

图5-1

5.1.1 创作意图分析

本案例的创作意图为将欧洲小城街巷的随拍素材剪辑成一个具有电影感B-roll的片段，从而使视频的画面更加丰富。在正式制作之前，需要先整理素材与构思，这样可以获得一些剪辑思路，不至于在剪辑时找不到方向。以下是一些需要着重考虑的方面。

第1点：这部视频是关于什么的。

第2点：需要用什么样的色调。

第3点：需要用哪些转场。

第4点：哪些素材是这段B-roll的出彩点。

第5点：我要用什么风格的背景音乐。

第6点：有哪些素材会给剪辑造成麻烦，如需要大量的后期修饰。

注意，B-roll永远是为A-roll（主镜头）服务的，在剪辑B-roll时需要考虑如何控制B-roll的时长，以及如何将它和A-roll有机地结合在一起。

5.1.2 准备阶段

01 在Premiere中创建新项目，并新建相应序列DSLR 1080p 24，然后整理与导入素材。如果实际的拍摄素材较少，可以提前将素材筛选好，并按照顺序命名（如“视频1”“视频2”“视频3”……），并导入项目，如图5-2所示。

02 如果素材较多，可以只进行粗略的筛选，将可用素材一起导入项目，然后切换到图标视图模式，对素材进行精筛与排序，如图5-3所示。

图5-2

图5-3

提示 具体操作可以详见4.1.2节。

03 将背景音乐素材导入项目文件，并建立相应的文件夹，使“项目”面板中的素材保持良好的组织性，如图5-4所示。

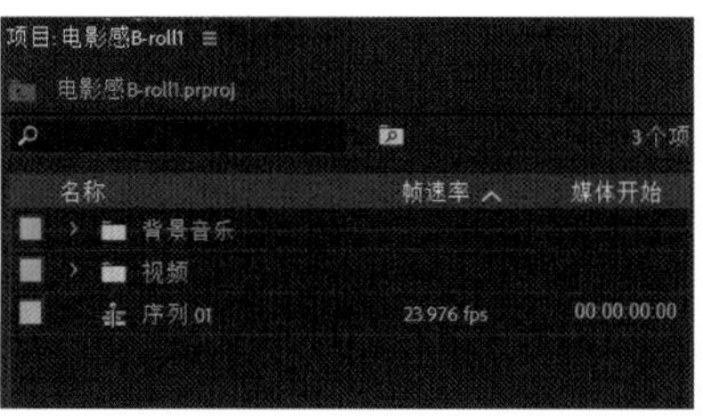

图5-4

提示 因为作者拍摄的6个镜头均为升格镜头，所以在剪辑之前需要使用“解释素材”功能将这些视频的帧率从59.94fps转化为23.976fps，具体的转化方式见4.2.3 节。

5.1.3 剪辑短片内容

在剪辑之前，按照4.1节中讲到的方法对背景音乐进行分析。选择一个合适的切入点与结束点，按M键在这两个位置添加标记（白线处），在标记完始末点后，大概构思一下如何将这段音乐进行分割（红线位置），以便于将视频素材逐个填入这些分割片段（此步骤仅为初步构思，实际的音乐分割方式可在剪辑的过程中修改），如图5-5所示。

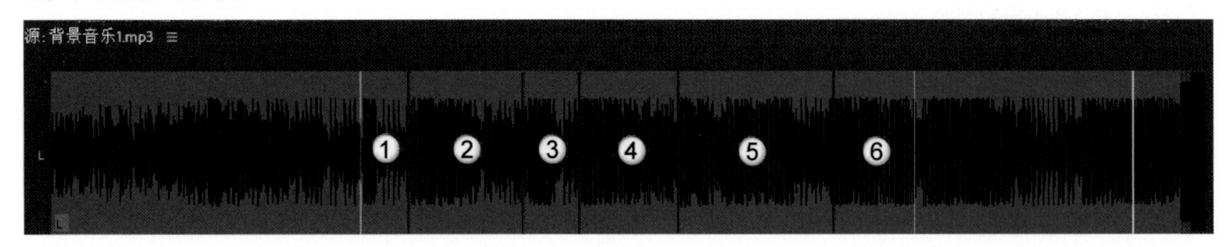

图5-5

提示　音乐的切入点要尽可能选择该音乐开始进入高潮部分的旋律变换点或节奏变换点，这样的切入点具备非常明显的听觉差异，可以增强对观众注意力的吸引。

01 选择并截取“视频1”的一部分放入序列中相应的位置，并切换至“效果”工作区，使用“变形稳定器”对其做后期稳定处理。因为每一段视频素材的长度都比实际所需长度长，所以在将素材拖入序列前只需要选择并保留一部分即可。对“视频1”进行嵌套处理（嵌套的方式见5.2节的剪辑阶段），并使用“时间重映射”对嵌套后的素材做变速处理。根据所选背景音乐自身的特性，将“视频1”以由快到慢的梯度变速形式进场，因此此处不能直接将“视频1”的开始位置与切入点标记对齐，而是要留下一点空当，将梯度变速的部分与切入点标记大致对齐。“视频1”的结尾部分则需要和音乐旋律变更点对齐，如图5-6所示。

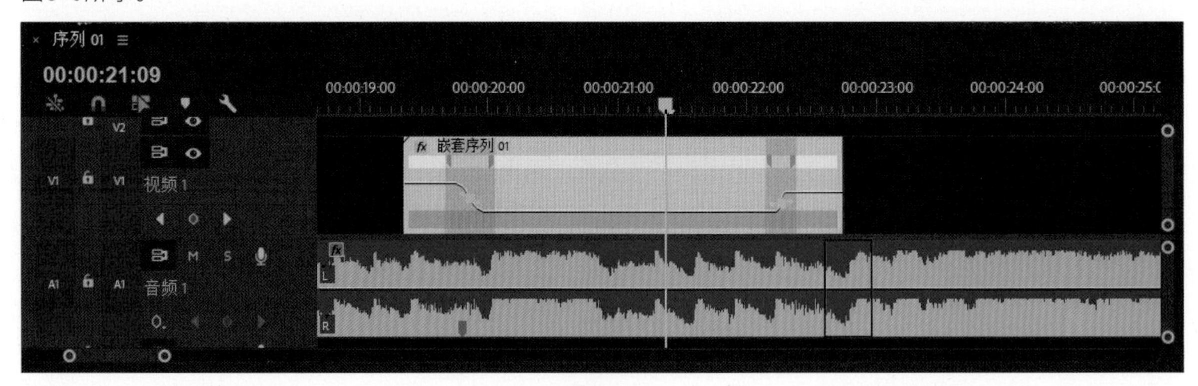

图5-6

提示　需要注意的是，变速效果要时刻跟上音乐的旋律与节奏，并不是所有的加速部分都需要将速度变化调整为最大值1000%。此处则将画面进场的速度变化调整为846%，离场速度变化调整为600%。

02 截取“视频2”的一部分并将其直接拼接在“视频1”后方，然后使用“变形稳定器”对其做后期增稳处理。因为背景音乐的第②部分较有特色，所以“视频2”可以截取长一些，以方便操作。对“视频2”进行嵌套处理，并使其保证以600%的速度减速进场，中途以150%的速度播放，结尾以553%的速度加速离场，且保证结尾的位置大致与第2个音乐旋律变更点对齐，如图5-7所示。在这段音乐里，第2个音乐旋律变更点是两声非常明显的鼓点。

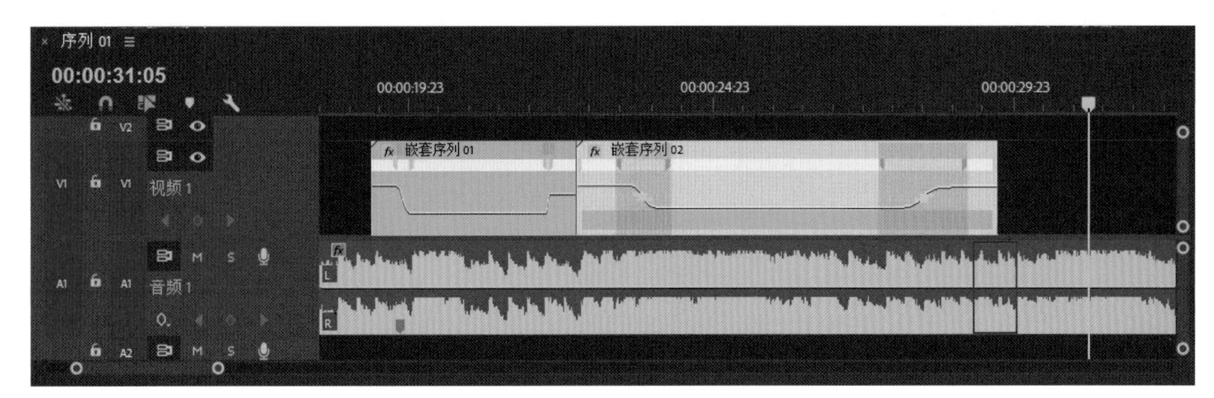

图5-7

03 根据起初对音乐的分析，第③部分的可用时长较短，所以在对“视频3”进行选择与截取时无须太长。因为“视频3”的画面是行走的人群，且“视频3”无须后期增稳，所以可以对它的开始部分做1000%的变速处理，以“人群快速行走”的形式入场。在调整“视频3”的速度时，依然要保证它的收尾位置与下一个音乐旋律变更点大致对齐，如图5-8所示。

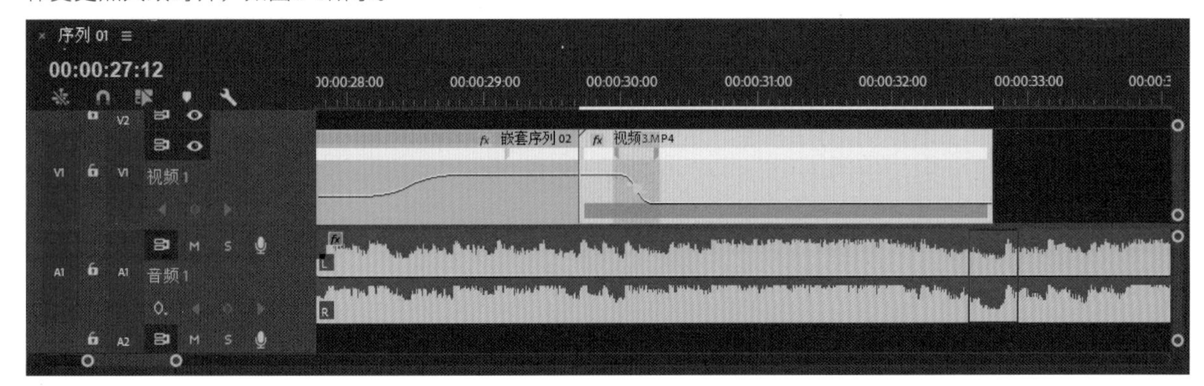

图5-8

04 同样，选择并截取“视频4”，将之直接拼接在“视频3”后方，并使用“变形稳定器”对之进行后期增稳处理。对“视频4”进行嵌套处理，并对其开始部分做1000%的变速处理，如图5-9所示。

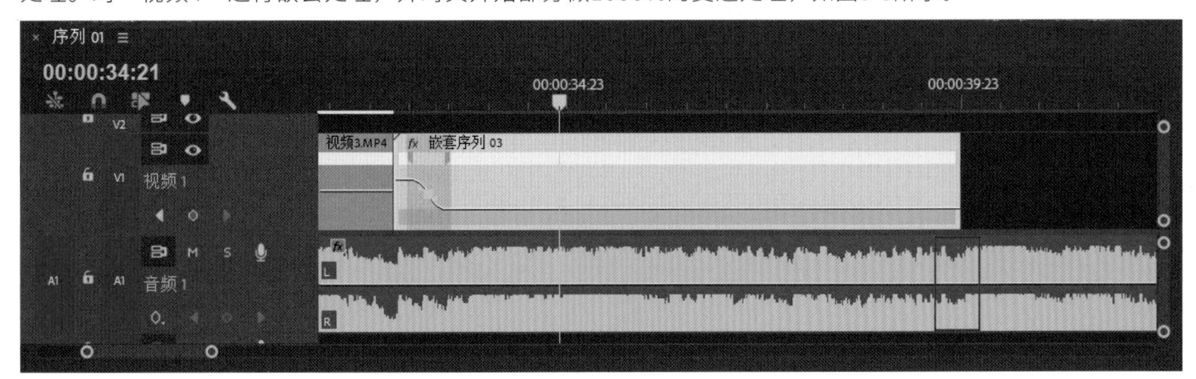

图5-9

05 选择并截取“视频5”，将之直接拼接在“视频4”后方，并使用“变形稳定器”对之进行后期增稳处理。这里对“视频5”做嵌套和变速处理。“视频5”为一个匀速旋转的镜头，这样的镜头在变速时可以考虑以背景音乐旋律为基准，将关键帧左右两部分的距离拉大，使整个画面变速过程非常明显，而不仅仅是转场型的一闪而过，这样能让画面与音乐完美贴合，如图5-10所示。“视频5”的进场变速约为440%，离场变速约为817%。

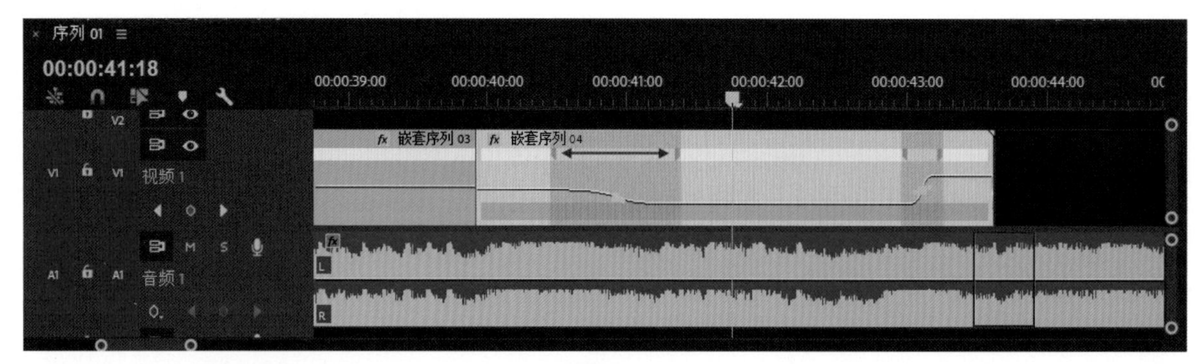

图5-10

06 截取最后一个视频片段“视频6”，使其衔接在“视频5”后方，并使用“变形稳定器”对之进行后期增稳处理。对“视频6”嵌套处理并对其开头部分做约738%的变速处理。“视频6”的结束位置仍为下一个音乐旋律变更点，如图5-11所示。

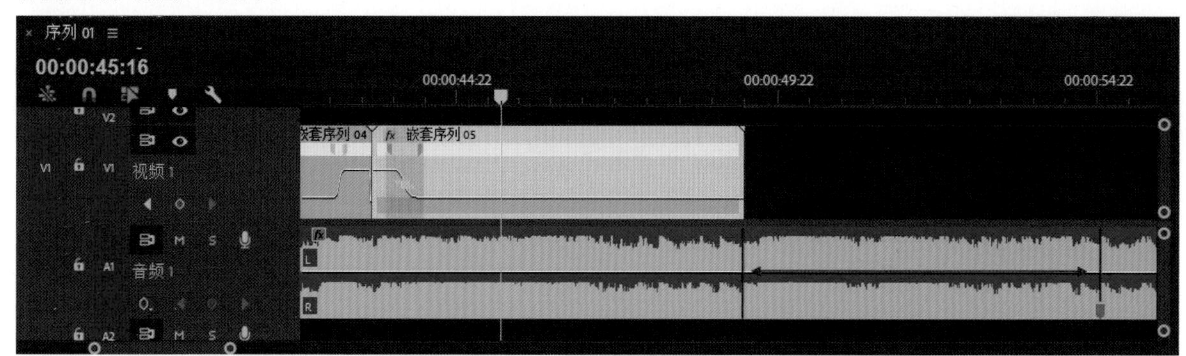

图5-11

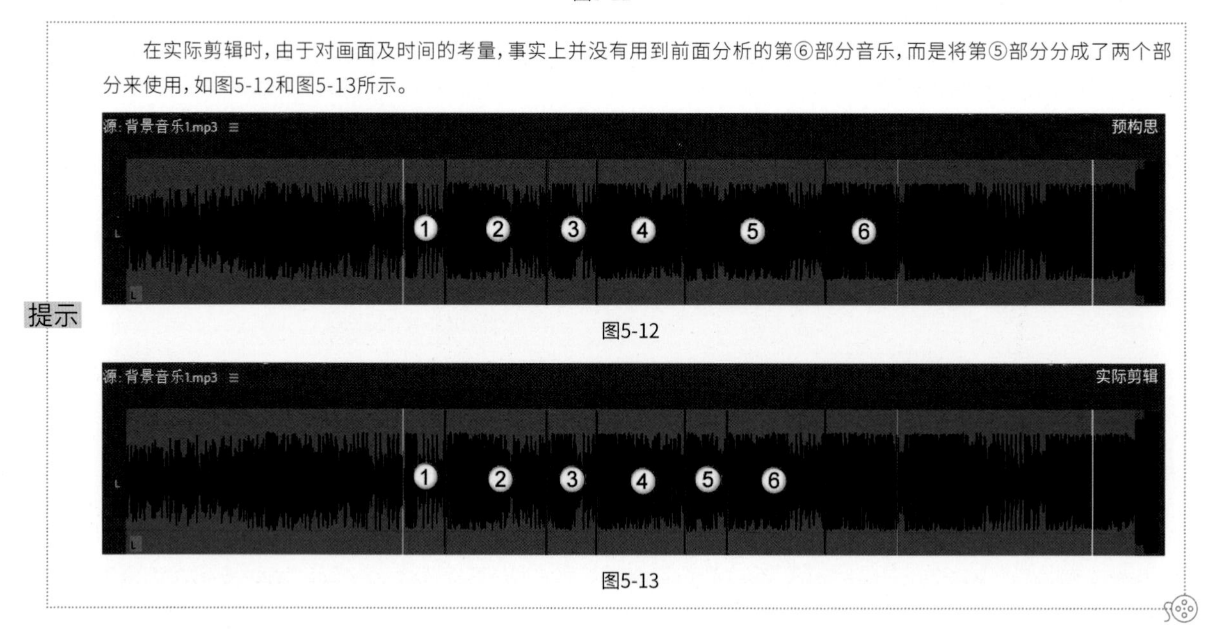

提示

在实际剪辑时，由于对画面及时间的考量，事实上并没有用到前面分析的第⑥部分音乐，而是将第⑤部分分成了两个部分来使用，如图5-12和图5-13所示。

图5-12

图5-13

5.1.4 为视频调色

本例的素材为Flat（扁平）素材，因此在基本调色步骤前需要先对素材做画面对比度的恢复及饱和度的微调。

对“视频1”进行校色与调色

“视频1”校色与调色前后对比效果如图5-14和图5-15所示。

01 为“视频1”添加调整图层并选中，如图5-16所示。

图5-14

图5-15

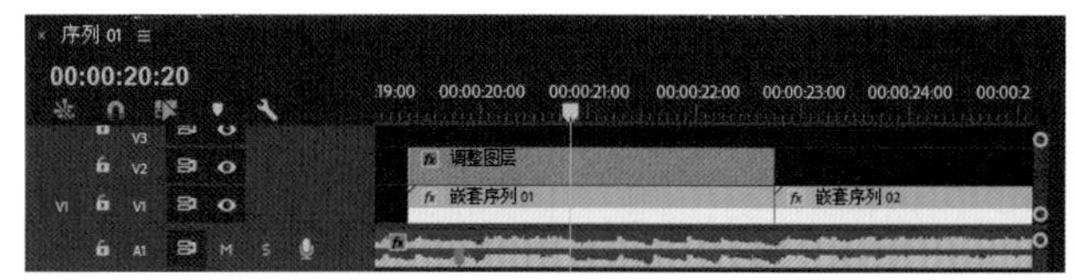

图5-16

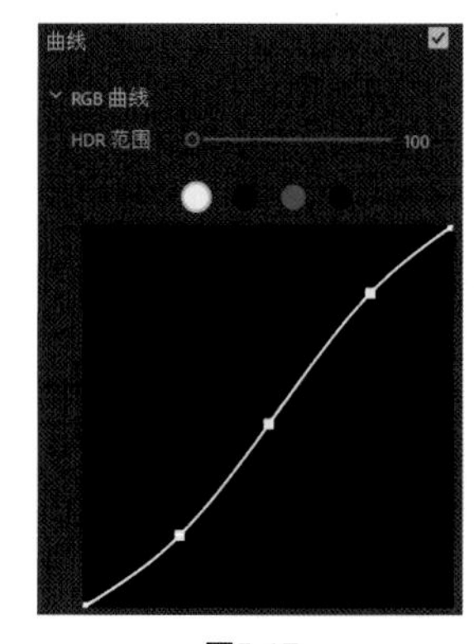

图5-17

02 切换到“颜色”工作区，在“曲线”面板中将“RGB曲线”调整为图5-17所示的小“S”形，画面的对比度轻微恢复，对比效果如图5-18和图5-19所示。

图5-18

图5-19

> **提示** 恢复对比度后，则可以开始对“视频1”进行曝光校正操作，因为屏幕的显示与人眼的观察可能不准确，在校正曝光前要先分析画面的“波形（亮度）”图来做出逻辑性的操作方案。因此，无论素材是怎样的，理论上都可以校正，获得比原先更好的色彩表现。

03 打开“视频1”的“波形（亮度）”图，该视频的曝光基本正常，无须做过多的调整，只需根据画面与波形图做微调即可，如图5-20所示。如果想让画面更鲜亮一些，则可以稍稍调高“曝光”“白色”“饱和度”三者的值，此外，为了维持画面的对比度，则需要稍稍调低“阴影”数值，具体参数设置如图5-21所示。

04 曝光与饱和度的校正完成后，则需要根据“分量（RGB）”图调整画面的白平衡，此画面的白平衡基本正常，无须做修改，如图5-22所示。

05 切换到“创意”面板中的“调整”面板，对画面做“锐化”处理，如图5-23所示。

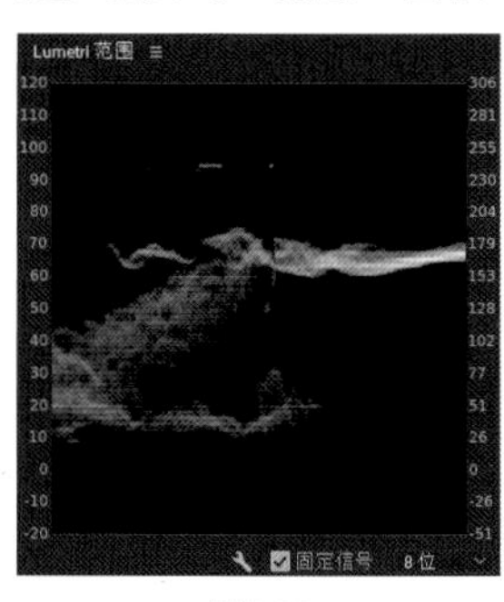

图5-20

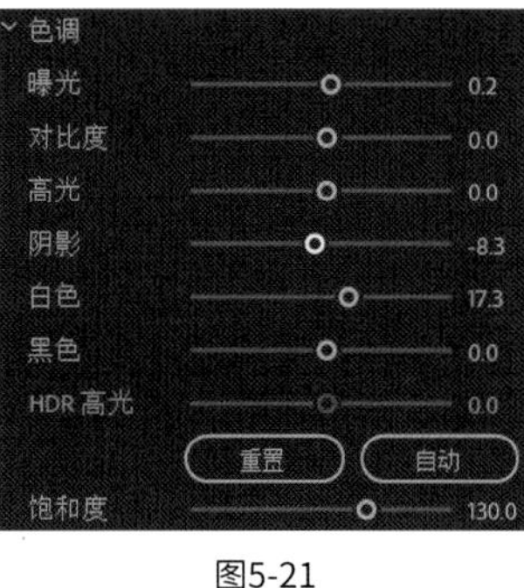

图5-21

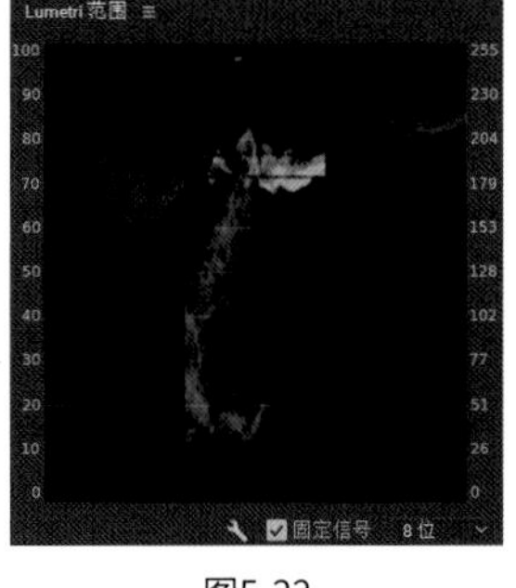

图5-22

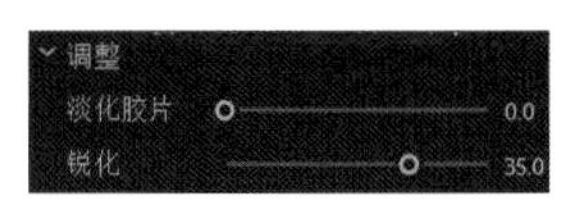

图5-23

> **提示** 当基本的校色流程完成之后，需要对视频进行风格化的调色。风格化调色时可以选择手动使用“色轮”、“色相饱和度曲线”及“HSL辅助”功能来对画面的某一部分（“高光”“中间调”“阴影”）添加个性化的色彩，也可以使用本书提供的风格化LUT“JW film look 1.cube”文件来快速获得二级调色。
>
> 注意，本案例采用手动调色的方式，下一个案例则会使用本书提供的风格化LUT进行调色。

06 手动调色的第1步可以考虑使用“色轮和匹配”功能为画面上色。在“中间调”中添加少量橙色，并在“阴影”中添加少量蓝色，如图5-24所示，效果如图5-25所示。此处添加颜色的量不宜过多，适当即可，否则可能会留下过深的后期处理痕迹，让画面看上去很不自然。

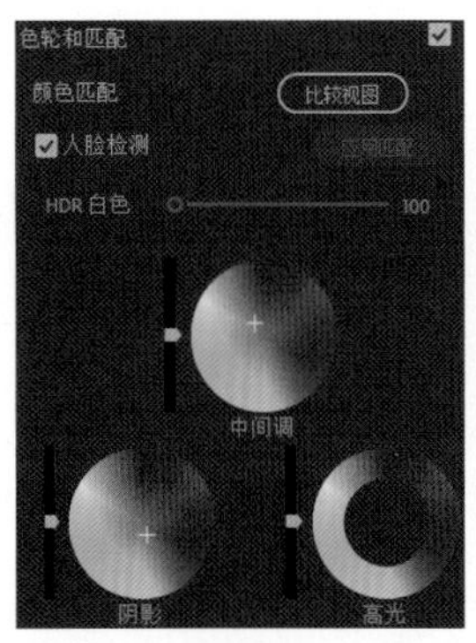

图5-24

图5-25

07 画面中的柱子并没有明显的颜色，有效操作目标则只剩天空了。对天空的颜色单独进行修改，就要用到“HSL辅助”功能。单击并选中深蓝色圆点，然后微调“H”“S”“L”的控制条，如图5-26所示。将天空选中，其他物体完全保持遮罩状态（均匀的灰色），如图5-27所示。

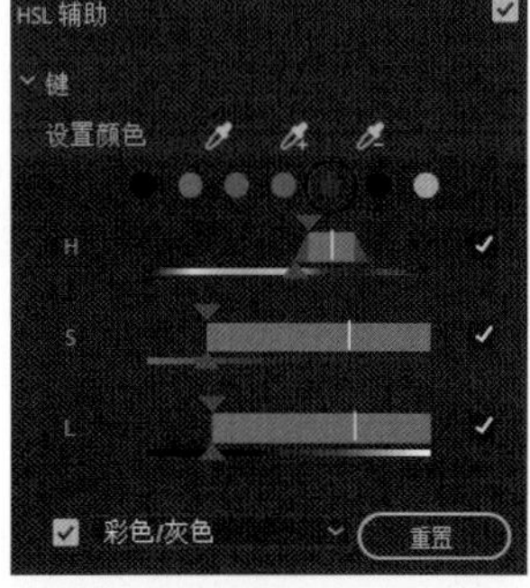

图5-26

图5-27

08 颜色遮罩设置完成后，在“更正”参数中的色轮中将十字指针推向绿色，如图5-28所示。风格化的天空色彩如图5-29所示。

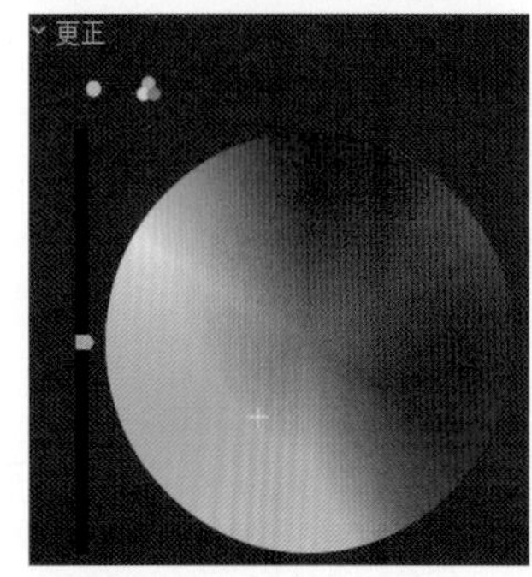

图5-28

图5-29

对“视频2”进行校色与调色

“视频2”校色和调色前后对比效果如图5-30和图5-31所示。

01 同样为“视频2”添加调整图层，然后修改“RGB曲线”完成对画面基本对比度的恢复，如图5-32所示。

图5-30

图5-31

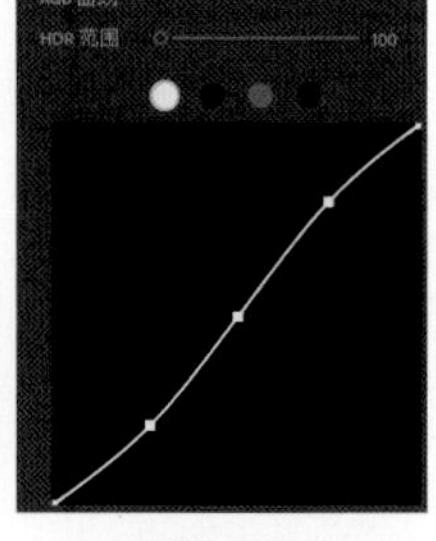

图5-32

02 对“视频2”进行曝光校正。打开“波形（亮度）”图，这一视频画面轻微欠曝，如图5-33所示。

03 此时需要以摄主体（墙面）为基准，增加“曝光”“对比度”“高光”数值，降低“阴影”数值，如图5-34所示，使画面在提亮的同时也能获得不错的对比度，如图5-35所示。

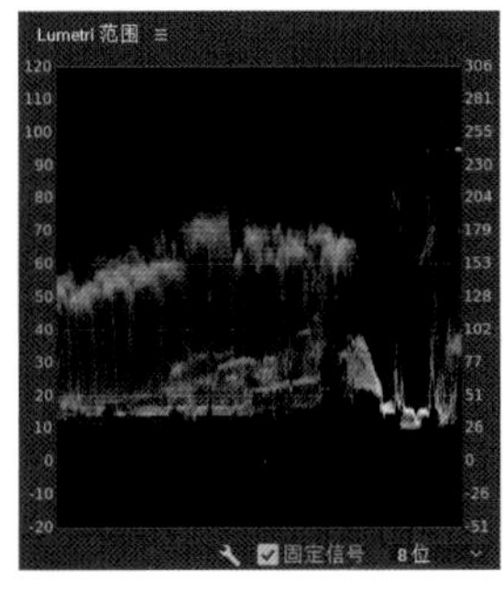

图5-33

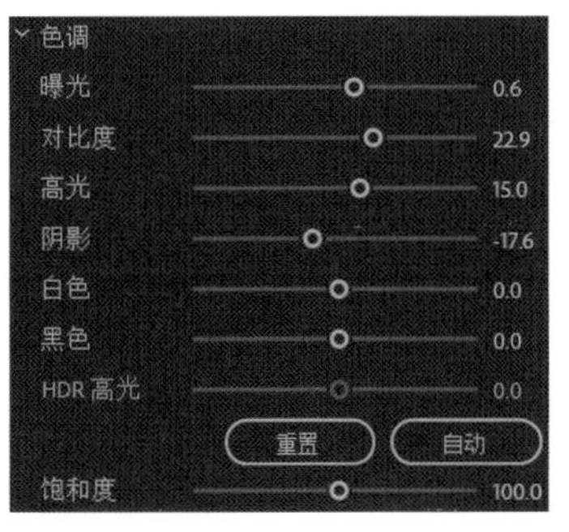

图5-34

图5-35

提示 因为该画面的初始饱和度比较高，所以不需要提高饱和度。

04 同样，在“创意”面板中对画面的“锐度”进行调整，这里建议提高35。因为“视频2”的色温正常，故不做调整。注意，这里仍以同样的思路使用色轮，对其进行风格化调色，如图5-36和图5-37所示。

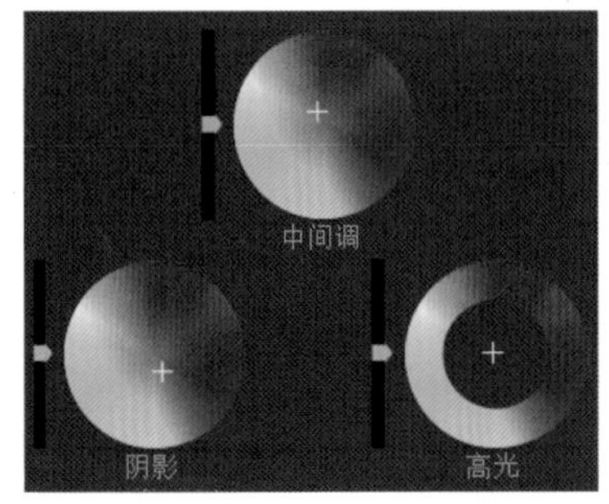

图5-36

图5-37

对“视频3”进行校色与调色

“视频3”校色和调色前后的对比效果如图5-38和图5-39所示。

图5-38

图5-39

01 同样，为“视频3”添加调整图层，然后使用“RGB曲线”功能对画面的对比度做恢复，如图5-40所示。

02 打开“波形（亮度）”图，可以发现画面中人群的波形主要集中于10~45IRE，如图5-41所示。很显然，人群部分视频的画面是欠曝的，接下来的操作思路就是对人群的细节做恢复。

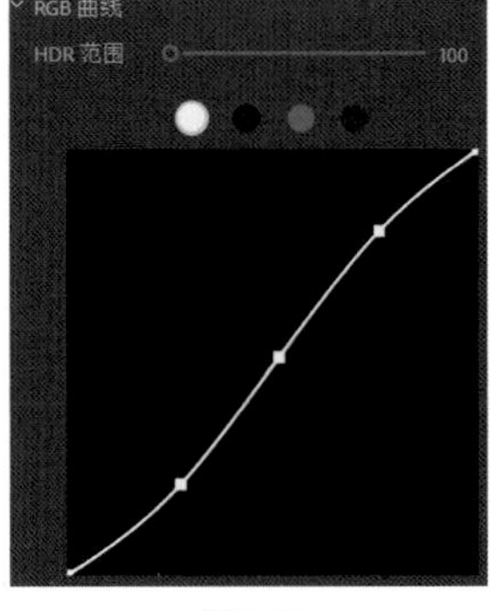

图5-40

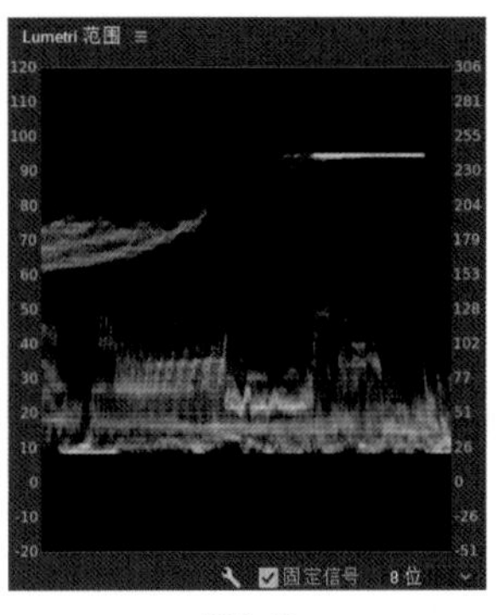

图5-41

03 将画面暗部人群的细节恢复，最便捷的方式就是增大画面“阴影”的值；此外，在调整暗部细节的同时调整“曝光”与“饱和度”，具体参数设置如图5-42所示。调整后画面的暗部细节有了明显的改善，如图5-43所示。

提示　注意，在暗部细节过暗时，不可过度增大“阴影”值，否则会使画面产生严重的蒙纱感。另外，按照同样的方式对画面进行后期锐化处理(+35)。曝光校正完成后，检查一下画面的色温状况，如没有问题，则便可以进入风格化调色阶段。

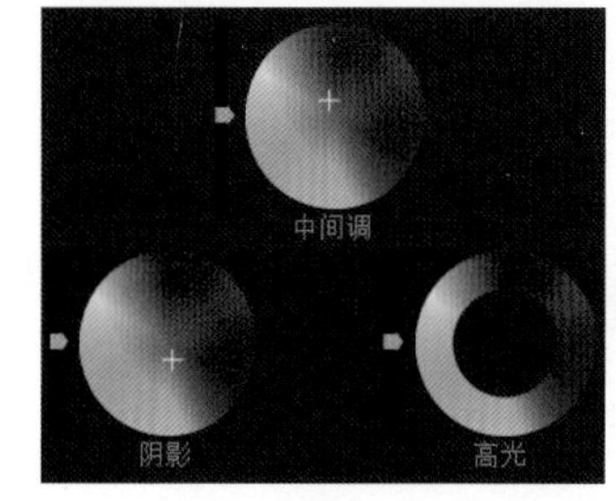

图5-42

图5-43

04 该视频的风格化调色依然是采用色轮加“HSL辅助”的方式来调整。在色轮中使用橙色与蓝色分别给画面的“中间调”与“阴影”部分上色，如图5-44所示，效果如图5-45所示。

图5-44

图5-45

05 使用“HSL辅助”工具选中并修改画面中天空的颜色，具体参数设置如图5-46所示，效果如图5-47所示。

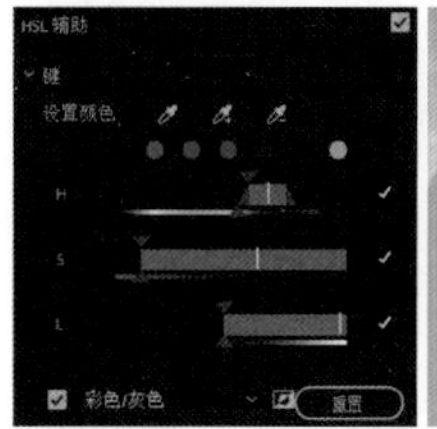

图5-46

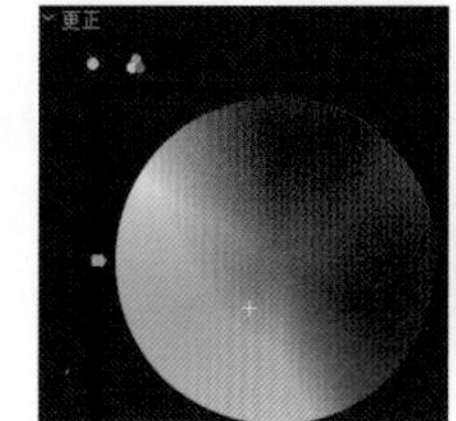

图5-47

提示　优先调整画面的曝光能让调色更有效。

对“视频4”进行校色与调色

“视频4”校色和调色前后的对比效果如图5-48和图5-49所示。

01 为“视频4”添加调整图层，使用“RGB曲线”功能对画面的对比度做恢复，如图5-50所示。

图5-48

图5-49

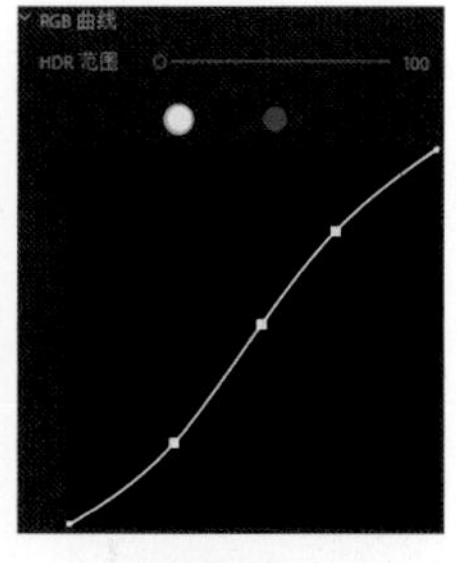

图5-50

02 打开“波形（亮度）”图，可以发现“视频4”中拍摄主体的波形分布于10~70IRE，很明显这是一段欠曝的素材，如图5-51所示。

03 对“色调”的参数做调整，如图5-52所示。画面曝光恢复正常的效果如图5-53所示。

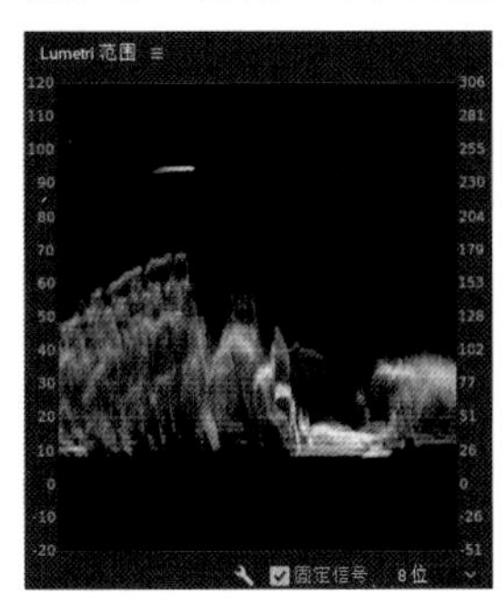

图5-51

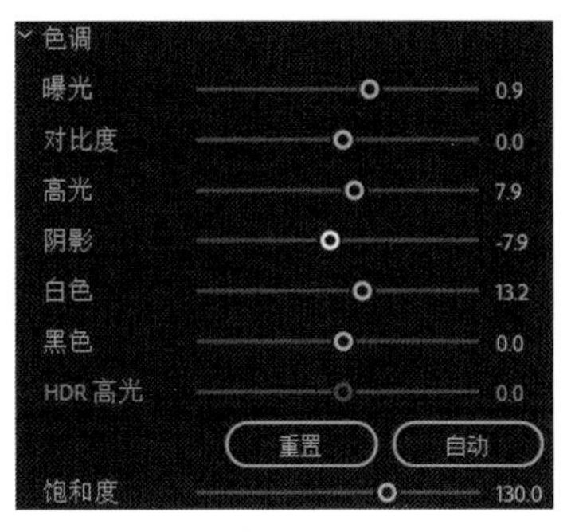

图5-52

图5-53

提示 不要忘记对画面的“锐度”做恢复（+35）。

04 此时，画面中建筑物上含有不均匀的蓝色杂光，这是拍摄地点的光污染导致的。将“色相饱和度曲线”中的蓝色饱和度调低即可，如图5-54所示，效果如图5-55所示。

05 同理，使用色轮对“视频4”进行少量风格化调色，如图5-56所示，效果如图5-57所示。

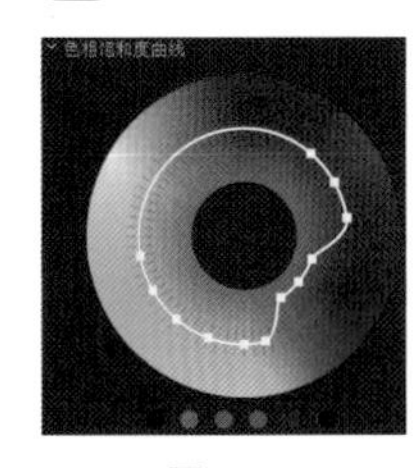
图5-54

图5-55

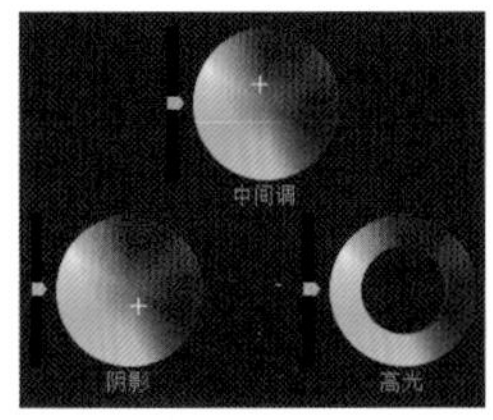

图5-56

图5-57

对“视频5”进行校色与调色

“视频5”校色与调色前后的对比效果如图5-58和图5-59所示。

图5-58

图5-59

01 为“视频5”添加调整图层，然后在“曲线”面板中对“视频5”做对比度的恢复，如图5-60所示。

02 打开“波形（亮度）”图，发现这段视频的曝光问题不大，如图5-61所示。

03 在“色调”面板中增大“曝光”值与“白色”值，对画面做轻微的提亮处理。此外，因为这段视频初始的饱和度略低，可以增大“饱和度”的值，具体参数设置如图5-62所示，效果如图5-63所示。

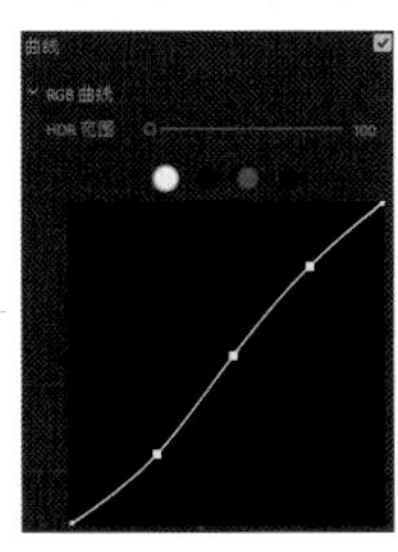

图5-60

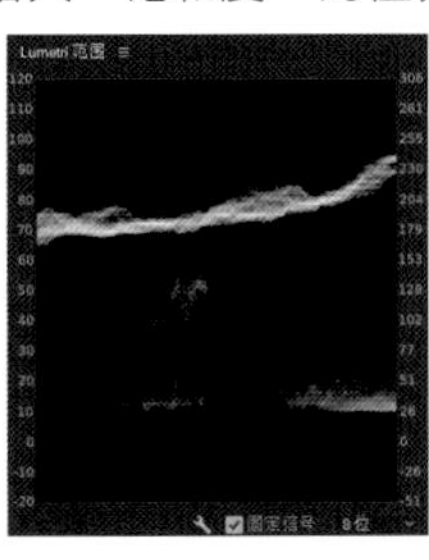

图5-61

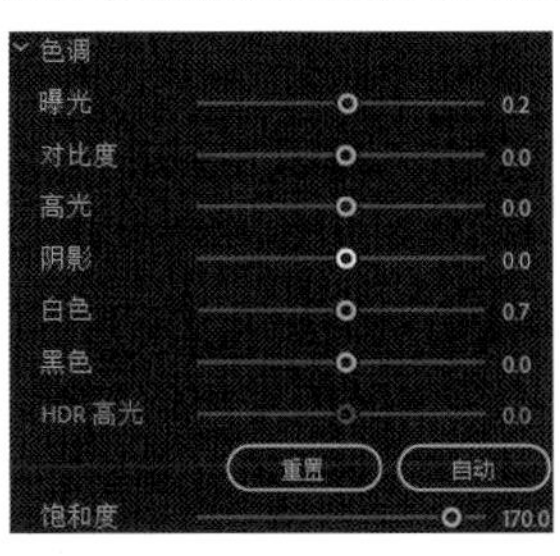

图5-62

图5-63

提示 同样，在“创意”面板中对画面的“锐度”做恢复（+35）。

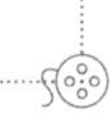

04 按照图5-64所示的方式，使用“HSL辅助”对除天空以外的画面部分生成颜色遮罩，并调整“更正”面板中的色轮修改天空的颜色，如图5-65所示。

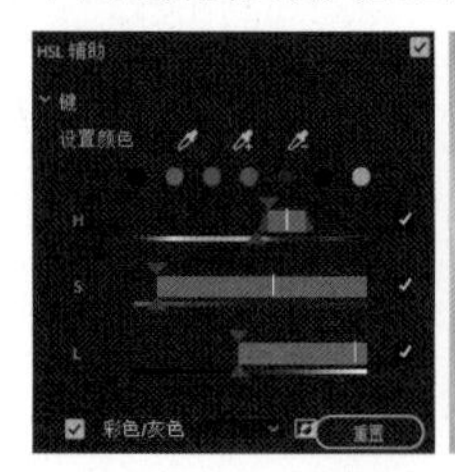
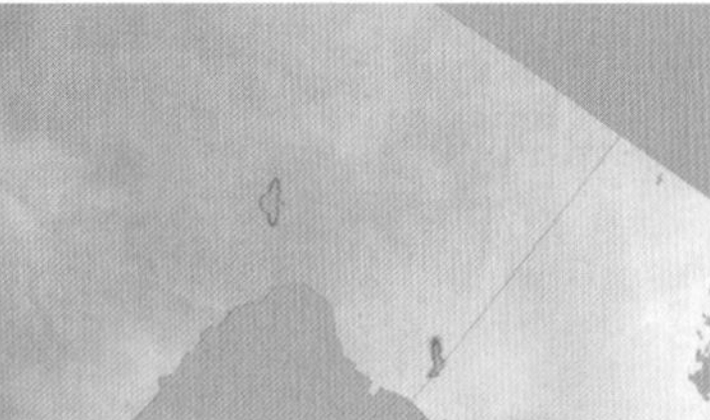

图5-64

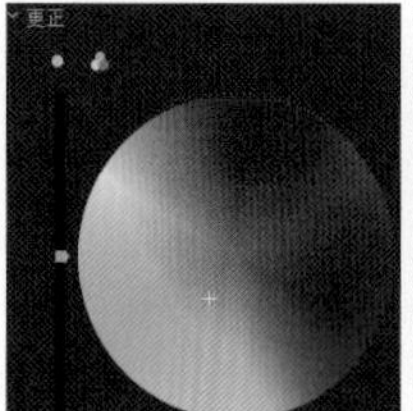

图5-65

05 同理，使用色轮进行少量的风格化调色，如图5-66所示，效果如图5-67所示。

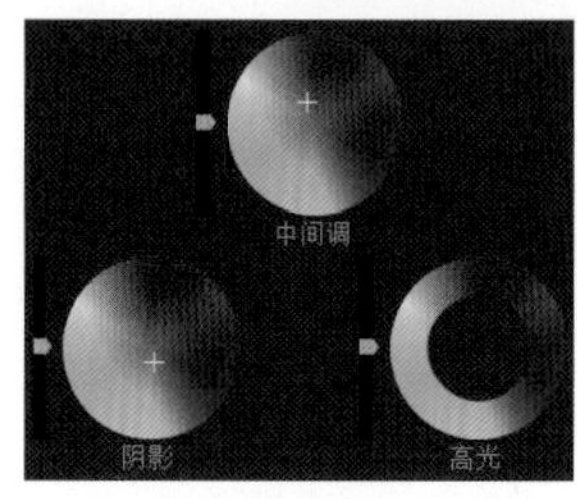

图5-66

图5-67

对“视频6”进行校色与调色

“视频6”校色与调色的前后对比效果如图5-68和图5-69所示。

01 为“视频6”添加调整图层，使用“RGB曲线”对其做对比度的恢复，如图5-70所示。

图5-68

图5-69

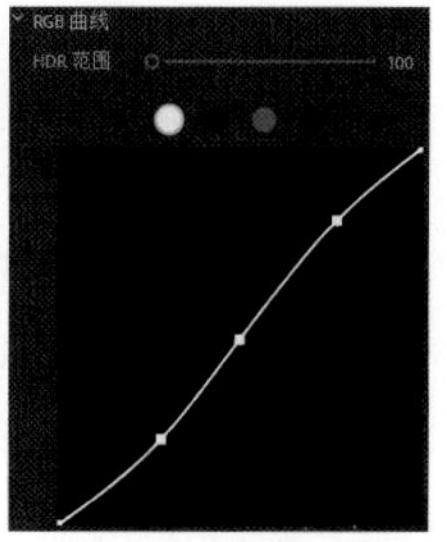

图5-70

02 打开“波形（亮度）”图，可以发现该画面中除天空的波形在70~95IRE，其他部分的波形均在10~50 IRE，面板处于欠曝状态，如图5-71所示。

03 因为天空已经很接近过曝了，所以在实际调整的时候只能稍稍增大“曝光”值，并增大“阴影”值。此外，因为此画面的初始饱和度较低，所以增大“饱和度”的值，具体参数设置如图5-72所示，效果如图5-73所示。

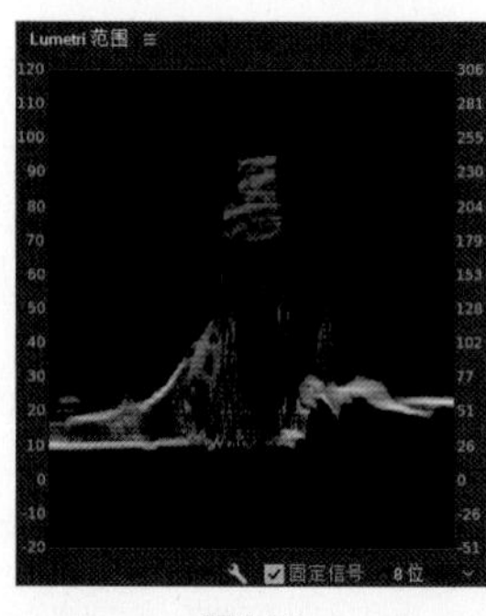

图5-71

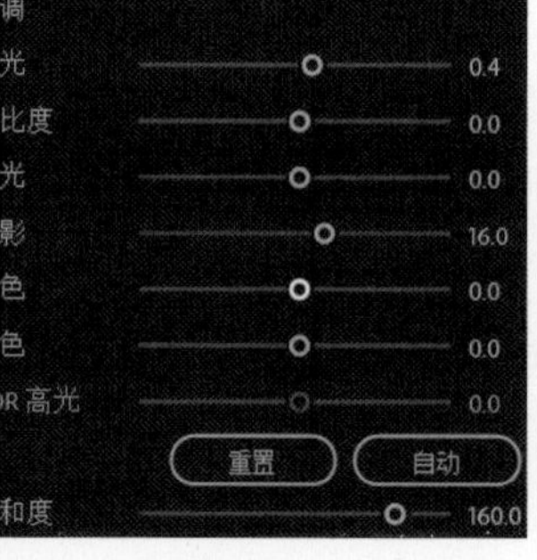

图5-72

图5-73

提示　同理，在“创意”面板中对画面的“锐度”做恢复（+35）。

04 使用相同的方法在“HSL辅助”面板中对除天空之外的部分创建颜色遮罩，如图5-74所示，效果如图5-75所示。

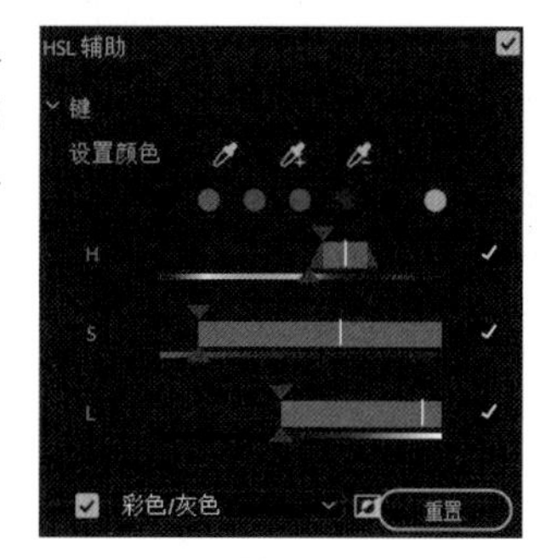

图5-74

图5-75

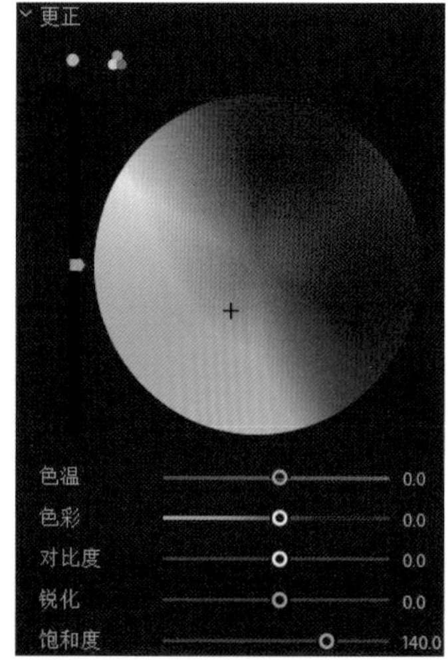

图5-76

05 使用“更正”面板中的中的色轮调整饱和度，修改天空的颜色，如图5-76所示。

06 同理，使用色轮功能对视频进行轻微的风格化修饰，如图5-77所示，效果如图5-78所示。

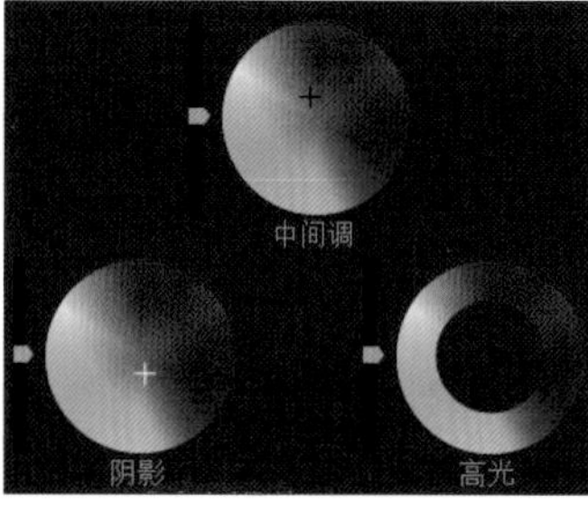

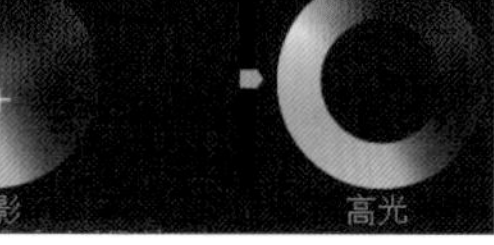

图5-77

图5-78

5.1.5 处理短片声音

01 去除多余的声音，并通过添加关键帧的方式为背景音乐做淡入/淡出的声音调整，如图5-79和图5-80所示。

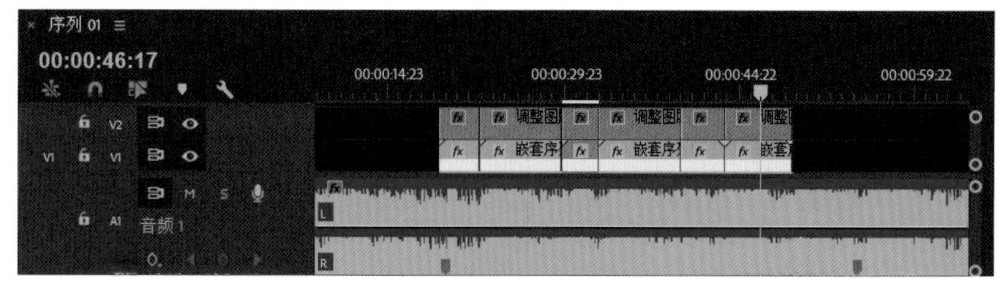

图5-79

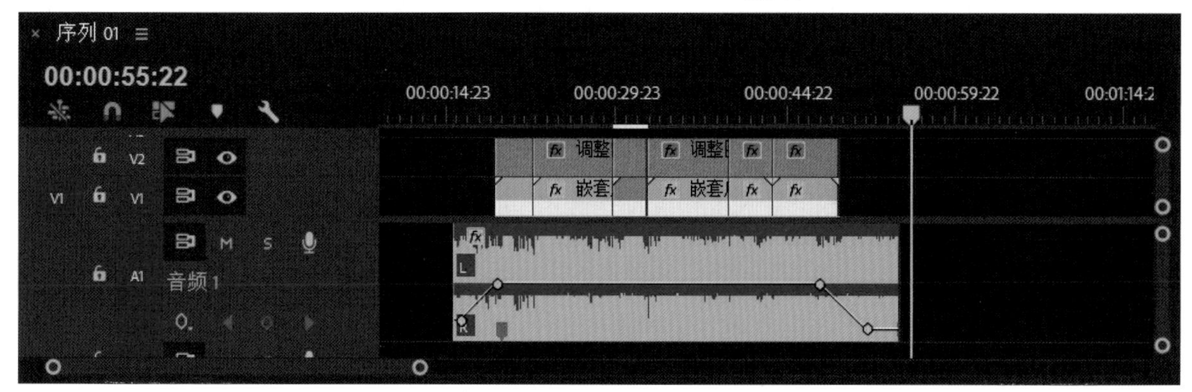

图5-80

02 在“视频3”和“视频4”的转场部分，以及“视频5”和“视频6”的转场部分添加素材文件夹中的风声音效，如图5-81所示。

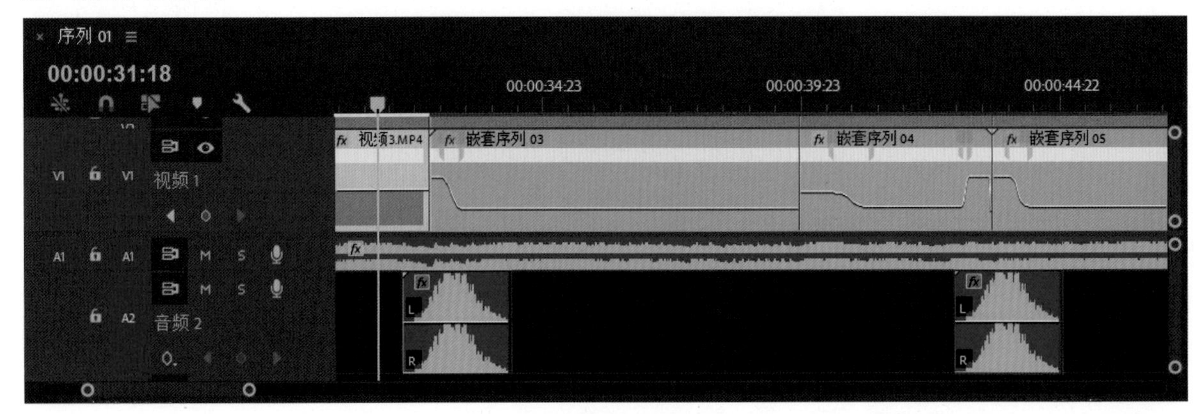

图5-81

> **提示** 添加转场音效时一定要注意添加的位置，切不可随意摆放。需根据视频画面多尝试微调音效的摆放位置，从而让音效与视频画面获得最佳的契合度。

03 转到“音频”工作区调整声音音量。添加音效后，因为音效音轨与背景音乐音轨相互叠加，所以一定要注意不要产生爆音现象。目前，音量指示器显示音量超过0dB，根据回放观察与“音轨混合器”的显示发现，爆音的位置正是“音频②”的位置，如图5-82所示。

04 将“音频①”的背景音乐与“音频②”音效的音量分别调低5dB和6.7dB，保证音量不超过限制，如图5-83所示。

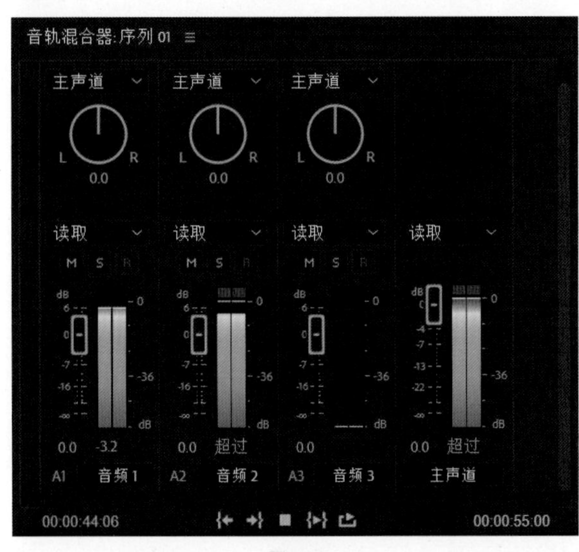

图5-82

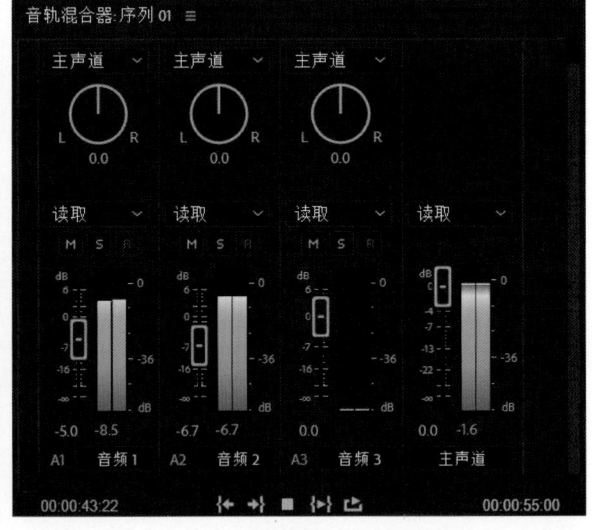

图5-83

5.1.6 添加升降电影黑边效果

根据目前网络视频的流行剪辑方式，可以选择在Vlog（视频博客）的辅助镜头部分添加升降电影黑边效果，即画面上下的黑边范围慢慢扩大，最后制造出“伪21：9电影宽荧幕”的效果。

01 在所有视频的上方添加调整图层，如图5-84所示。选中该调整图层，切换到“效果”工作区，搜索“裁剪”效果并双击添加效果，如图5-85所示。

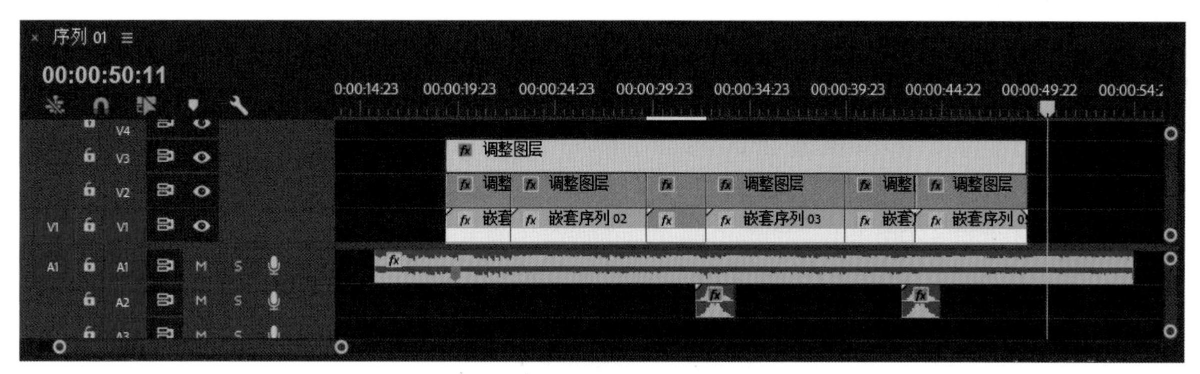

图5-84

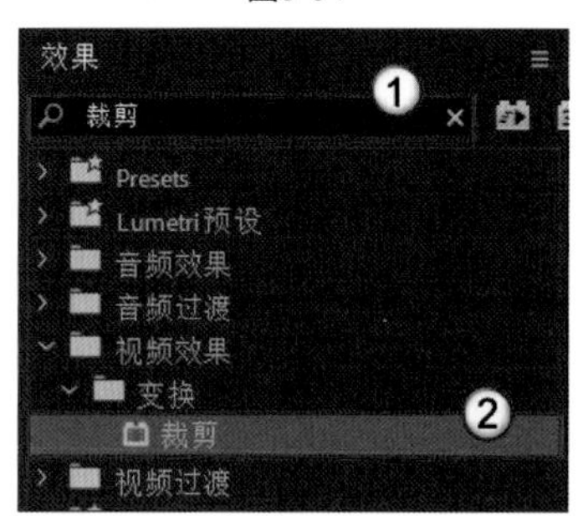

图5-85

02 将时间线控制条移动至调整图层的最左侧，在“效果控件”中，分别单击“顶部”与“底部”左侧的“切换动画”按钮，添加两个起始关键帧，如图5-86所示。

03 向右拖动时间线控制条一小段距离，并将“顶部”与“底部”后方的百分比值均设置为12%，此时系统会自动添加第2组关键帧，如图5-87所示。此时电影黑边下降的效果就已经形成，如图5-88所示。

图5-86

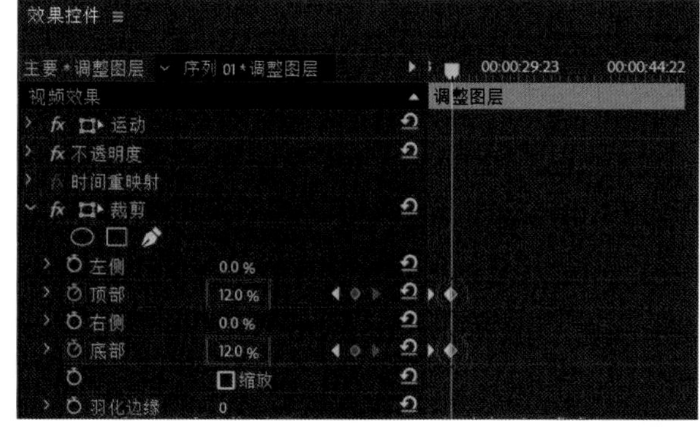

图5-87

图5-88

04 将时间线控制条拖动到调整图层临近结尾的部分，并按下“顶部”与“底部”的“添加/移除关键点”按钮，添加第3组关键帧，如图5-89所示。

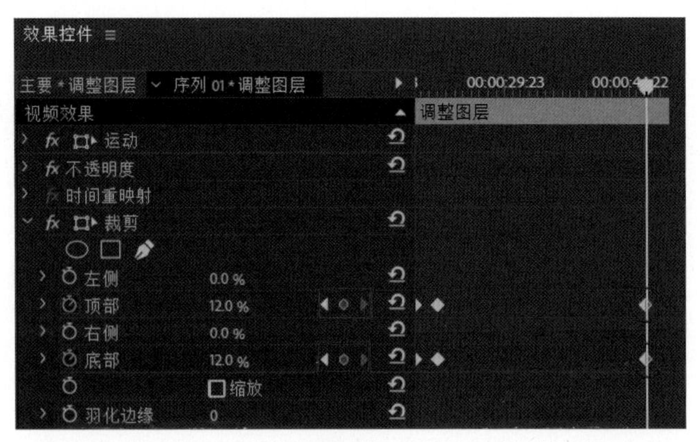

图5-89

05 将时间线控制条移动至调整图层尾部，并将“顶部”与“底部”后方的百分比值均设置为0，此时系统会自动添加第4组关键帧，如图5-90所示。此时电影黑边回升的效果就已经形成，如图5-91所示。

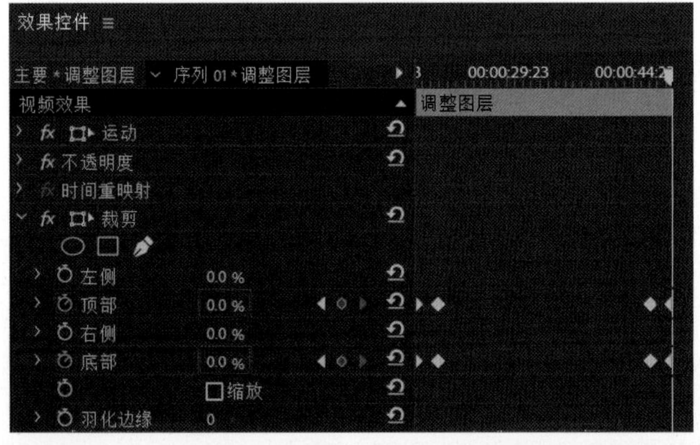

图5-90

图5-91

提示

因为添加了电影黑边，可能对画面原本的构图产生一定的影响。选中对构图不满意的视频本身（非调整图层），在“效果控件”中通过修改“位置”选项中x轴与y轴坐标，对画面进行重新构图，直至满意为止，如图5-92所示。

读者还可以为视频短片添加淡入/淡出效果。具体操作方式参见2.6.2节与2.8.2节。

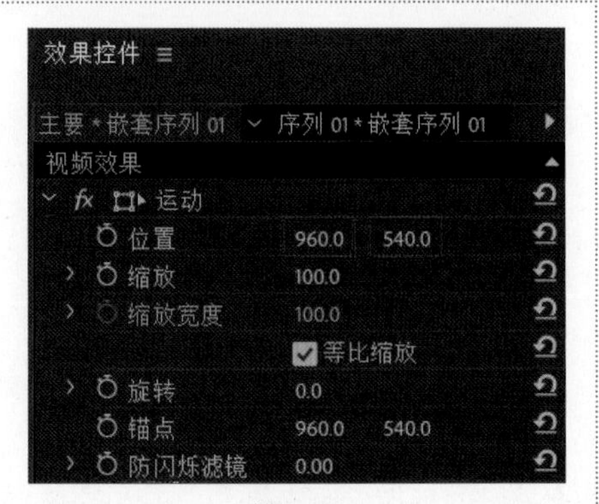

图5-92

5.2 随性生活·说走就走的旅拍剪辑

扫码看剪辑效果

扫码看教学视频

素材文件	素材文件>CH05>视频素材	教学视频	随性生活•说走就走的旅拍剪辑
实例文件	实例文件>CH05>随性生活•说走就走的旅拍剪辑	学习目标	掌握短视频的制作方法

本例旨在帮助已具有基本剪辑意识的读者进一步提升技巧，这些技巧包括对散镜排列合理性的判断，对画面稳定性的控制，对视频小细节的修饰，对疑难杂症视频画面的调色与校色，将流行性元素融入短视频的思路等。

通过本例的练习，读者能从能独立完成一部短视频剪辑向剪辑时具备发散性、风格化的创意思维，对问题素材不惧怕的心态转变。本例短片的画面展示效果如图5-93所示。

图5-93

5.2.1 创作意图分析

本案例与5.1节案例的题材相同，仍为音乐短片类型的电影感B-roll。不同点在于本例所提供的素材为未进行任何截选、排序、后期增稳、慢动作处理的原文件。故本例相比5.1节案例更难，需要结合更多后期处理技术和剪辑者的创意性剪辑手段。例如，“如何将无序素材合理排序”和“镜头中有哪些部分是重要的，对于后期来说是具备可玩性的，又有哪些部分是要剪掉的”。

5.2.2 准备阶段

01 创建新项目，并新建相应序列（DSLR 1080p 24）。建立好相应的文件夹，保证项目文件的整洁性，如图5-94所示。

02 整理并导入各项素材。双击“视频”文件夹并进入视频素材箱。切换到图标视图，并对现有素材进行排序，让这些无序的素材能有一个更好的出场顺序，如图5-95所示。

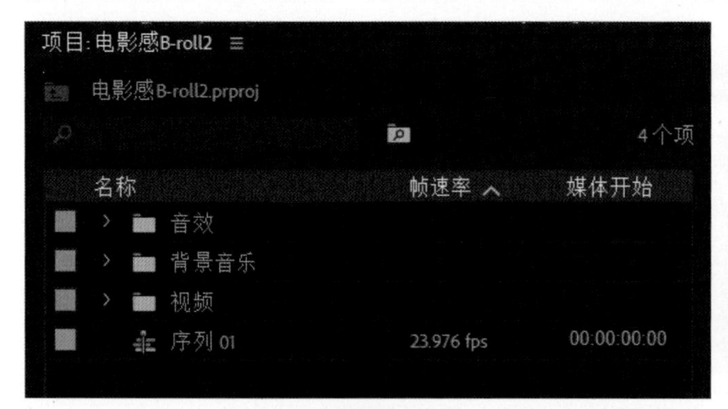

图5-94

图5-95

> **提示**
>
> 因为这些散镜头并没有类似分镜头剧本中镜头的前后逻辑性，如“起床→洗漱→着装→出门”这样的顺序，剪辑者面对这样的镜头，只能先决定哪个镜头要第一个出现和哪个镜头要最后一个出现，然后再决定中间的镜头如何两两衔接。
>
> 因此，在没有剧本引导的个人短片B-roll中，不同的剪辑者能把同样的几个素材制作出不一样的效果。

03 在这些镜头中，作者选择“人看着前方行来的列车”（“视频6”）作为开头，让整个B-roll的开头更具备潜在的故事性。因为人物的镜头会比景物的镜头更易给观众带来故事感，并吸引观众继续往下看。然后选择“镜头远离霓虹灯标志”（“视频1”）作为B-roll的结尾，因为远离镜头更符合结束的概念。对于其余镜头的排序，则倾向于使用镜头相似性的排序方式。“视频2”的画面也带有霓虹灯带，可以将之放在“视频1”之前；“视频4”与“视频5”都为仰视墙面的同角度镜头，可以将这两个镜头放置在一起，而“视频4”与“视频5”的摆放顺序则无须过多斟酌。最后一个镜头“视频3”是对酒桶的近距离特写，可以将之放在“视频6”之后。因为如果将含有人物的镜头直接过渡到一面墙的镜头，会显得有些突兀，而过渡到一个近处物体的镜头便会显得更加自然。最终排序如图5-96所示。

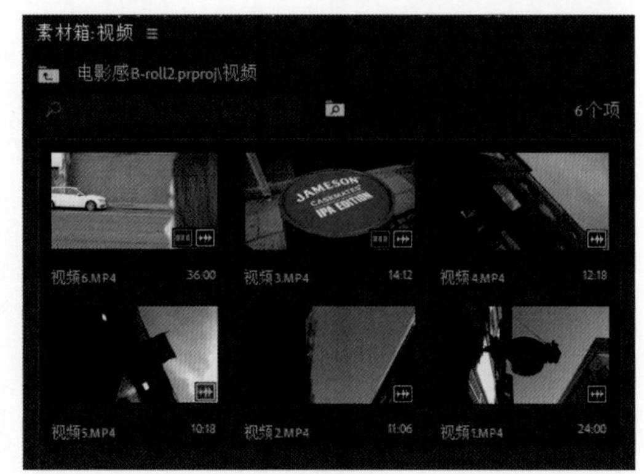

图5-96

04 这6个镜头均为升格镜头，在剪辑之前需要使用“解释素材”功能将这些视频的帧率从59.94fps转化为23.976fps，如图5-97和图5-98所示。

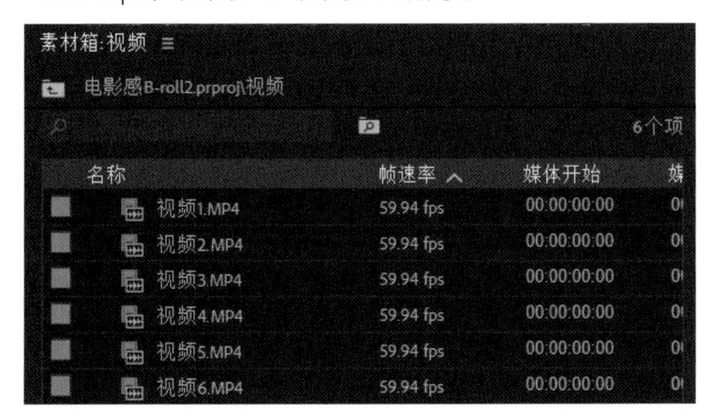

图5-97

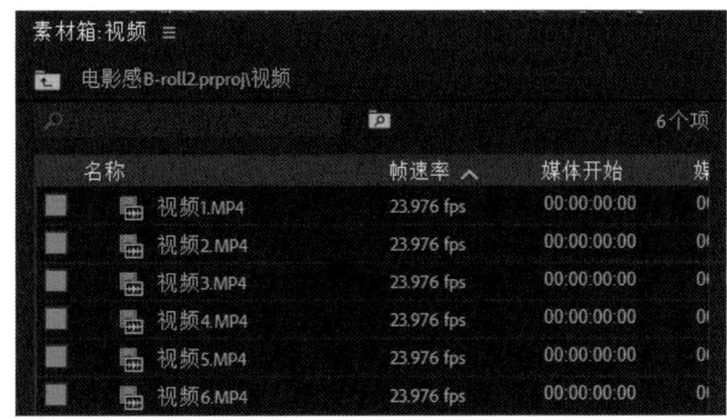

图5-98

提示 具体的转化方式见4.2.3 节。

5.2.3 剪辑短片内容

按照4.1节中的方式对背景音乐进行分析，并标记出可行的切入点与结束点（白线）；标记完始末点后，分析始末点中间的音乐部分，可以发现这一部分刚好由4个旋律相似的部分组成，而且每一部分都由4个小部分组成，如图5-99所示

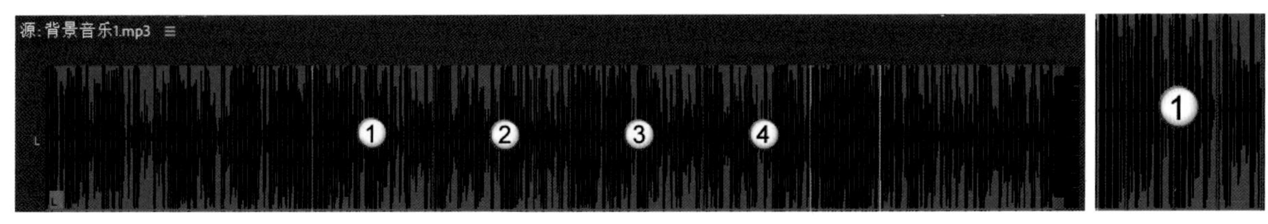

图5-99

这样一种“4×4”的音乐模式使这段音乐的可玩性非常高，如果使用快剪的方式，在短短的一小段音乐中最多可以放入16段素材。但是实际上我们只有6段素材，这意味着我们并不可能用完所有的音乐部分。

分析完音乐之后就可以将大致用到的部分放入音频轨道（原音乐时长达几分钟，而B-roll只需要其中的几十秒，不需要的部分不放入轨道），即切入点与结束点标记中间的部分，但是为了给剪辑更多的操作空间，需要将标记位置左右的一小部分也保留下来。

01 合理地截取第1段素材（“视频6”）的使用部分。“视频6”的镜头是人看着火车驶来的画面，表面看着不起眼，其实暗藏玄机。因为在这一镜头的最后具备一个向右下方移动的前期运镜。如果对这段运镜添加“时间重映射”的加速效果，则可以形成非常平滑的转场效果。但是，值得注意的是，在截取素材的时候一定要将运镜的结束部分（即拍摄停止部分）剪掉，不然在加速后会引起明显的卡顿，如图5-100和图5-101所示。

图5-100

图5-101

提示 因为“视频6”结尾的运镜加上变速效果可以形成平滑的动态模糊，具备非常好的视觉观感，所以可以创意性地将“视频6”的结尾部分放在先前选择好的切入点位置，让声、画有更好的契合度。

02 对“视频6”进行“时间重映射”处理。这一素材的变速除了可以对结尾进行最大百分比速度（1000%）加速之外，还可以在这之前制作一个500%的加速，如图5-102所示，以形成火车启动的效果。这种两段式的变速可以使画面形成从火车从远处缓慢驶来到火车加快速度，再到火车极速驶过，镜头快速移”的过渡。

图5-102

03 截取第2段素材（“视频3”）的使用部分。第2段素材是需要后期增稳的抖动素材，因为原素材的整体平滑度不好，所以在截取的时候需将极其不平滑的开始部分及视频结尾的停顿部分去除。将“视频3”先放置于“视频6”的后方，然后切换到“效果”工作区，使用“变形稳定器”对之进行稳定处理，如图5-103所示。

图5-103

提示

视频素材在前期拍摄时有两个部分在后期剪辑时要格外注意取舍，一个是视频开始部分，因为按下录制按钮开始录制时容易产生画面抖动与运镜不平滑现象。另一个则是视频的结尾部分，画面中可能会录入一些无意义的内容，且同样因为需要按下录制按钮结束录制而产生画面抖动。这些因素并不影响视频的主体内容，只要在后期剪辑时剪掉即可。

04 因为使用“变形稳定器”后，无法直接对素材再次进行“时间重映射”处理，此时需要对后期稳定处理后的“视频3”进行嵌套处理。选中“视频3”并右击，选择“嵌套”命令，如图5-104所示；在弹出对话框中修改嵌套序列的“名称”（此处保持默认），如图5-105所示，效果如图5-106所示。

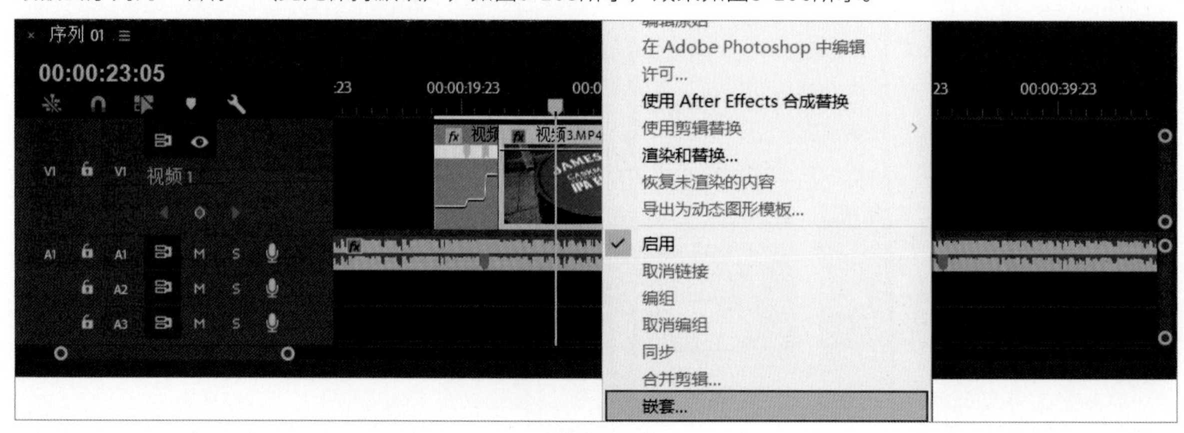

图5-104

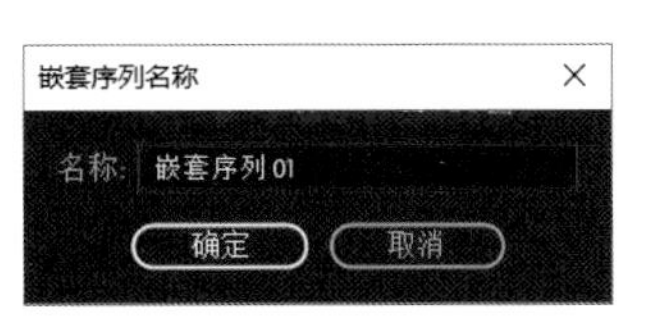

图5-105

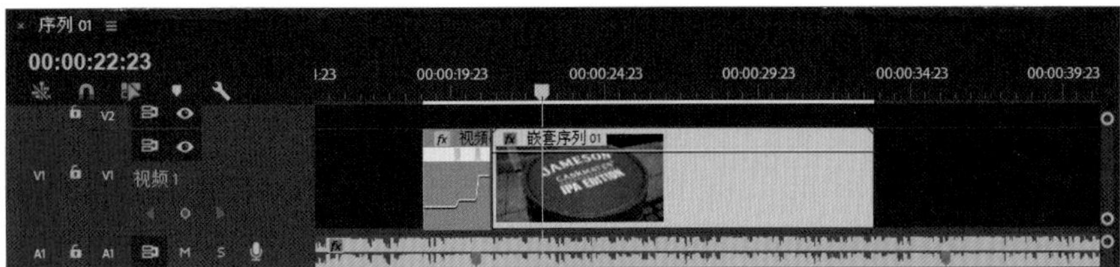

图5-106

提示

可能部分读者会提出疑问，为什么使用"变形稳定器"后的视频不能添加变速效果，而对视频进行嵌套处理之后就可以?对视频添加"变形稳定器"效果后，Premiere软件对视频的每一帧都进行了重分析，所以此时软件不允许剪辑者再去修改画面帧在时间线上的重新排列方式（变速）。而进行"嵌套"处理之后，相当于对处理后的视频片段重新打包，形成一个新视频。嵌套这一小小的功能在Premiere软件中可以有很多的妙用。

05 对"嵌套序列01"添加变速效果。此处变速的主体思路还是对开头部分的加速（1000%）形成与前一段视频的衔接以及对结尾的加速（1000%）形成与下一段视频的转场。这段素材在进行变速处理时，可以增大关键帧左右两部分的距离，形成一个比较缓的坡度（即缓慢减速），来与背景音乐的旋律中的坡度形成一种契合，如图5-107所示。

图5-107

提示

值得注意的是，在添加关键帧进行变速时，仍需要根据最终变速的画面效果来裁切视频片段，即剪掉变速后效果不自然的部分。同样的视频素材，使用同样的技法，怎样取舍微小的细节来使视频更加自然且不留下严重的后期痕迹，是每一个剪辑者都需思考的问题。此外，对于变速的使用也不能千篇一律地将片段的开头与结尾部分的速度加快，也要根据背景音乐对变速曲线的弧度进行调整，使最终的变速效果与背景音乐的旋律或音乐的节奏变换点更加契合。这点可能对乐感较差的读者是一个难点，但是使用不同的素材、不同的背景音乐进行练习，读者一定能熟练掌握。

06 去掉前后两端无用部分来截取第3段素材（"视频4"），并将其放在"嵌套序列01"的后方。因为该镜头的开场是一个灯光亮起的画面，且镜头的开场没有影响观感的抖动、卡顿现象，所以可以将这些部分保留，如图5-108和图5-109所示。

图5-108

图5-109

提示

其实，不仅是普通视频的剪辑中有这样的惊喜，在很多电影的剪辑中也会有这些意外镜头，如演员的意外表现。利用好这些惊喜镜头能为剪辑带来意想不到的收获。

07 对"视频4"添加"变形稳定器"效果以获得良好的画面稳定性。对稳定后的"视频4"添加嵌套（"嵌套序列02”），然后对“嵌套序列02”的首尾均添加1000%的变速效果，并调整其长度来再次舍去不需要的部分，使此段素材的结束点能与节奏变换点相契合，如图5-110所示。

图5-110

08 以同样的方式截取第4段素材（“视频5”）的可用部分。对于“视频5”来说，需要舍去的部分不多，仅把结尾的抖动部分剪掉即可。对“视频5”添加“变形稳定器”效果和嵌套（“嵌套序列03”）。对“嵌套序列03”的首尾部分均添加1000%的变速效果，在变速时可略微拉开结尾关键帧左右两侧的距离，使画面的旋转镜头能与背景音乐的旋律更加契合，如图5-111所示。变速处理结束后，同样需要将超出下一个节奏变换点的部分舍去。

图5-111

09 截取第5段素材（“视频2”）的可用部分。“视频2”与“视频6”比较像，都有一个前期故意制造动态模糊的运镜。为了让这一动态模糊运镜在后期变速处理后流畅不卡顿，需要将相机运镜停止录制的画面剪掉，留下相机仍在运动中的画面，如图5-112所示。

提示

图5-112所示为“视频2”相机运镜停止的画面，此时镜头已开始对着墙面并停止录制，从这一画面帧开始往后的画面都需要截去。因为相机的运镜是在一瞬间停止的，为了在截取时更加精确，可以使用←键或→键逐帧观察画面的情况进行截取，该素材相机最终停止运镜的画面大约为结尾前的10帧。

图5-112

10 下面也可以考虑进行更进一步的取舍，即将含有紫色霓虹灯的画面都舍去，只保留含有红色霓虹灯的画面帧，增强结尾变速画面帧色彩的简洁性，如图5-113和图5-114所示。

图5-113

图5-114

11 因为“视频2”慢动作处理（降帧）之后画面的稳定性还不错，所以可以不做后期稳定处理，直接对“视频2”的结尾添加1000%的变速效果，如图5-115所示。

图5-115

12 “视频2”还具备一点额外的可玩性，即将视频倒放形成加速的动态模糊进场的效果。在对结尾进行变速处理后，对“视频2”进行倒放。右击“视频2”，选择“速度/持续时间”命令，如图5-116所示。勾选“倒放速度”选项，如图5-117所示。

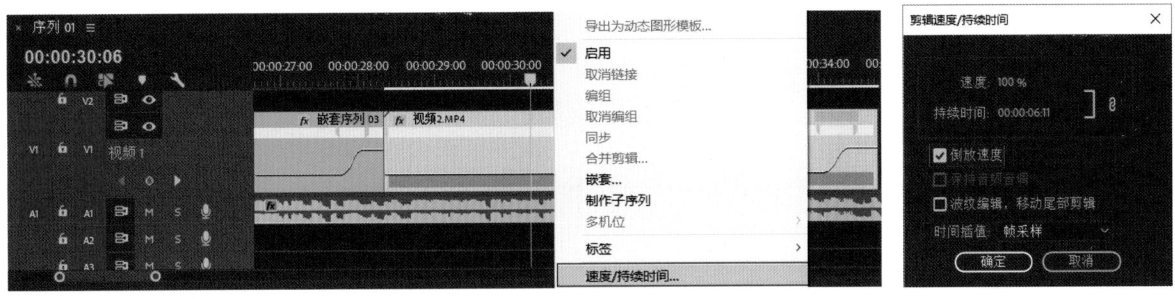

图5-116

图5-117

13 对倒放后的“视频2”添加结尾的变速效果，并微调其长度来与背景音乐更加贴合，如图5-118所示。

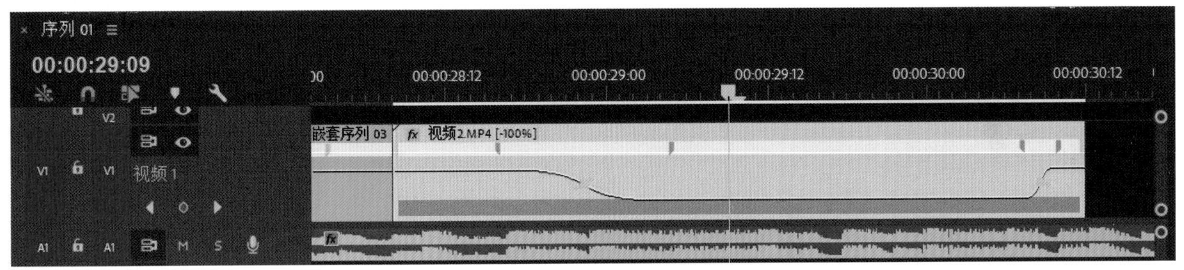

图5-118

提示

视频在倒放处理后添加变速效果时，一定要一点点地拉高速度控制线。比如想要将结尾的速度调整为1000%时，需每次大约拉高200%，多次拉高，不然关键帧会在过快拉高速度控制线的过程中消失。

14 截取第6段素材（“视频1”）。对“视频1”添加“变形稳定器”效果，然后添加嵌套（“嵌套序列04”）；为“嵌套序列04”添加1000%的变速效果，并截去多余的部分，让视频在某个音乐节奏变换点结束，如图5-119所示。

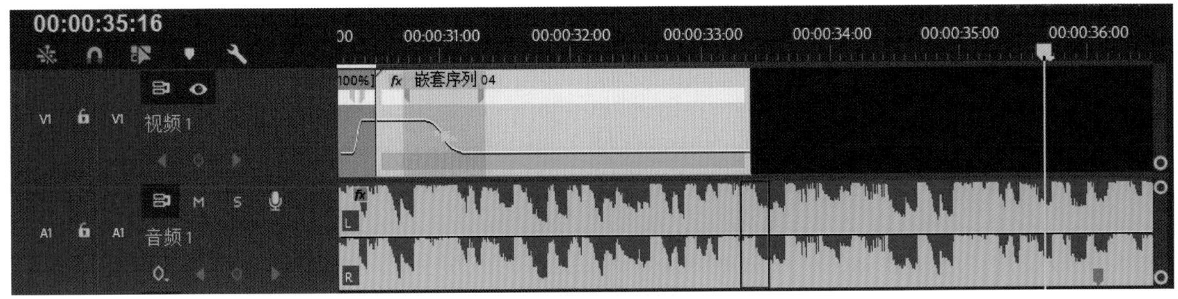

图5-119

5.2.4 校色调色阶段

本例素材为非常扁平的Log素材。因此，在基本调色步骤前需要先对素材做画面对比度的恢复和饱和度的微调。

对“视频6”进行校色与调色

“视频6”校色与调色的前后对比效果如图5-120和图5-121所示。

01 为“视频6”添加调整图层并选中，切换到“颜色”工作区，将“RGB曲线”调整为图5-122所示的小“S”形，让画面的对比度得到恢复。

图5-120

图5-121

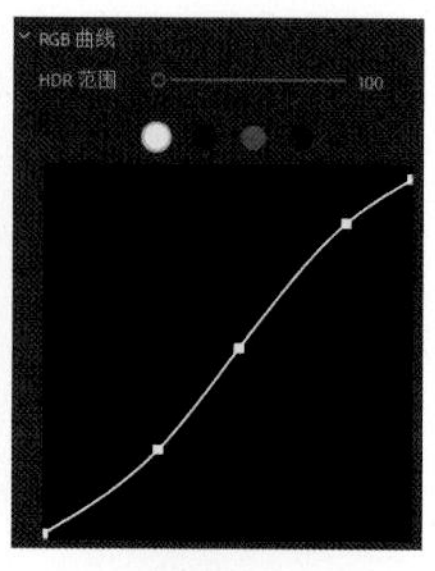

图5-122

02 打开图5-123所示的“波形（亮度）”图，结合图5-124所示的画面本身观察，列车车身与人脸的部分因为前期拍摄时被阳光直射，造成了局部过曝与细节丢失现象。幸运的是这些过曝部分的实际IRE值并没有超过100。此时可以考虑在“色调”面板中降低“白色”与“高光”数值来对画面进行调整。

03 将“白色”与“高光”值分别拉低后，需要稍微调高“饱和度”至130，使画面的饱和度得到恢复。因为“RGB曲线”已经提前将画面对比度控制到一个合适的状况，所以“阴影”“黑色”等参数在此处可以不做调整。具体参数设置如图5-125所示。

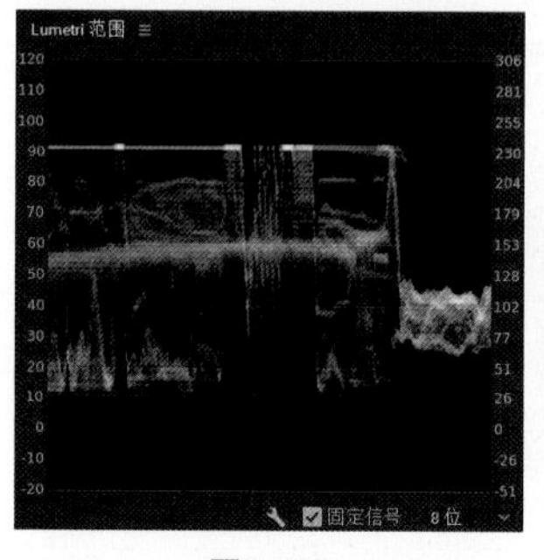

图5-123

图5-124

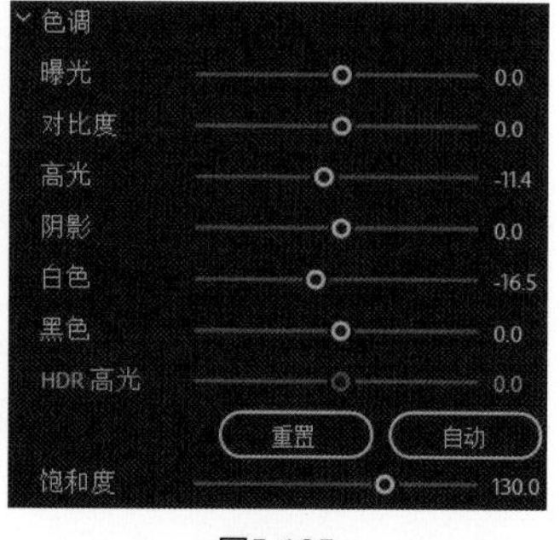

图5-125

提示 将画面的饱和度先整体调高，不仅可以恢复画面的色彩，还能直观地看出画面中的色彩布局，以便进一步调色。

04 打开“Lumetri范围”面板中的“矢量示波器（YUV）”，可以看出画面在饱和度增加后，黄色和橙色区域的饱和度过高，如图5-126和图5-127所示。

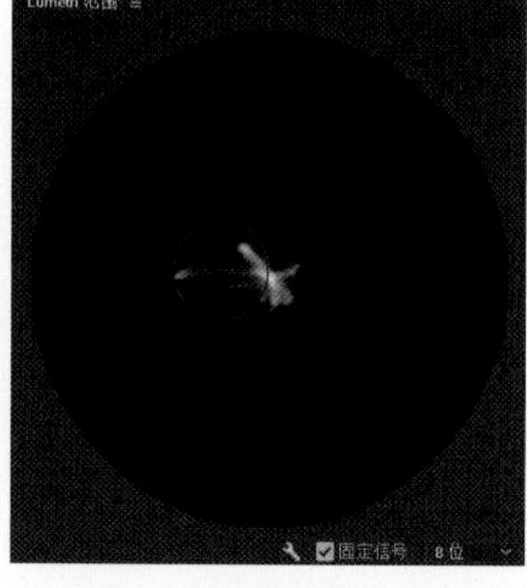

图5-126

图5-127

05 按照图5-128所示的形态在“色相饱和度曲线”中将这些颜色的饱和度略微调低。此时，“矢量示波器”上的波形分布就比较均衡了，如图5-129所示。视频效果如图5-130所示。

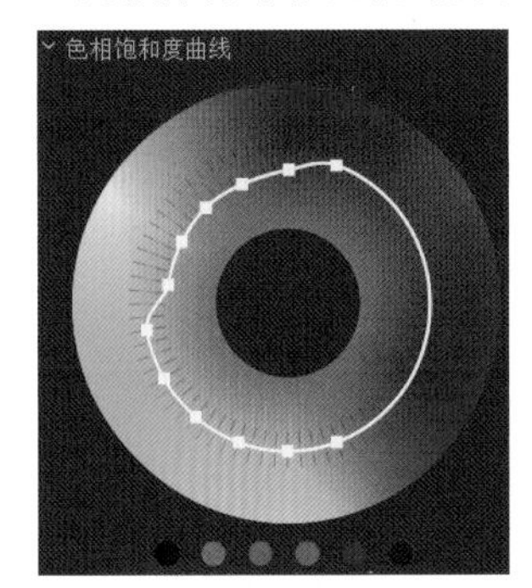

图5-128

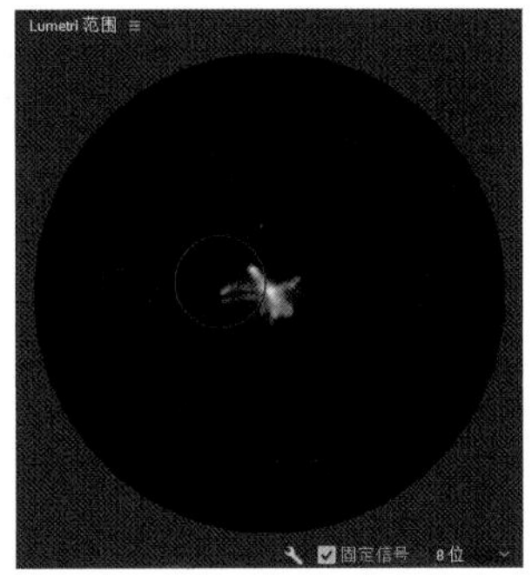

图5-129

图5-130

提示　过于鲜艳（高饱和度）的色彩容易让人产生视觉疲劳，在调色的时候可以将突出颜色的饱和度调低。

06 这里可以加载风格化LUT来快速地让画面的色彩更有特色。选中调整图层，切换到“效果”工作区，搜索“Lumetri”并添加“Lumetri颜色”，如图5-131所示。在“Lumetri颜色”效果控件中加载“JW film look 1.cube”文件，并设置“锐化”为35，具体参数设置如图5-132所示，完成后的校色效果如图5-133所示。

图5-131

图5-132

图5-133

提示　使用LUT不仅能快速让画面获得风格化色彩，还能使不同的镜头（画面）保持持续性的色彩风格。

对“视频3”进行校色与调色

“视频3”校色与调色的前后对比效果如图5-134和图5-135所示。

01 在对“视频3”调色前，要对它的色彩进行恢复与校正。先在“嵌套序列01”上方添加调整图层并选中，然后切换到“颜色”工作区，调整“RGB曲线”来对画面进行对比度的恢复，如图5-136所示。

图5-134

图5-135

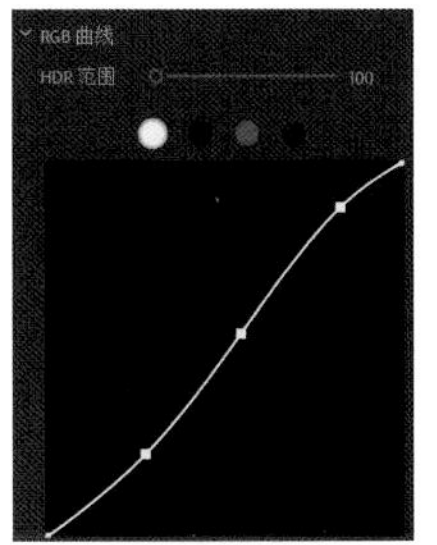

图5-136

提示　“RGB曲线”的S形弧度越大，恢复的对比度越强，在不同素材调色的过程中要根据画面所需的对比度来决定曲线的弧度。

02 打开“波形（亮度）”图，如图5-137所示，可以发现这一画面的主要物体（绿色酒桶）的波形集中于20~30IRE（阴影部分）。当画面的波形图主要集中于阴影部分时，意味着画面极度欠曝。虽然可以看清画面中物体的细节，但是画面的整体色彩非常的暗沉，如图5-138所示。出现过度欠曝的状况，通常需要直接调高“曝光”值。

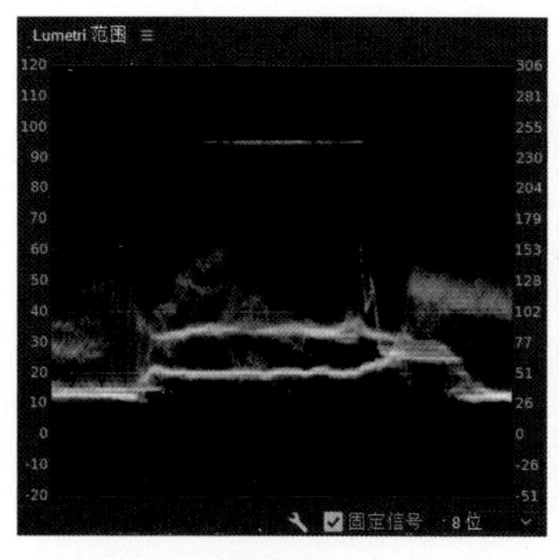

图5-137

图5-138

03 将“曝光”值直接调高到0.9后，画面整体的亮度都恢复到了正常的范围内。此外，画面中酒桶的表面对太阳光形成了反光，所以在大幅度调高“曝光”值后也要适当回调“高光”值，避免让酒桶表面的部分过曝。具体参数设置如图5-139所示，效果如图5-140所示。

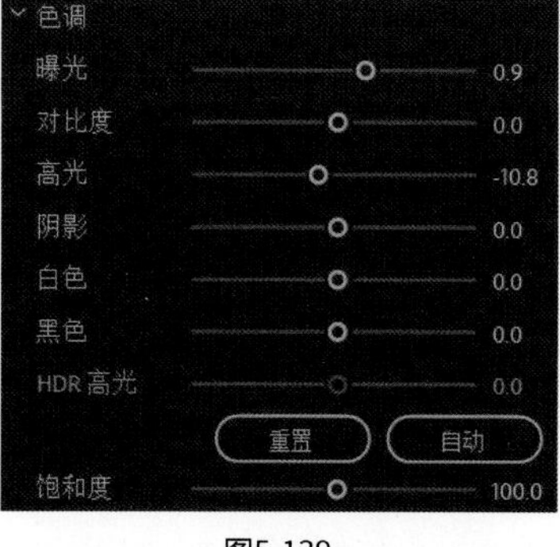

图5-139

图5-140

提示　“曝光”值的合理调整范围为-1~1，所以曝光值为0.9属于增加较大的幅度。

04 这一画面的初始饱和度比“视频6”稍高，所以在恢复步骤时并没有增加画面的饱和度。结合“矢量示波器（YUV）”可以看出，画面中绿色部分（酒桶的颜色）比其他颜色浓艳得多，是画面中的主要色彩，黄色部分（木板）也稍高，所以要将这些颜色的饱和度都适当调低，如图5-141所示。

05 以同样的方式加载风格化LUT以及增加锐化，获得最终的调色效果，如图5-142所示。

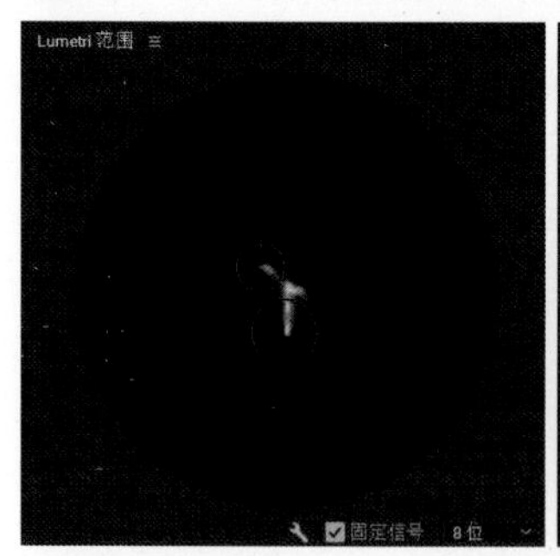

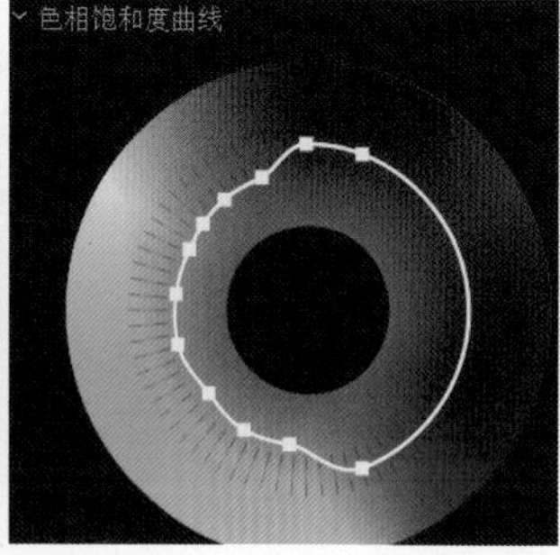

图5-141

图5-142

对“视频4”进行校色与调色

“视频4”校色与调色的前后对比效果如图5-143和图5-144所示。

01 为“视频4”添加调整图层，按照相同的思路将“RGB曲线”调节成小“S”形，来对画面进行对比度的恢复，如图5-145所示。

图5-143

图5-144

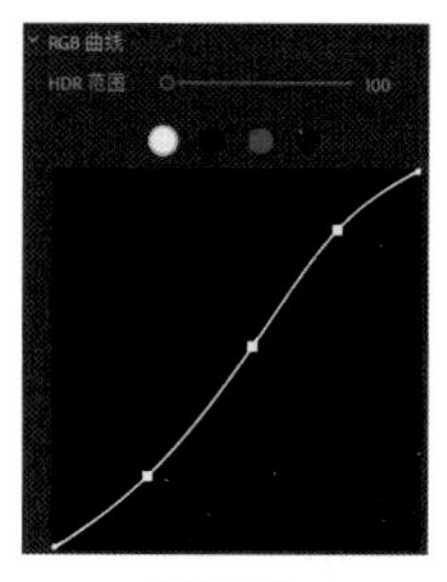

图5-145

02 根据画面的“波形（亮度）”图可以看出，这段素材的画面依然偏暗，画面中最亮的部分（天空）的亮度约为70IRE，如图5-146所示。

03 增加曝光后，为了不让天空的细节消失，此处仅将“曝光”值增大至0.7，并适当地增大“阴影”值，对饱和度进行少许恢复，如图5-147所示，效果如图5-148所示。

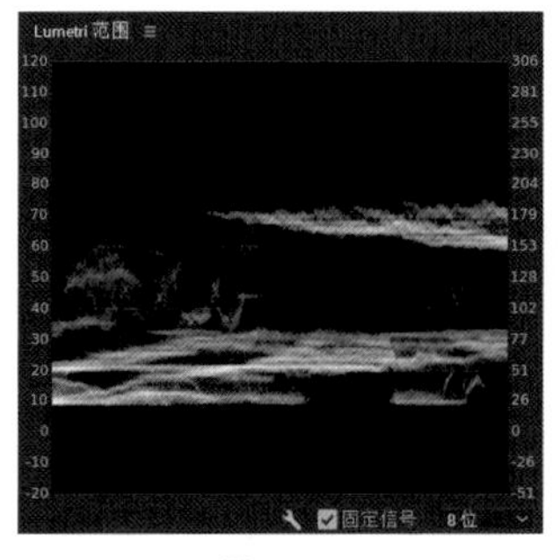

图5-146

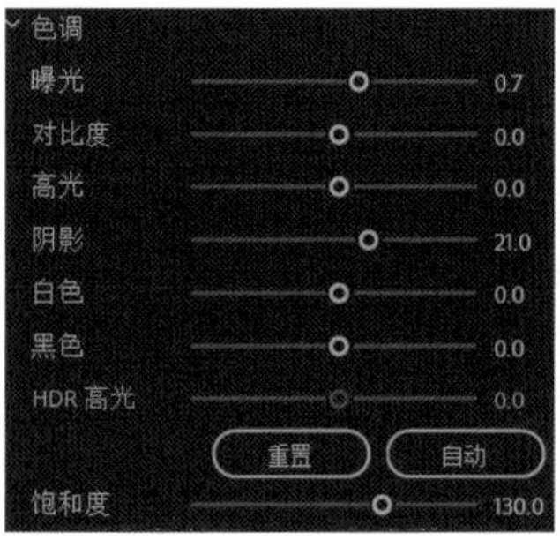

色调
曝光 0.7
对比度 0.0
高光 0.0
阴影 21.0
白色 0.0
黑色 0.0
HDR 高光 0.0
重置 自动
饱和度 130.0

图5-147

图5-148

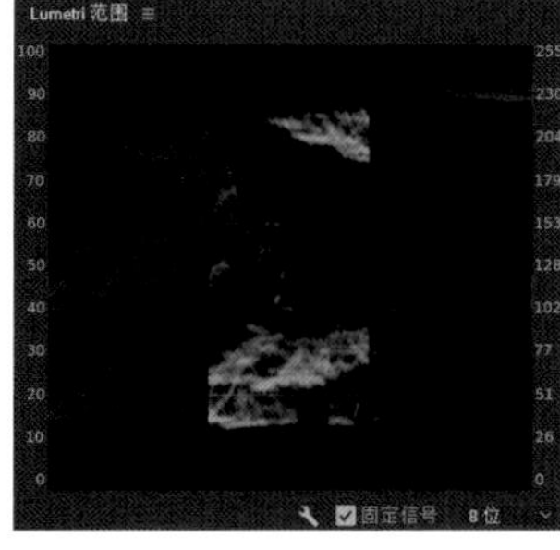

图5-149

04 根据“分量（RGB）”图可以看出在未调整“色温”值前，蓝色的分量波形要明显高出其余两种颜色的波形，这代表着画面的色温偏冷，如图5-149所示。

05 在“白平衡”面板中的提高“色温”值为15，如图5-150所示。此时，画面的色温明显回暖，如图5-151和图5-152所示。

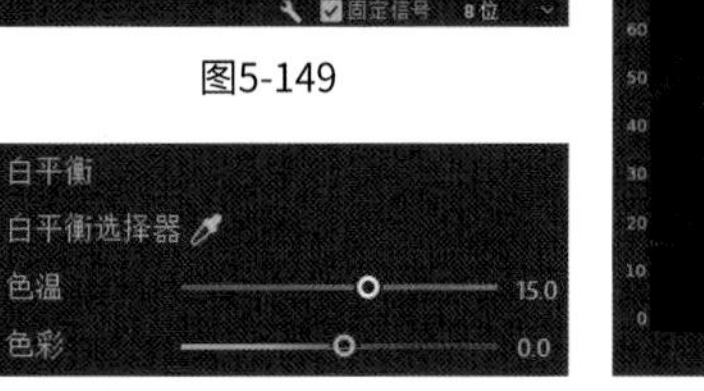

图5-150

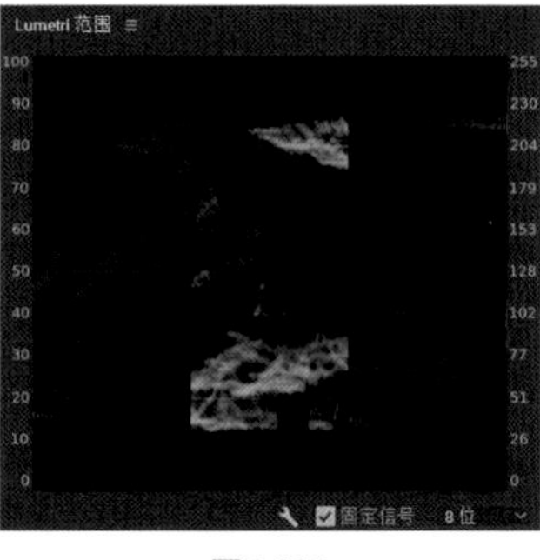

图5-151

图5-152

06 此时，根据“矢量示波器（YUV）”可以看出，红色（红墙）与橙色的部分颜色比较深，如图5-153所示。因此，可以将红色与橙色部分的饱和度调低，如图5-154所示。

07 按照同样的方式加载风格化LUT并修改锐度即可，效果如图5-155所示。

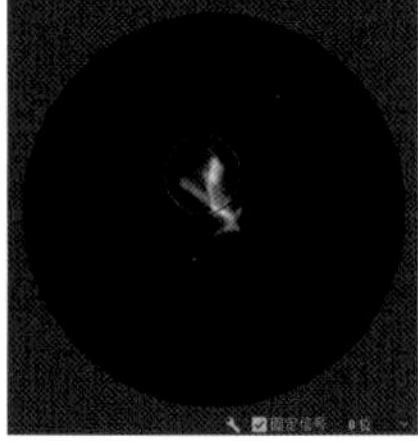

图5-153

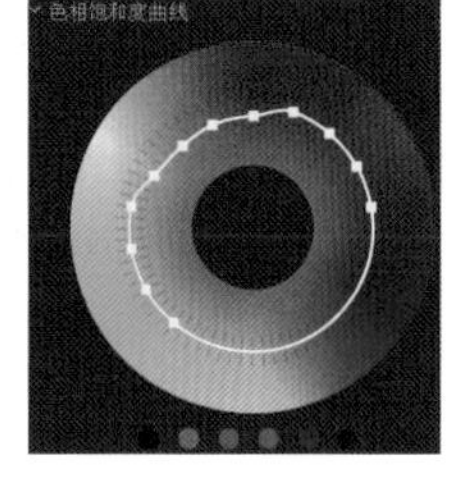

图5-154

图5-155

对“视频5”进行校色与调色

“视频5”校色与调色前后的对比效果如图5-156和图5-157所示。

01 同样为“视频5”添加调整图层，然后使用“RGB曲线”功能恢复整体画面的对比度，如图5-158所示。

图5-156

校色/调色后

图5-157

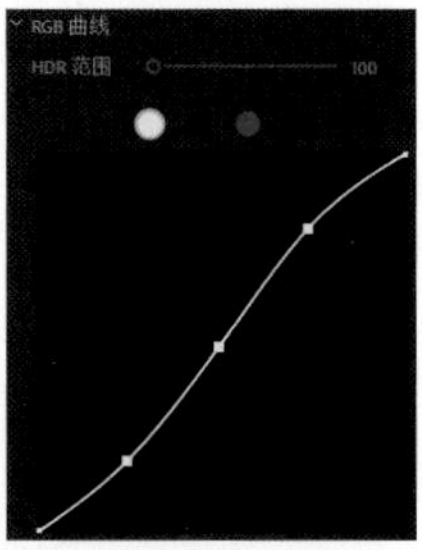

图5-158

02 分析“波形（亮度）”图，如图5-159所示，可以发现这一画面的高光部分曝光正常，由于相机动态范围的限制，阴影部分处于欠曝状态，它并不是一个完全欠曝的视频，如图5-160所示。

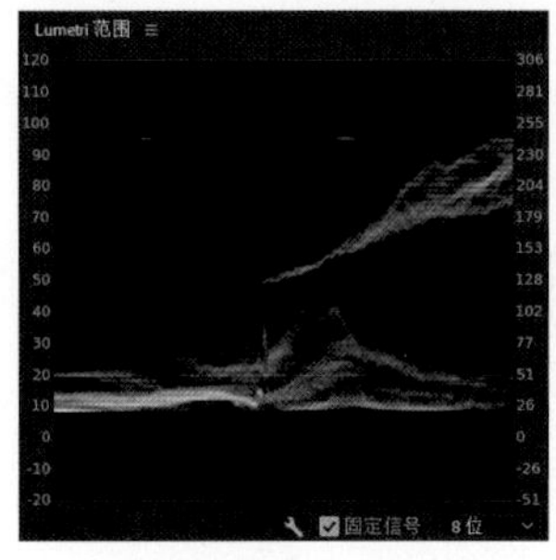

图5-159

图5-160

提示

动态范围可以简单地理解为相机对画面细节捕捉范围的广度，即同时捕捉高光部分与阴影部分细节的能力。人眼是动态范围最强大的“相机”，可以同时捕捉眼前画面中的大量亮部与暗部细节，比如当我们看图5-161中的画面时，眼睛能同时看清天空与墙面的细节，而在使用相机拍摄时，则看不到那么多细节。除非是动态范围非常广的电影相机，普通的相机只能记录高光部分（天空）或阴影部分（墙面）的细节。

如选择对高光部分进行曝光，则相机能完美地拍下蓝色的天空，但是墙面的部分会发黑，非常难看。如果选择对阴影部分进行曝光，则相机能将整个墙面拍亮，但是天空会显示为纯白(没有细节被记录)。

图5-161

03 略微提高“曝光”值为0.5，不过度破坏高光部分（天空）的细节；将“高光”“阴影”“白色”“黑色”值都调高，大幅度提高画面暗部的整体亮度，以让画面的暗部细节尽可能地显现出来。通过这样的调整之后，画面的亮部和暗部细节都有着明显的提亮，且天空的细节仍然保留，没有被破坏。此外，校正曝光之后，还需对画面做饱和度的恢复。具体参数设置如图5-162所示，效果如图5-163所示。

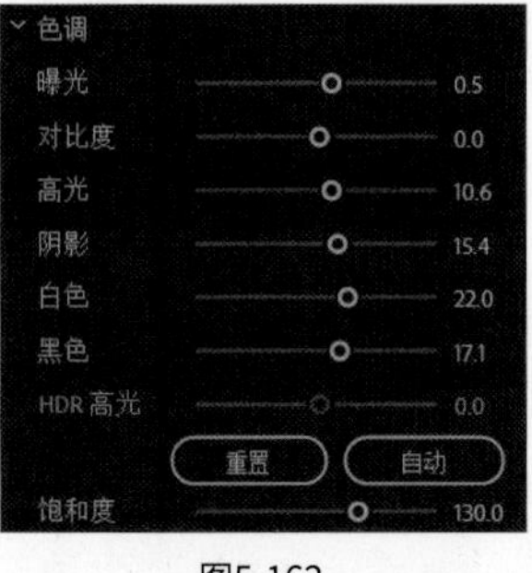

图5-162

图5-163

04 在“色相饱和度曲线”中，则可以考虑将画面中的黄色（墙面）与蓝色部分稍微调低，如图5-164所示。

05 同理，加载风格化LUT并修改锐度，达成最终的调色效果，如图5-165所示。

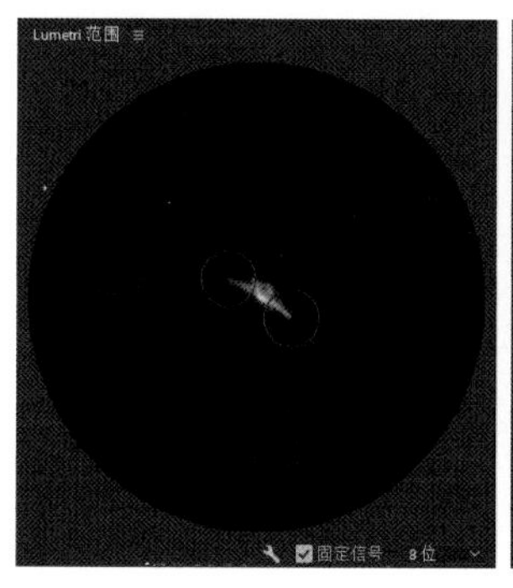
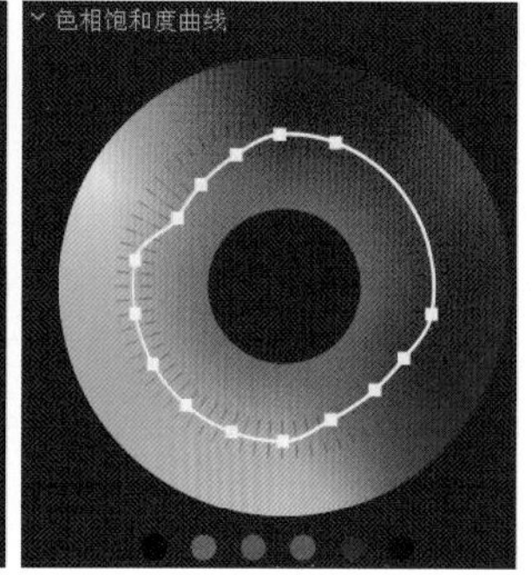

图5-164

图5-165

提示　因为实际生活中物体的色彩不一定是均一的，为了让颜色过渡地更加自然，在调整“色相饱和度曲线”时需要对一组相邻的颜色都进行调整，比如在调整红色时也需要调整橘色与黄色，在调整蓝色时也需要调整深蓝色与浅蓝色。

对“视频2”进行校色与调色

“视频2”校色与调色的前后对比效果如图5-166和图5-167所示。

01 为“视频2”添加调整图层，将“RGB曲线”调节成小“S”形，少量地恢复画面的对比度，如图5-168所示。

图5-166

图5-167

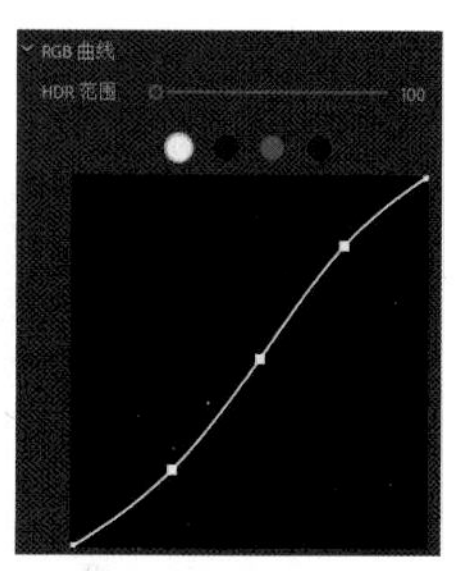

图5-168

提示　可能部分读者会察觉到，为什么有些素材的曲线可以调的很大，而本节这些素材只能调节成小“S”形。这是因为对于部分画面，过大的“S”曲线会使画面的阴影部分的细节大量的丢失，反而影响画面的观感。

如果将曲线的弧度调大后，如图5-169所示，画面的阴影部分（圆圈中）被大程度的拉黑，使很多暗部的细节丢失，如图5-170所示。

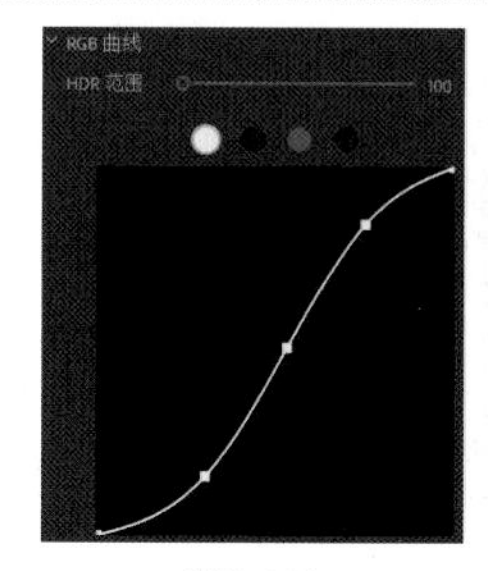

图5-169

图5-170

02 转到“波形（亮度）”图，如图5-171所示。发现此画面的波形主要集中于10~30IRE（阴影部分）与40~55IRE(中间调部分)。如果想要将这样的画面亮度整体调高，那么可以考虑调高“曝光”“阴影”“白色”等参数。

提示　“曝光”值的增高提升了画面的整体亮度，“阴影”值的增高使画面的暗部细节最大限度地显现出来，“白色”值的增高继续提高了画面曝光。

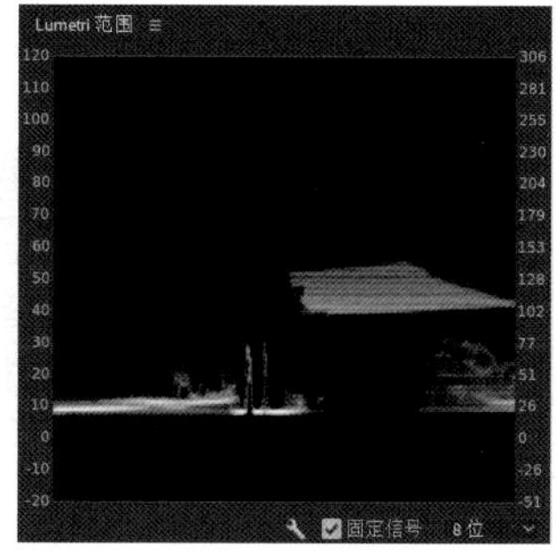

图5-171

03 在调高这些影响曝光的参数时一定要适度，一味调高这些数值会损失画面高光部分细节，具体参数设置如图5-172所示。通过这样的方式调节后，画面的亮度整体提高，高光部分的细节（天空）没有受到损坏，阴影部分的细节也有了明显恢复，如图5-173所示。

色调
曝光 0.9
对比度 0.0
高光 0.0
阴影 15.6
白色 37.4
黑色 0.0
HDR 高光 0.0
重置 自动
饱和度 100.0

图5-172

图5-173

04 根据“分量（RGB）”图可以发现“视频2”的蓝色分量波形明显高出其他分量波形，如图5-174所示。说明画面的色温非常冷，需要将画面的色温大幅度调高。

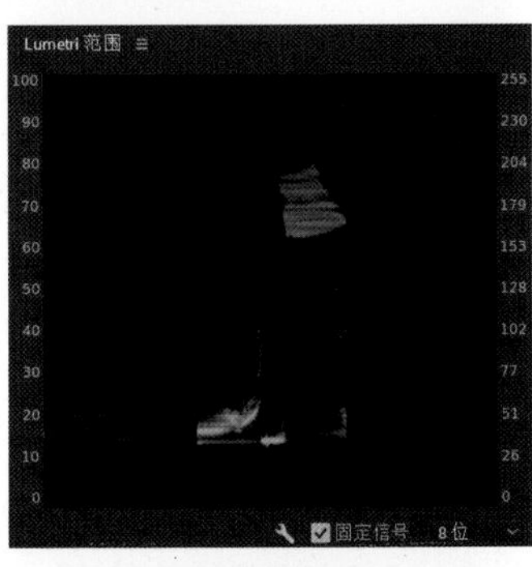

图5-174

提示

如果通过将波形分量调平的方式来调整波形，那么需要将画面的“色温”值调为42.9。这使画面色温大幅度变暖，如图5-175和图5-176所示。很显然，这样的调节方式一定是有问题的。

事实上，在参照“分量（RGB）”图来调整色温时，不仅要以分量波形的顶部线为平衡点，还要根据画面的实际元素来分析，如图5-177所示。例如“视频2”的高光部分有大面积的天空，天空的色彩本身就是蓝色，所以蓝色分量比其他分量高出一些属于正常现象。如果以这一部分的波形来衡量画面白平衡的冷暖，肯定是不准确的。

图5-175

图5-176

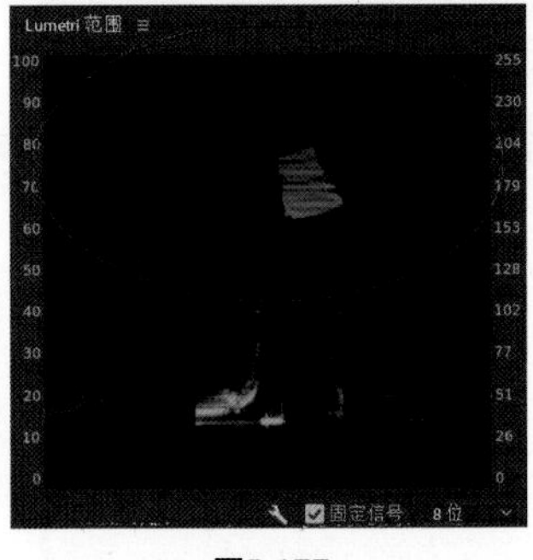

图5-177

05 在这种情况下，应该不考虑天空的波形，而是以画面中其他物体的波形为调整白平衡的主要参考，具体参数设置如图5-178所示，效果如图5-179所示。当以画面中除天空以外的物体为基准进行白平衡校准时，画面的色温回暖，且天空的蓝色并没有因白平衡的升高而破坏。

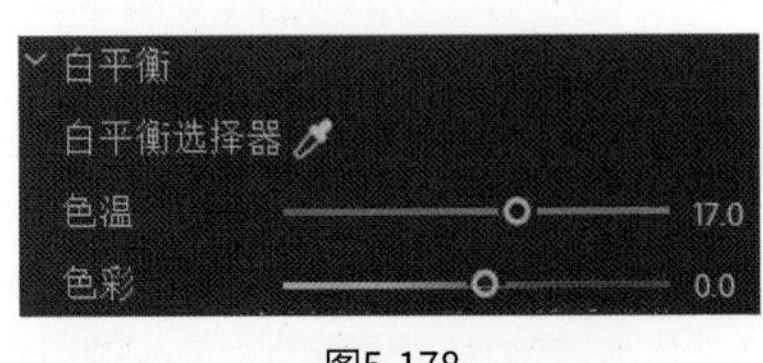

图5-178

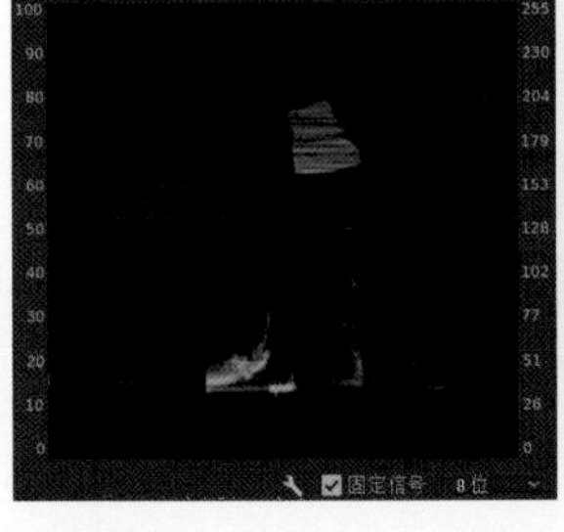

图5-179

06 观察图5-180所示的“矢量示波器（YUV）”可以发现，当前画面的饱和度适合，基本与前几个视频的饱和度相符，所以并不需要对饱和度做恢复处理。此外，红色的饱和度相较于其他颜色比较高，可以考虑将它的饱和度调低。但是，也要考虑到红色的色彩来自于正在闪烁的细灯带，它属于这一镜头的特色部分，且其所占画面比例较小，只将红色的饱和度稍稍降低即可，如图5-181所示。

07 同理，加载风格化LUT和调整画面锐度，调整后的效果如图5-182所示。

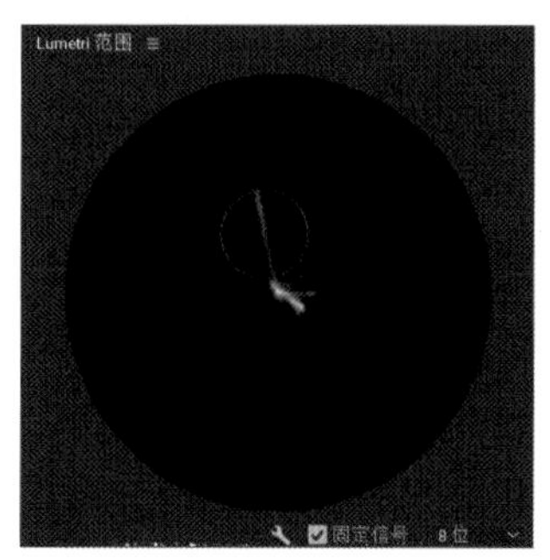

图5-180

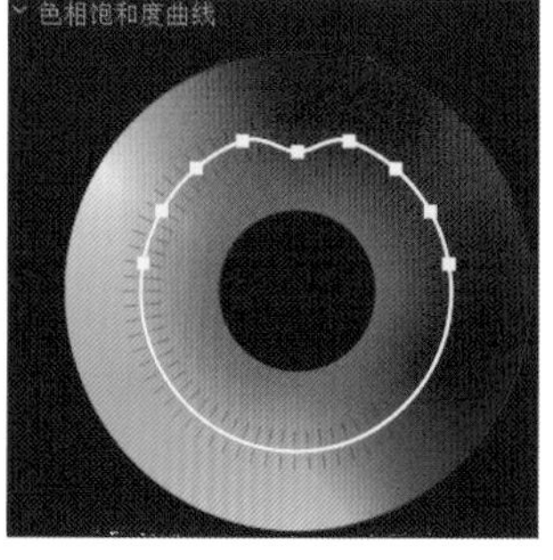

图5-181

图5-182

对“视频1”进行校色与调色

“视频1”校色与调色的前后对比效果如图5-183和图5-184所示。

01 为“视频1”添加调整图层，然后调整“RGB曲线”的形状，将画面的对比度进行初步恢复，如图5-185所示。

图5-183

图5-184

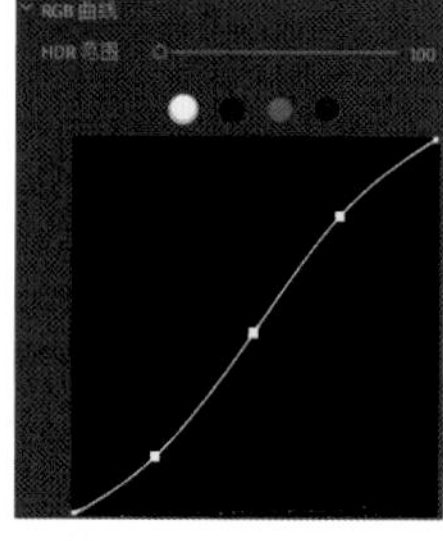

图5-185

02 打开“视频1”的“波形（亮度）”图，可以发现，画面暗部细节（建筑物墙体）的波形集中于10~30IRE，画面亮部细节（天空）的波形集中于50~82IRE，如图5-186所示，画面效果如图5-187所示。

03 这样的画面曝光虽然没有大问题，但是也可以将“曝光”值稍稍调高，达到与“视频2”相近的曝光情况。此外，还可以将“阴影”值稍稍调高，以显现出更多的暗部细节。由于画面原先的饱和度并不算低，此处不对饱和度做恢复处理。具体参数设置如图5-188所示。

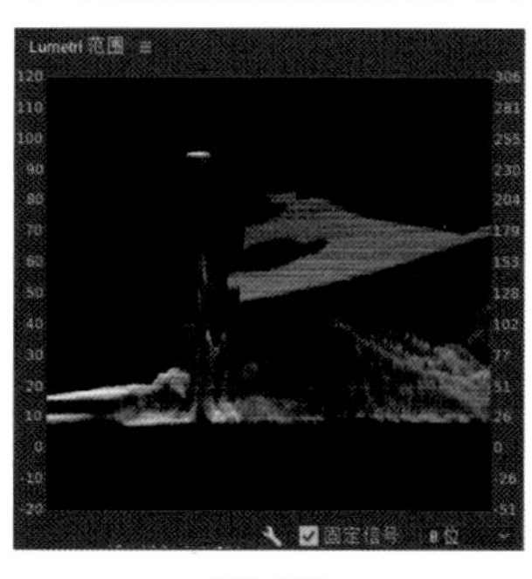

图5-186

图5-187

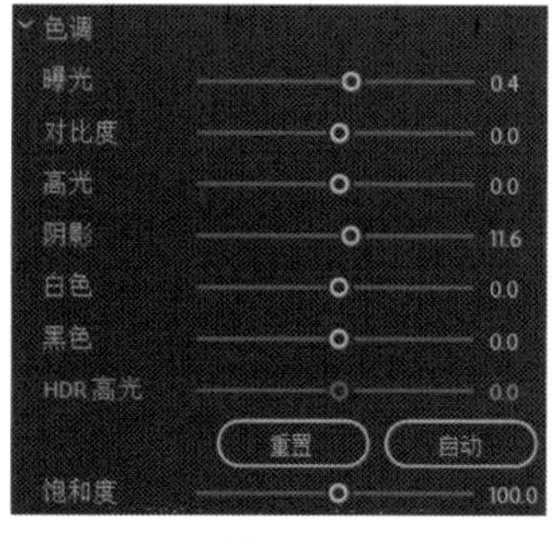

图5-188

04 打开“矢量示波器（YUV）”，如图5-189所示，可以发现“视频1”画面中的红色相较于其他颜色较高，但因为红色仍来自于画面占比较小且能提供画面特色的霓虹灯，可以仅使用“色相饱和度曲线”将红色的饱和度稍稍调低即可，如图5-190所示。

05 按照先前的方式加载LUT与修改锐化值，最终调色效果如图5-191所示。

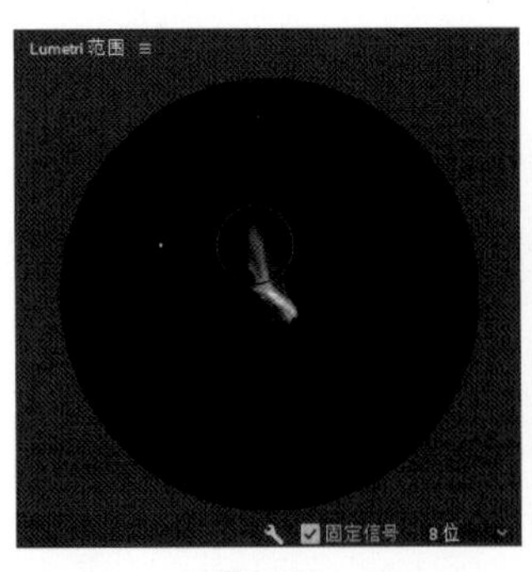

图5-189

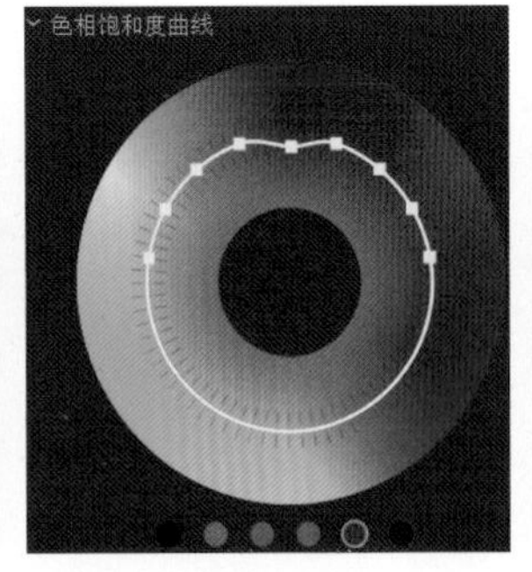

图5-190

图5-191

提示　本节的调色思路是将画面中主要颜色的饱和度均等化，控制在同一范围中，这是一种比较保守的调色思路。除此之外，还可以考虑突出一种颜色的饱和度，来强化一个场景的特色。后者的调色方式更适合一连串规划好且具备前期色彩搭配的镜头，并不适合随拍的散镜头。

5.2.5 声音处理/声音设计

将多余的背景音乐去除，如图5-192所示。B-roll的背景音乐是A-roll背景音乐的一部分，需要考虑去除多余背景音乐后的声音能否与B-roll左右两侧的A-roll部分良好契合。在对背景音乐进行分割时仍要考虑背景音乐的完整性，即分割的位置是否为音乐旋律变更点。否则，最终作品会形成明显的违和感。

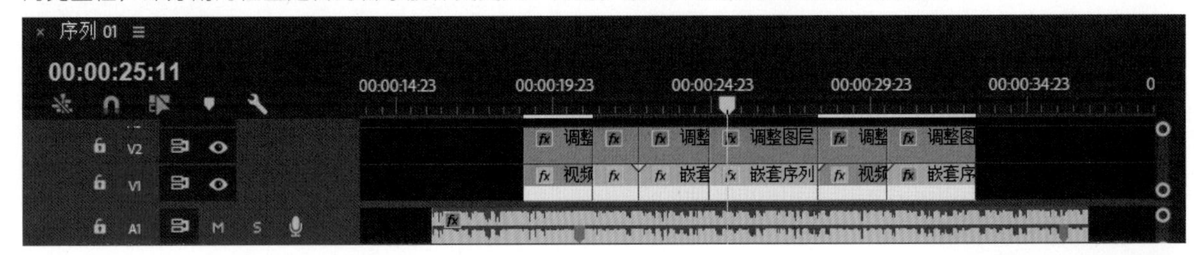

图5-192

为背景音乐制作淡入/淡出效果

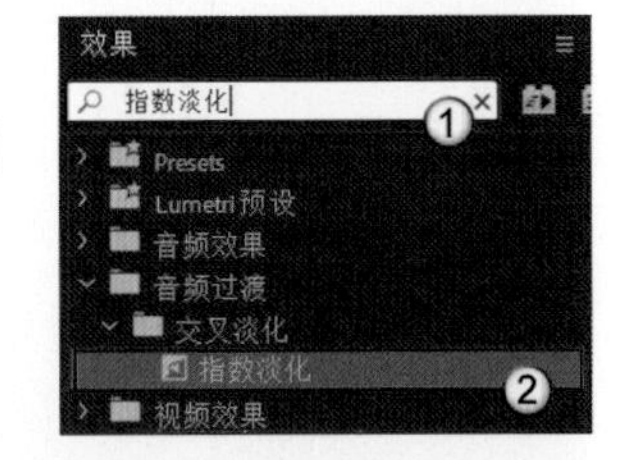

图5-193

01 在效果搜索栏中搜索“指数淡化”效果，如图5-193所示。将其直接拖入序列中音频的两端，如图5-194所示。此时，背景音乐的左侧就会自动形成淡入效果，右侧会自动形成淡出效果，这一方式比采用添加关键帧的方式更便捷。

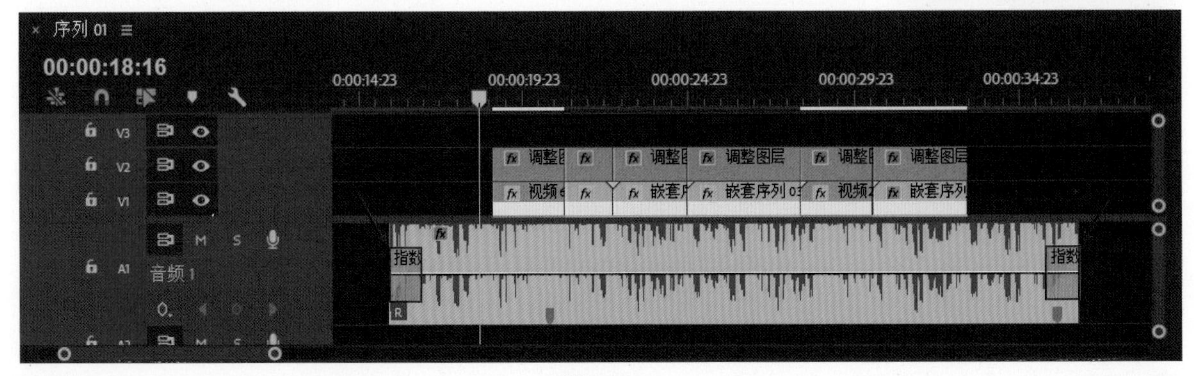

图5-194

02 如果对自动生成的淡入/淡出效果不满意，那么可以按照图5-195所示的箭头方向拖动“指数淡化”效果，如图5-196所示。

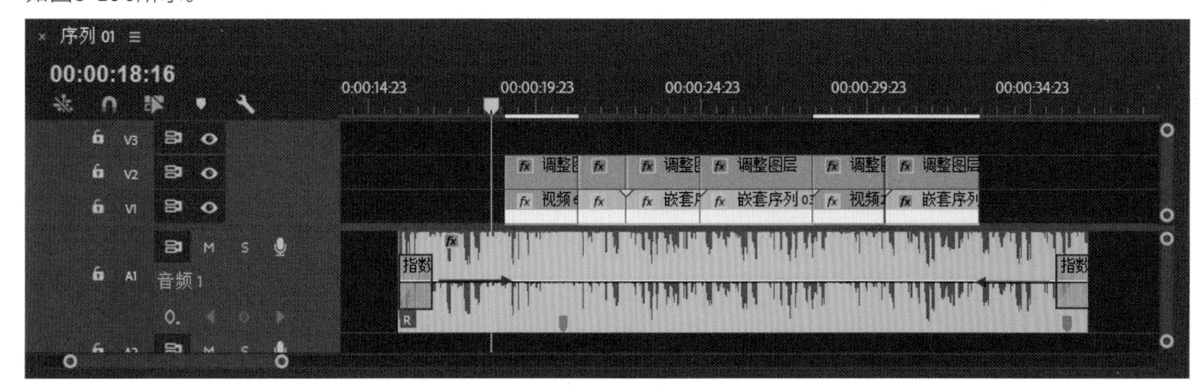

图5-195

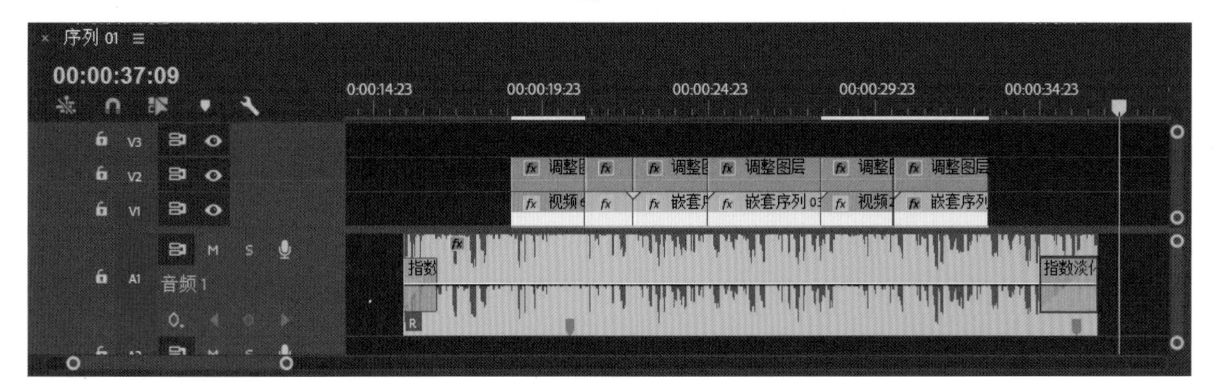

图5-196

提示　因为“指数淡化”效果对声音的持续增益或减益速度较快，所以在部分情况下，它并不能完全取代使用添加关键帧制作淡入/淡出的方式。

添加音效

01 向两处转场部分添加转场的风声音效，如图5-197所示。

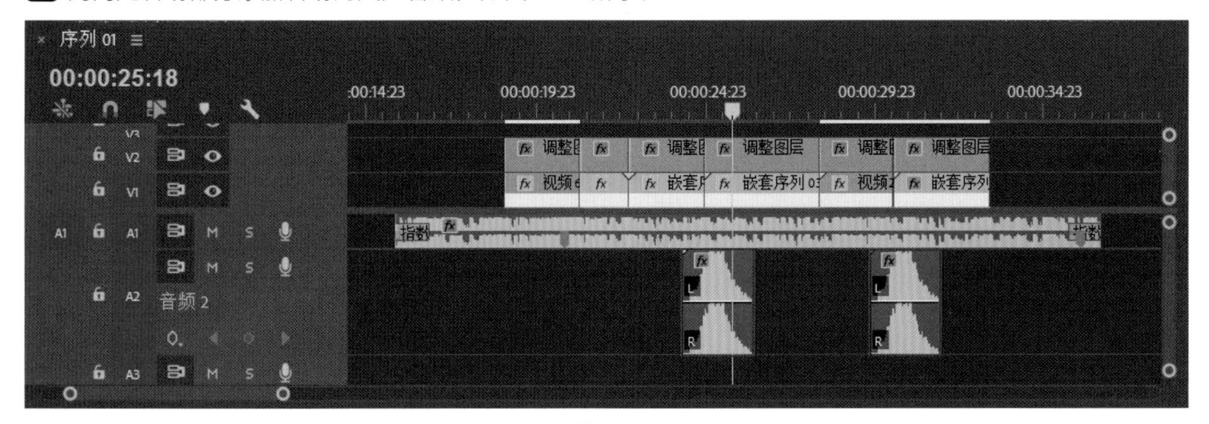

图5-197

提示　可能部分读者会问为什么不向所有的转场部分都添加转场的风声音效呢?这是因为在一小段视频里频繁添加同一音效易让观众产生听觉疲劳，会产生相反的效果。相比于添加音效的总量，音效的丰富度更重要一些。

02 除了添加转场音效之外，还可以添加一些背景音效。在“视频6”下方添加火车音效，凸显火车驶过的氛围，如图5-198所示。

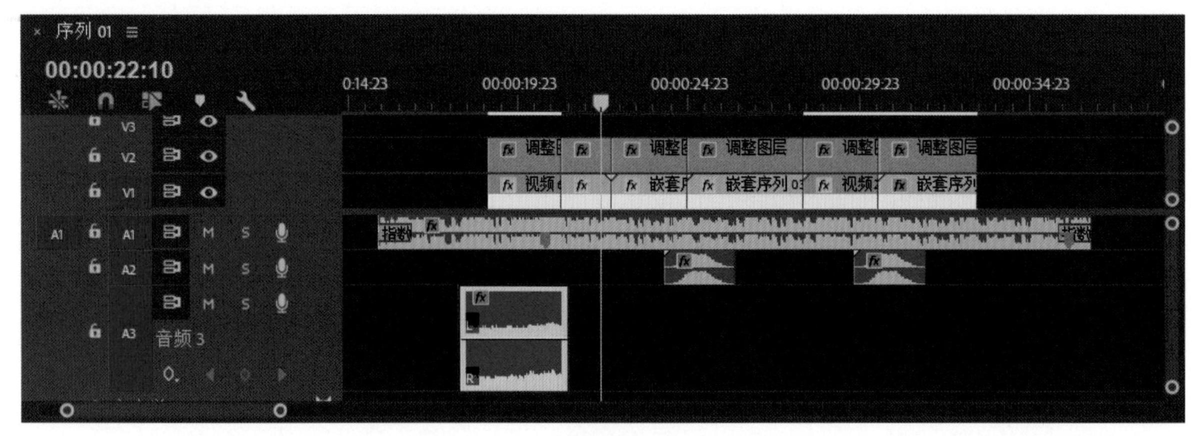

图5-198

提示

为了让视频的临场感更强，仅添加普通的火车驶过的背景音乐是远远不够的，我们还可以添加火车进站的铃声。因为这样的铃声不易录制，或是在室外录制的铃声会掺杂周围形形色色的杂音，所以铃声可以通过后期的声音设计来完成。

很多读者会误以为视频或影片中的音效配音都来源于生活中的同种物体，如电影中的马蹄声真的录制于马场。事实上马蹄声可能是手持铁片撞击地面生成的，火车驶过的呼啸声可能是汽车驶过的声音，武打片中骨头折断的声音可能是折断芹菜的声音，这正是声音设计的魅力与乐趣所在。

03 下面要设计火车进站时一连串连续且音调统一的铃声，可以考虑使用普通铁铃或家用门铃声作为素材。在声音素材中截取一声简单的“叮”声，如图5-199所示，并放入序列中的音频轨道，并调整为合适的长度，如图5-200所示。

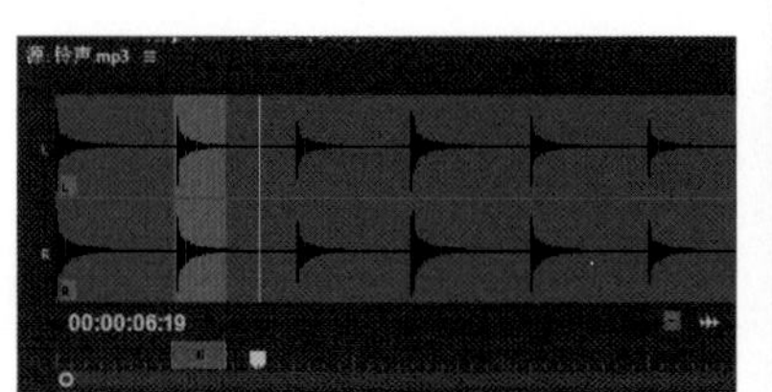

图5-199

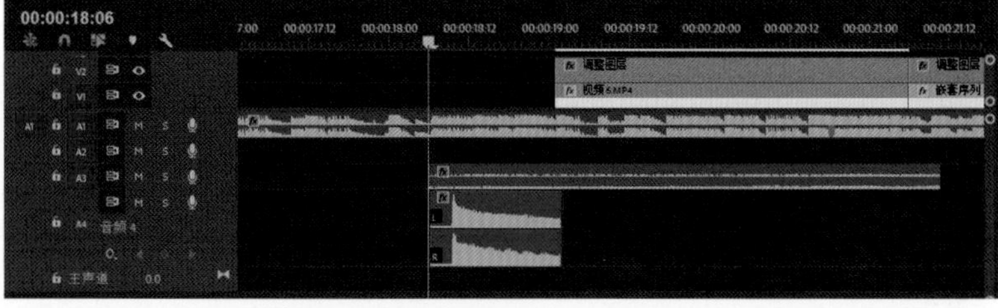

图5-200

04 按住Alt键，拖动音频复制这段“叮”声到相邻位置，如图5-201所示。

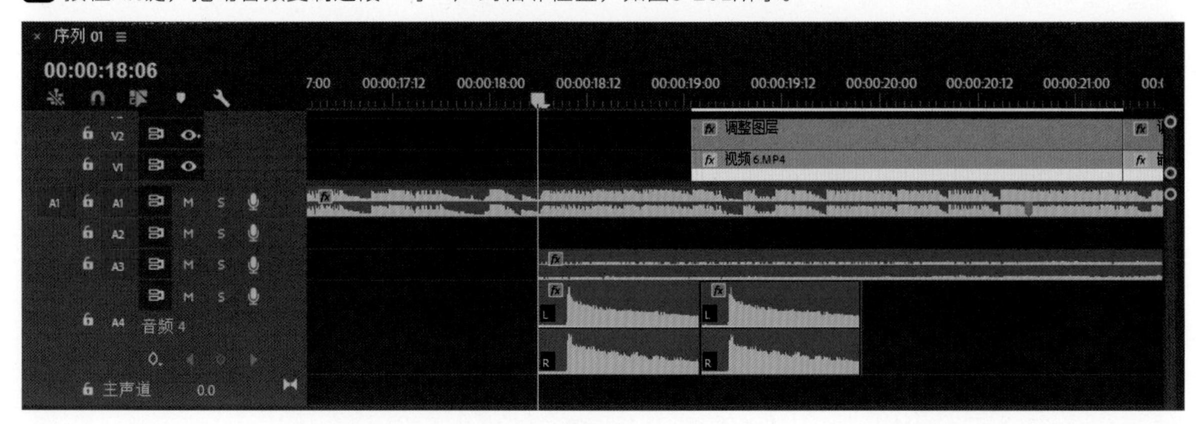

图5-201

05 将这两段“叮”声之间的空隙剪掉，并复制出更多的“叮”声形成一串连续且音调统一的铃声，如图5-202和图5-203所示。

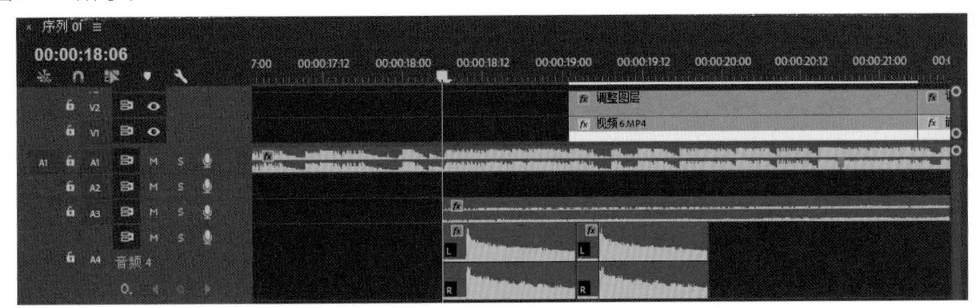

图5-202

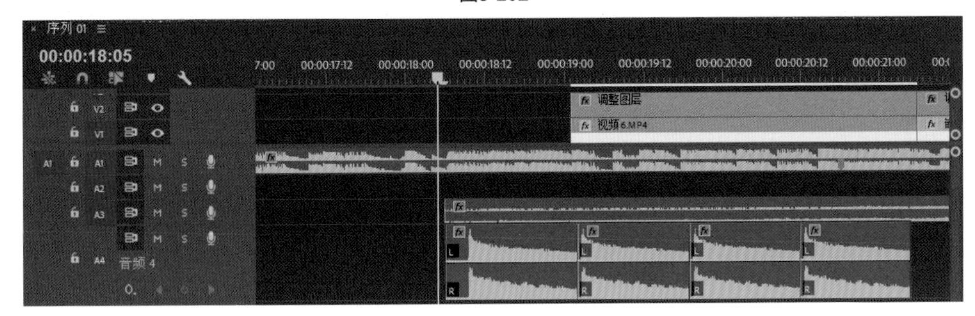

图5-203

06 选中新生成的铃声，对其进行嵌套处理，并命名为“火车铃声”，如图5-204所示。

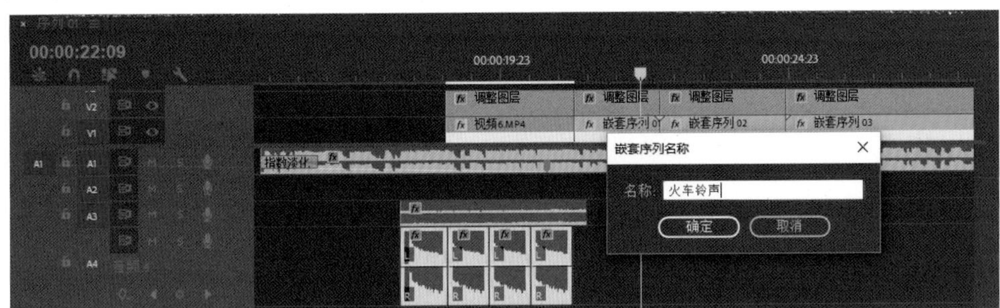

图5-204

07 选中“火车铃声”并右击，修改“速度”将“火车铃声”调整成理想的声音效果，如图5-205所示。

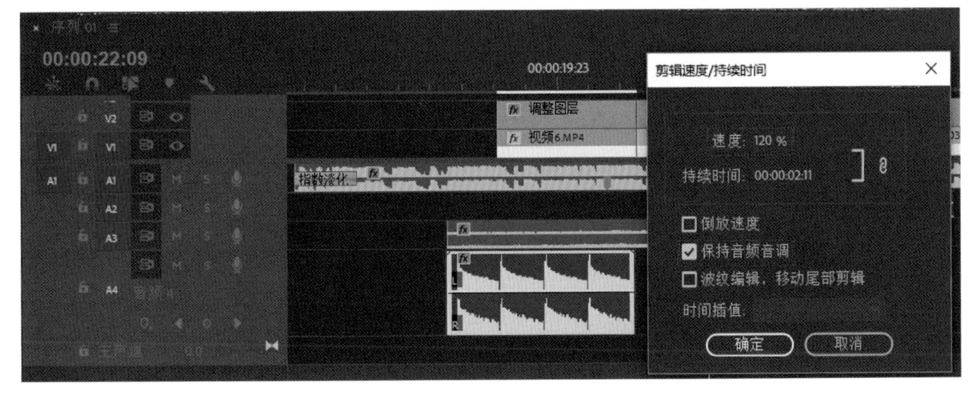

图5-205

提示 加快声音速度时会默认将声音的音调提高，必要时需要勾选“保持音频音调”选项。

08 转到“音频”工作区，在“音轨混合器”面板中调整音频音量，并确保回放时各音轨及主声道不会出现爆音，如图5-206所示。

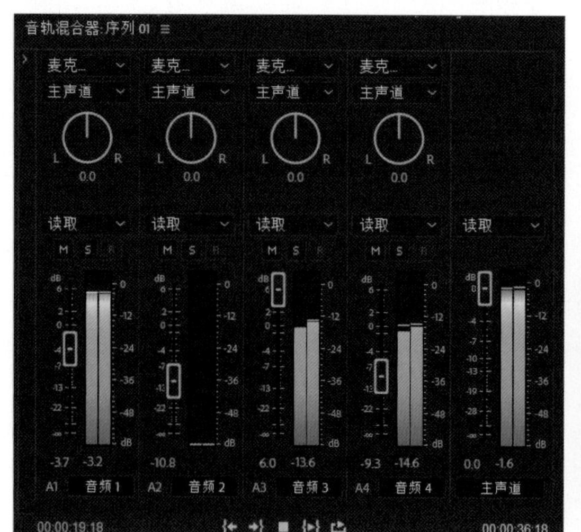

图5-206

09 对部分音频做创意性修改，例如，火车是慢慢加速的，所以火车的背景音量也要存在一个坡度性升高，如图5-207所示。

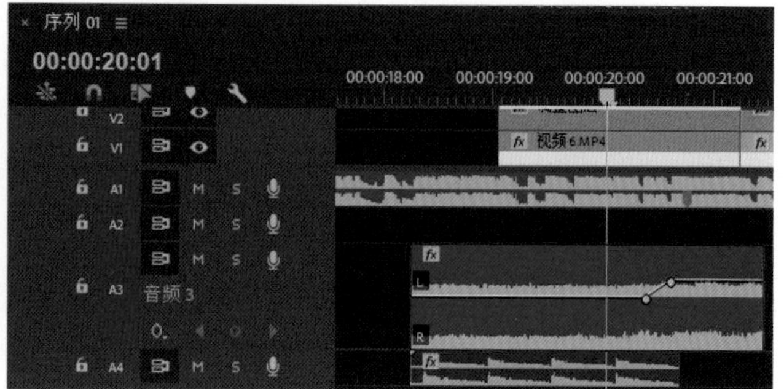

图5-207

5.2.6 添加电影黑边

本例采用与和5.1.6节案例同样的方式对视频添加升降电影黑边效果，并根据实际需求，修改“效果控件”中的“位置”来对画面进行重新构图。

对“视频6”而言，在上下边部各添加12%的裁剪后，画面中列车顶部的细节就完全被黑边掩盖了，这样会显得画面构图过于紧凑，如图5-208所示。稍稍下移视频y轴的位置，如图5-209所示，使列车顶盖的灰色线露出时会对画面重新构图，能让视频具备更优的观感，如图5-209和图5-210所示。

图5-208

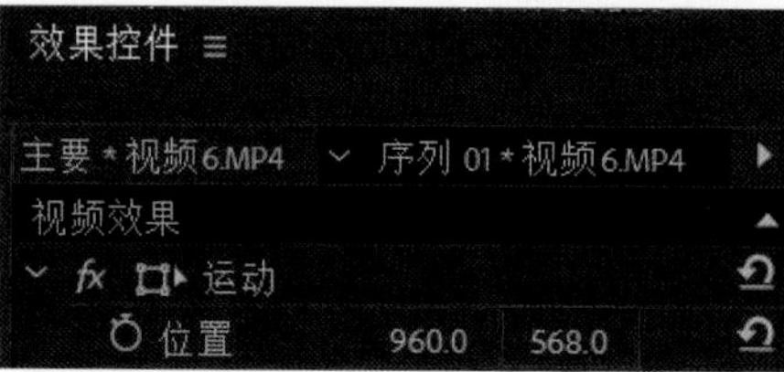

图5-209

图5-210

提示

若想让电影黑边在B-roll开始前就完全降下，则需要将调整图层稍稍前置，如图5-211所示。

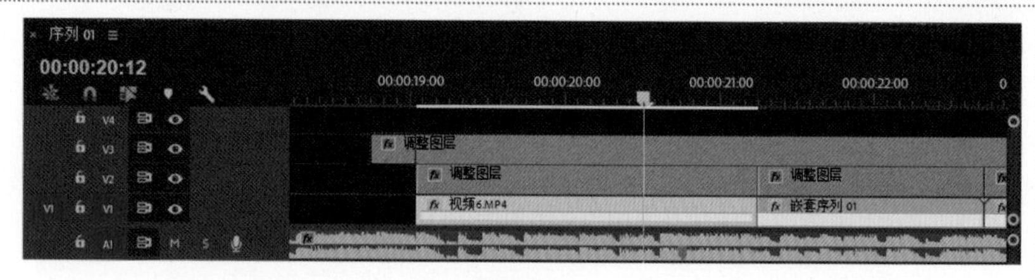

图5-211

5.2.7 添加抖音式RGB分离文字效果

RGB分离是一个备用选项，虽然不是非常适用于一般视频中的B-roll部分，但是比较适用于旅拍短片，供读者学习。

01 使用旧版标题功能制作一系列的文字，作为RGB分离的底物部分。在输入文字后修改“字体样式”“字体大小”“字偶间距”“字符间距”“倾斜”等参数来使文字美观，且在画面中的占比自然，如图5-212所示。

图5-212

02 将新生成的字幕文件“字幕01”放入视频轨道中，并按住Alt键，拖动鼠标复制3次“字幕01”，如图5-213所示。

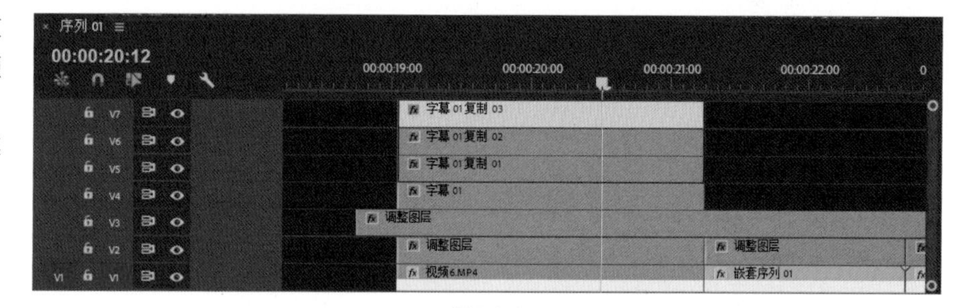

图5-213

03 按照4.5节中的方法对这3个复制的“字幕01”素材添加算术效果，并用同样的参数修改方式制造RGB分离效果，如图5-214和图5-215所示。

图5-214

图5-215

提示 与4.5节中唯一不同的是，此处对文字制作RGB分离效果，对“位置”与“缩放”的修改不宜过大，否则会影响画面的美观。只修改最上层字幕的“位置”（960→961）、“缩放”（100→102）即达到最终效果。

04 为了保证序列中文件简洁和方便后续的操作，可以考虑将形成RGB分离效果的几个图层进行嵌套处理，如图5-216所示。

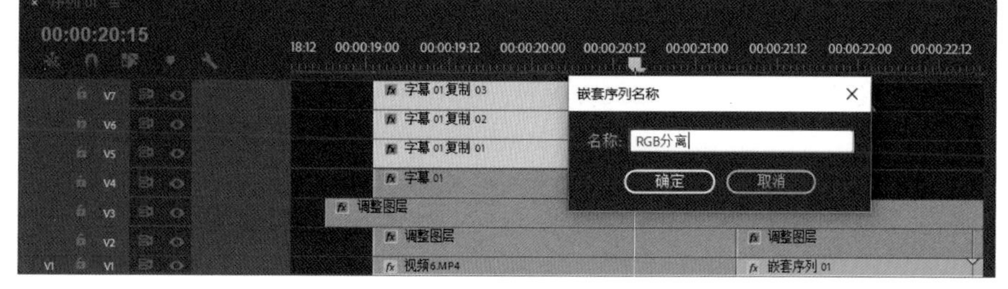

图5-216

05 嵌套后文字的颜色会变深，所以需要在“效果控件”中适量降低嵌套文件的“不透明度”，如图5-217所示。为了方便后续操作，可以关闭用于备份的底层“字幕01”素材的可见性或直接删除，如图5-218所示。

图5-217

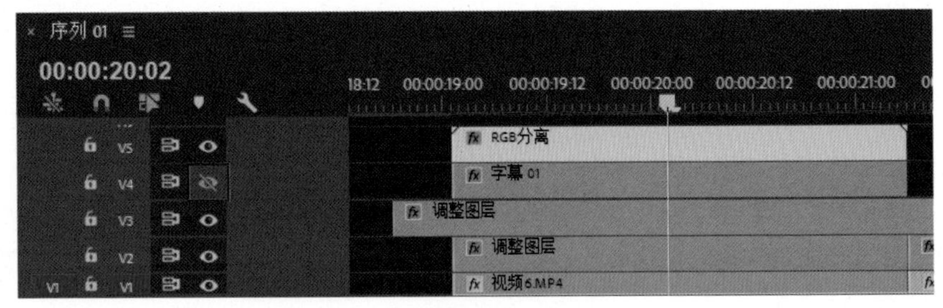

图5-218

06 对RGB分离嵌套添加“波形变形”与“杂色HLS”效果，使RGB分离文字更具个性化，如图5-219和图5-220所示，效果如图5-221所示。

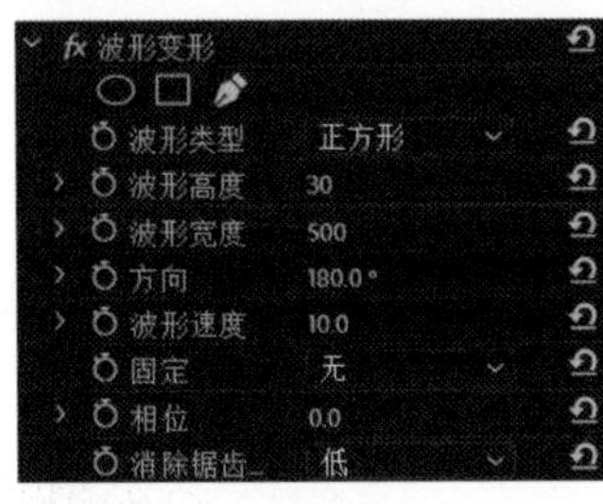

图5-219

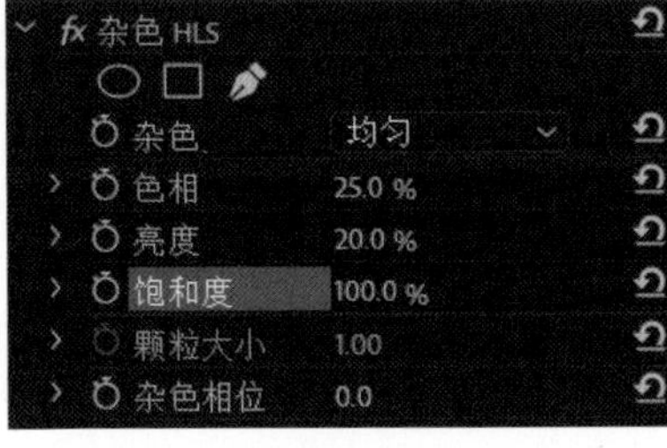

图5-220

图5-221

07 只保留下一些1~3帧的小碎块，并在其下方的对应位置放入截取的小段扭曲音效，如图5-222所示。添加新音效后，总音量是增加的，一定要记得修改音量以防止产生爆音。此处仅在“音轨混合器”中将“音频5”的轨道音量增益修改为-3.2dB即可。

图5-222

提示　读者可以添加淡入/淡出效果以增加视频的观感。

第6章

自媒体网络节目秘籍

相信读者通过前面5章的学习和练习，都能剪辑出自己需要的短片。但是对于视频剪辑师来说，不仅仅是学会剪辑视频就可以了，还应该充分了解自媒体行业的相关规则和运营模式。

6.1 高播放量视频的5个核心元素

对于电影来说，票房是从市场价值层面评价电影好坏的直观表现。剪辑和上映前宣传做得再好，只要上映后不卖座，那一切就是空谈。例如，一档电视剧或电视节目，决定它视频寿命长短的首要因素就是收视率，有的节目因为高收视率已经破下近千期的收视纪录。

自媒体网络节目其实也存在着同样的现象。有的视频在一夜间收获了数万、数十万甚至数百万的播放量，而有的视频却只能获得较小的播放量。这种现象其实并不是如彩票中奖般的随机事件，它背后隐藏着很多细节。如果你是处于创作迷茫、停滞期的自媒体创作者，那么以下的几点建议将对你十分重要。

6.1.1 以做电视节目的心态去做自媒体网络视频

很多网络内容创作者并没有意识到这一点，大多数创作者认为自媒体网络视频就是通过随意分享生活片段的方式就能获得高播放量、大波粉丝和经济盈收。虽然也确实有部分因为哗众取宠而迅速拥有热度的创作者存在，但这类人毕竟还是少数，并不值得广大内容创作者去效仿。而对于采用主流发展思路，获得十万甚至百万以上粉丝的网络频道来说，它们都以做一档好节目的心态去对待自己的视频，而不会让粗制滥造的视频充满着频道的主页，否则会以低播放量与粉丝减少的方式终结自己的自媒体生涯。所以，想做好一档网络节目，网络内容创作者必须具备制作人一样严肃的态度。

6.1.2 推敲视频题材的选择

对于大多数低播放量视频内容创作者来说，它们视频的题材都或多或少有问题。做视频就像写文章，一旦题材出了问题，再好的文笔也很难修改。所以，视频对观众有没有价值就成了是否要制作这个视频的关键点。判断一个视频题材的价值大小并不是完全主观的，除了创作者自己心里预期的主观价值度，还需结合客观需求进行考量。例如，在选材的时候可以考虑题材是否响应时下的热点话题或满足观众需求？事实上，网络视频平台的推荐制度也会根据视频话题的热度来决定对该视频的推荐度，因此按照时下热议话题制作视频的手法也通常被戏称为蹭热度，这也是很多极高播放量视频制作的核心思路。虽然蹭热度有时也被部分观众厌烦，但只要你的内容不是粗制滥造，而是为观众提供了有价值的信息，赠热度就能帮助视频获得意想不到的播放量。

6.1.3 建立视频的框架结构

写文章要遵循写作结构，做音乐要遵循乐理结构，做视频当然也有框架结构要遵循。建立结构的目的不是让视频格式化，而是为了让视频的内容表现更加清晰，方便观众对内容的快速获取与理解。近年来，除了收看主流的电视媒体之外，茶余饭后观看网络视频是老百姓非常喜欢的消磨空闲时间方式。而在快节奏的生活方式下，人们在劳累的工作之后，往往希望只花短暂的数分钟或数十分钟在网络视频中获取一些对他们有帮助、有价值的信息。如果网络视频没有结构，就会造成视频缺失重心、充斥过多冗余的内容，从而导致大量观众给出差评或是只观看数秒就关闭视频。在此，给大家推荐一种信息提供类视频（如小知识、生活分享、技术教程等）的基本结构：“内容的引入”+“内容的阐述”+“内容的延伸”。按照结构制作出的视频往往比没有结构的视频更受广大观众的欢迎。

6.1.4 有自己的个性化风格

在听音乐的时候，大部分人几乎可以做到不看歌名也能猜出该歌曲的演唱者。歌手看似随意实则细节饱满的说唱风、狂野粗犷的原生态、细腻且柔情极富感染力的美声唱法等都是个人风格的极致展现。当有人来向我咨询如何做好一期网络视频时，我都会让他们去思考一个问题：“当视频网站每小时有几万个视频上传的时候，网站编辑与观众凭什么选择你的视频来看？”这是每个网络视频创作者都值得思考的问题，而我个人对这个问题的答案就是：“因为你的视频与别人的不一样。”这种不一样的关键点就在于视频有没有个人风格，即视频是否能让观众直接联想到作者ID（网络身份）。

以坐拥100多万粉丝的主流科技自媒体“科技美学”为例，主持人那岩由于“祖传毛衣”“目测数据线长度”“标准的播音腔”“严肃的测评态度”等让观众记忆深刻的个人风格成功吸走了科技测评资讯类网络视频大部分的市场流量，也成功让“科技美学”与那岩变成了两个极具价值的搜索标签。

因此，个人风格对自媒体视频的影响力很大。

6.1.5 增加视频的娱乐性

人们喜欢看什么样的视频？当然是趣味与信息并存的视频。

只有信息的视频从内容角度来说并没有任何问题，但是如果缺乏趣味性，则很难让大众接受。视频的意义不仅是带来信息，还要有趣味性。尤其是对于年龄稍小的观众来说，过于枯燥的视频根本无法让他们静下心来观看。就像是数学课，有经验的老师能将它演绎的生动易懂，而缺乏经验的老师则只能泛泛而谈，让学生打瞌睡。因此，网络视频创作者有必要将一些趣味的元素嵌入自己的视频中，让观众在汲取知识与信息的同时还能获得趣味性。趣味性的来源可以是幽默的台词，可以是额外的小剧场，也可以是利用一些现有的、流行的网络热梗。趣味性能拉进自己的视频与观众的距离，从而收获可观的播放量。

因此，一部高播放量的视频绝不是随意制作的作品，也不是一蹴而就的作品，它背后有着很多观众察觉不到的细节。当然，也有部分粗制滥造的视频会因为争议性与过多的负面评论而被顶上频道首页，获得惊人的播放量。但是，很显然这类视频的播放量只是人们的一时消遣所致，并不能与有实际增粉价值与经济价值的高播放量视频一同看待。对于真正想要持续获得高播放量与频道粉丝增长的网络视频创作者来说，通过以上所述的5个方面来加强自己的视频内在实力才是真正可行的途径。

6.2 抓住观众的注意力

很多新手自媒体创作者容易忽略的问题是：视频网站的推荐机制会参考视频的观看完成度来给视频打分，从而决定是否推荐这一视频。比如，如果100位观众点开了同一个视频，但是有90位观众都在视频播放不到一半的时候退出了，那么系统就会判定为这一视频缺乏价值，从而减少甚至停止对该视频的推荐。这也解释了为什么部分视频的播放量会停留在某一数字段内，几乎很难再继续增长的原因。因此在保证了视频内容、视频特色的基础之上，我们还需要从剪辑的技术层面来进一步增强视频的吸引力。

相信大家在电影院看电影的时候身边有时会出现这一类人：电影开头20分钟时很认真观看，但是20分钟后就开始玩手机，出去上厕所，睡觉等。这样的现象发生不能单方面归因于这些观众没有耐心，也需要思考这部电影是否能时刻让人的注意力聚焦在影片内容上。

一部好的影片总是一波三折，开头吊起所有人的胃口，然后用环环紧扣的故事情节吸引观众的注意力，接着再来一个大反转让观众目瞪口呆，最后再以回味无穷的结尾让观众流连忘返。这类电影一般都能让观众完全沉浸在电影剧情里，舍不得离开。如果一部网络视频能有这样强大的属性，观众怎会舍得在中途关掉视频呢？

但是电影无论从前期的剧本、中期的拍摄、后期的剪辑都比网络视频要专业很多，所参与的团队人员与投资金额也要大得多。所以对于网络视频来说，要达到电影级的叙事性与吸引力是相当难的。但是其实网络视频只要达到这些电影属性的十分之一便能获得高播放量。

目前网络上能从头至尾都吸引观众群体注意力的视频基本有下面几类。

6.2.1 具备极高的内容丰富度

这类视频基本会围绕单个比较有趣味的话题展开，但是会引入很多个例子。例如，一个5分钟的视频由10个单独的小部分组成，每个小部分为一个例子，每个例子只剪入30秒。这样一来，每过30秒，观众都感觉在看一个新鲜的视频，并不会感觉疲倦。这类视频多为混剪类视频，一般会将10个或20个搞笑的网络小视频剪到一起，让观众一次性看个痛快，如抖音、快手平台上的短视频。上传这类网络频道的视频，即使创作者没有多少粉丝，也能轻松获得十万甚至百万的播放量，这也是“病毒视频”（viral video）的一个来源。

提示　“病毒视频”指像病毒一样传播速度快且传播范围广的视频，并非携带计算机病毒的视频。

6.2.2 将最精彩的内容放到最后

这种剪辑方式其实不只是网络视频在用，电视台节目很早就在使用了，而且观众也都买账，例如，“2019年度××杯十佳球”“××上最美的10个××”“华语音乐周榜”等等。这类视频往往都会从后往前倒着剪辑，即把“最漂亮的进球”“最美的风景”“最好听的歌”剪在最后，只有这样，观众才不会草草看完了三四个片段就关掉这个视频或换台，因为人人都期待着看看那个最好的东西到底是什么样子的。

6.2.3 在视频各部分的衔接处剪入一些触发剂

这种剪辑方式多用于Vlog风格的聊天类和个人经验分享类视频。例如，一位生活博主在分享她最近购物的经历与心得，为了让十几分钟乃至二十分钟的闲聊视频更容易让观众接受，并耐心地看完，视频内会时不时地剪入电影、电视剧、小品、网络名梗的经典桥段或者博主本人自己创下的梗来提起观众继续观看的欲望与兴趣，这些经典桥段的短视频片段就如同触发剂，在不断地推动着观众继续观看。

6.2.4 将最精彩的片段放在最前

这类视频的剪辑思路一眼看上去好像和6.2.2节中视频的理论矛盾，因此它的实际使用必须有一个基本前提，即主要用于教学类干货分享的视频。看过干货分享类视频的读者都知道，该类视频往往会阐述一系列的理论与实操步骤，且大多数都是枯燥的，与该话题所属行业不沾边的观众根本不会点开这样的视频。这也是很多教学类视频的痛点。明明自己分享了十几分钟的纯干货，点击量却低的让人心痛，观众与平台很难买账。这种视频要想让观众认真看完，就不能掖掖藏藏了，最好是把吸引眼球的部分放到影片的开头。例如，对于一个Premiere效果制作的教学视频，就要把效果的成品在开头位置展示给观众看，让观众心里产生一种目标：“看完这个视频我也能做到开头演示的效果”。这就像街头卖瓜的瓜农，在你买西瓜之前先让顾客试吃，等顾客吃完了那甘甜可口的样品之后，必然会产生购买的念头。

6.2.5 具备合适的视频长度

时下电影的时间约为90分钟，若是时间短了，会让观众觉得故事没有讲清楚，若是时间长了，会让观众觉得情节过于拖沓。网络自媒体视频虽然没有一个明确的标准时长，但是各大创作者都会将时长控制在一个合理的时间内。对于一些生活小技巧类的视频，例如“鸡蛋也能做出新花样”“这样叠衣服能快1倍”“如何快速吸引异性的注意力”等，一般控制在3分钟以内，这样不仅可以让观众在短时间内学到一个新技能，还能让观众目不转睛地盯着视频的画面，不至于关掉视频。但是对于一些话题稍大的视频，例如

“锂电池的工作原理”“时尚界的色彩科学”“2019年度相机推荐”等，则一般控制在5~12分钟内。若是超过这个时长范围，就容易让观众思考到底要不要花费这个时间来观看这样的视频。对于网络视频来说，因为观众意识到自己在点开视频前并不能保证看到的视频具备较高的质量或有效的信息，所以视频封面上系统显示的时长往往是影响观众点击行为的一大因素。这也解释了为什么很多人辛辛苦苦做了一个20分钟的视频后却没人看，但是别人1分钟的视频却被广泛传播的原因。此外，如果视频的内容太多，很难控制在10分钟内，也可以将视频的内容拆成多个视频，这一方法现已被很多网络视频内容创作者使用。

6.2.6 具备饱满的视频特效

这类视频主要是目前网络上流行的2~4分钟不等的旅拍视频，这类视频会以旅拍素材为基础，加入各式各样的视频特效、流行转场及丰富的声音设计，让观众在短短的几分钟之内从视觉与听觉两方面感受世界各旅行圣地的风光、历史和人文等。此类视频多为流行剪辑技巧狂热者所作，门槛较高，不易被入门级剪辑者模仿。

6.3 用剪辑提升品牌感

如果是剪辑电影，剪辑师可能需要听从导演的意见，无法做出个性化的剪辑。但若是剪辑自己的网络视频，则要尽可能地把个人风格展现在自己的作品里，让观众知道你的作品和别人不一样。

对于网络视频来说，个人风格可以是主流的，也可以是非主流的。网络视频与电视节目的最大的区别就是：永远不会出现一个统一的标准来限制创作者的发挥。无论是从观众的角度，还是视频平台的角度，他们都希望视频创作者最大化地发散自己的思维，形成一个个独立的风格派系来丰富整个视频网站的内容生态。而这些极具个人风格的视频同时也在为视频创作者提升自己的视频品牌感。

从剪辑的角度来说，一般能够帮助视频提升品牌感的方式有以下几种。

6.3.1 使用统一的色彩

即所有的视频或一个系列的视频都完全按照同一种调色方式来给视频调色，如图6-1所示。很多摄影师会完全统一其照片的色彩来使整个主页保持一致的风格，从而让观众一看到这样的照片就能想起自己。这样的方式可以让一个创作者的个人风格展现得非常直观，是提升品牌感的有效方式。但是因为画面色彩的持续性对于大多数入门剪辑者来说比较难，所以它也是比较难操作的一种方式。

图6-1

6.3.2 使用同一视频结构

这样的剪辑方式可以让经常看同一创作者视频的观众知道该作者的视频大约有哪几个部分组成，从而知道频视内容接下来会发生什么。随着对这种视频结构的日益熟悉，观众的脑海里就会形成“这就是某某的视频”的印象，从而让作者的视频塑造出品牌感。

6.3.3 在视频内嵌入具备个人标签的元素

个人标签元素有多种，例如个人品牌的动态图形、水印、个人片头（开场动画）。我个人在网络视频中使用比较多的就是动态图形与个人片头。

动态图形方面，我推荐剪辑者或网络视频创作者根据自己视频的主题与性质来选择设计风格。例如，我运营的是一个摄影和视频制作教程类的频道，所以在制作动态图形时就不会做得过于花哨，主要以极简风为主，并且会直接写上个人品牌、频道ID以及提醒观众订阅的字样。此外，我会将动态图形直接放在每期视频的开头部分，让第一次看我视频的观众初步了解自己频道的品牌信息，如图6-2所示。

图6-2

在个人片头方面，有很多入门视频创作者喜欢使用网络上的模板。使用模板的好处是剪辑者只需做小小的修改就能快速获得一个成品，但是，一旦别人与你用了相同的模板，你的个人品牌感会不增反降，所以片头部分一定要保持原创，它是创作者个人风格的映射。

对于片头的形式来说，可以选择使用After Effects动画的形式，也可以使用个人素材堆叠的形式。前一种形式的片头适合官方、企业和团队视频频道使用，而后一种形式则更适合个人网络博客频道使用。选择一些在往期视频内出现过的画面做成一个片头，这样不仅能简化片头的设计制作过程，为创作者节省大量时间，还能进一步强化个人品牌感。例如，我使用了我拍摄的素材搭配一些含有频道品牌元素的文字，形成了一个简洁、个性化的片头，如图6-3所示。

图6-3

6.3.4 保持同样的剪辑节奏

视频剪辑的节奏分快剪辑与慢剪辑两种。慢剪辑是常见的视频剪辑方式，视频按照故事线或正常的节目顺序将所有的内容进行衔接，并具备常规镜头与空镜头的互相补充，视频的播放速度一般维持原样。快剪辑则偏向于“病毒视频”的剪辑风格，将大量的素材筛选、提取与压缩，最终合并到一个短视频内。快剪辑的短视频具备信息量大、内容重点极强、播放速度快和对观众的感官冲击力大的特点。快剪辑并非胡乱剪辑，其剪辑节奏虽快，但必须严格按照视频的故事线进行剪辑，否则最后的成品则会给人不知所云的感觉。

6.4 剪辑质量与效率的权衡

精细剪辑是一件非常耗时耗力的工作,它不仅考验剪辑者本身的专业技能、判断力、审美、剪辑经验与问题解决能力等，还需要剪辑者在质量与效率间进行权衡。对于独立视频创作人来说，交片期限与客户满意度的压力让剪辑的过程十分烧脑。而对于网络视频创作者来说，能否保证稳定的更新频率以及能否让自己一直保持健康的剪辑心态可能比作品的本身质量或是剪辑过程本身更加重要。因为如果每期视频都追求极致的后期效果则会大大增加网络视频创作者的创作压力，降低创作效率、视频更新频率，影响创作心态。

更少即更多。有时花很多时间制作一些特殊的转场效果或添加繁杂的音效，却发现还不如原本的粗剪辑版本来的自然。又或者是对第一个剪辑版本的再次修改并不能让观众或客户感受到显著的差异，但是却额外地花费了大量的时间与精力。所以在剪辑之前一定要确立当前视频的质量应该从哪个层面来体现，是画面色彩、特效，还是故事本身。这就像黑白摄影，通过直接将色彩舍去的方式，而让重心最大限度地放置在构图与光影的结合上。

但是，质量重心的确立并不是鼓励剪辑者偷懒或是故意完全割舍某一剪辑元素，而是为让创作者在剪辑时脑中时刻保持简化的理念，从而让作品的最终呈现效果更为自然。很多入门剪辑者为了炫技而在作品中加入过多的流行转场，想要用这些明显的后期痕迹来使观众或客户惊叹。但事实上，这些流行转场只是一套死板的操作流程，是每个人都能在短时间内轻易学会的操作，并不能作为炫技的资本。况且过度加入后期转场反而会让专业的视频评审者感觉到作品的不成熟。相反，去繁就简，让作品反映出剪辑者的个人品位与个人风格，才是更高级的炫技。

此外，除了确立作品的剪辑重心，建议剪辑者在每次剪辑视频时都要去总结剪辑这类视频的大致思路与适用技法，保存一些对此类视频有针对性的效果预设，并确立一套完整的方案，以便自己在以后剪辑同类视频时能够更快找到剪辑的节奏，以及在保证效率的同时还能输出可以接受的剪辑质量。其实目前大多数的优秀网络视频创作者都会在剪辑网络视频节目时使用同一套剪辑流程，无论是剪辑的套路还是调色的方式都是相似的，而每一期节目的不同点只是节目内容而已。当然这一套流程并不是一成不变的，它也在不断地优化，来保证使用这套流程输出的视频质量能满足当前视频平台的质量需求。

视频的质量与效率是相对的。对于小型的个人项目来说，追求绝对的质量与效率都会导致视频剪辑流程的不平衡性的出现。如何根据具体的需求建立一套质效平衡体系是每个视频创作者都值得学习的。

6.5 为什么你的VLOG没人看

VLOG是当下非常火热的网络视频形式，通过记录、剪辑与上传自己的生活日常的方式来增加与观众或粉丝的情感。无论是从创作者本身的纪念价值，还是VLOG给网络频道带来的商业价值，VLOG都是每位视频制作爱好者值得一试的形式。

当下各网络平台的VLOG播放量呈两极分化状，有的VLOG播放有十万甚至百万的播放量，有的VLOG则只有几十甚至几个的播放量。虽然这类视频与创作者本身的粉丝基数、平台的推荐情况之间有一定的关系，但是也有一些创作者通过几部高播放量视频快速吸粉的例子。对于这些能制作出高播放量VLOG的创作者来说，除了他们本身的个人魅力，独特的剪辑技巧也是很关键的因素。

这些剪辑技巧中，最值得新手创作者学习的主要为以下几点。

6.5.1 视频时长的控制

VLOG虽然是生活记录类的视频，但它并不意味着我们可以随意地涵盖一切镜头。除非你生活的每一秒都是激动人心的，否则不建议将过多的无意义镜头放入VLOG之中。这样不仅可以督促自己抓住当天生活片段的重心，还不至于让观众由于观看时间过长而感到疲劳。

6.5.2 画面的真实度

有很多人在剪辑VLOG时会过度注重自己的形象，会剪掉很多好玩有趣的出糗镜头。但事实上，这些镜头才是观众真正想看到的。不过别误解，这一现象不是因为观众爱看别人的糗事，而是因为这些意外的镜头往往就是VLOG故事性的支撑点，也是吸引观众将这部VLOG看完的关键点。所以VLOG的剪辑模式可以模仿一些真人秀类的综艺节目，把最好玩的部分留下，无意义的部分舍去，则能完成一期播放量还不错的VLOG。

6.5.3 视频画面的基本元素

视频画面的基本元素不符合要求有很多，例如，画面过度抖动（容易引起观众眩晕），画面过曝或欠曝，画面的色彩不具备吸引力等。虽然VLOG对画面曝光的准确性和色彩的丰富度要求没有电影要求的高，但是由于当前全网整体VLOG创作者的水平越来越高，用户也已经习惯了高质量的VLOG的作品。所以一个VLOG，如果它的外观或包装不出众，甚至不合格，与其他视频相比竞争力就会小很多，从而导致这部VLOG播放量很少。

6.5.4 VLOG内不要剪入过多的空镜

VLOG的主要目的是视频创作者与观众的内容分享与思想沟通。过多或过长的无意义空镜会分散观众的注意力，从而减弱观众对这一视频继续观看的欲望。试想如果你看了一个十分钟的VLOG，有三分钟是系鞋带，两分钟是无对话的走路，你会有兴趣把它看完么？该舍弃的部分就要舍弃，让视频保持更有价值的内容输出。

6.5.5 视频内容连贯度

一支VLOG简单地说就是视频创作者对个人一天或几天内发生的事情的压缩、整理与总结，这类视频需要有一个完整或相对完整的故事线。例如，一支VLOG可以遵循时间顺序来布置与剪辑素材：“早上的素材——中午的素材——夜间的素材”；或按照因果关系采用倒叙的方式：“结尾的素材（显示有趣的结果）——起因的素材——故事发展中的素材”。这类具备完整故事线的VLOG能让观众更好地与视频创作者达成情感层面的交流，从而让观众的思维跟着视频故事走。一些新手自媒体创作者没有意识到这个问题，会将故事杂乱无章的排在一起，导致观众不知道在看什么的尴尬现象。这一现象的发生不仅与剪辑时没有遵守故事线有关，还与前期素材的数量不够有很大关系。一天内很多时间段的素材没有正常记录，导致剪辑的时候没有素材可用，最终勉强凑齐一个VLOG。一些比较知名的Vlogger（VLOG内容创作者）甚至会为了让故事线更直白明显地展现在观众眼前，会特地在视频内的各个分段内加上“时间”“地点”等提示信息，以让观众更容易接受他们相对冗长的故事。

6.6 尊重视频创作的版权

很多视频创作者觉得网络视频是非正式的作品，根本就没有重视过视频的版权问题。但事实上，各大视频平台都很重视版权问题。目前，各大网络视频平台也几乎都推出了原创认证功能，只要视频创作者提供自己视频创造时的剧本、文件、拍摄地照片等凭证，平台就会对该视频作品的版权进行保护。若是他人引用视频，只要原作者证明了自己是视频的原创作者，引用者使用该视频资源获得的一切视频流量及赏金就会被视频平台归入视频原创作者的账号下，这也是对原创视频的一种鼓励与支持。

对于视频的原创作者来说，在视频制作中值得考虑的一个问题是：所使用的视频素材、音频素材、图形字体素材必须获得原创作者的使用授权。除了自行拍摄的视频片段之外，很多视频创作者都会习惯性地引用一些别人的视频片段、电影片段及音乐片段为自己的视频做修饰。

这种做法都可能对原视频、电影或音乐作品产生不同程度的侵权行为。目前，有大量的视频创作者仍在使用长段的电影片段进行重剪辑甚至歪曲原意剪辑，或是直接将大段的流行音乐作为自己视频的背景音乐，但这些行为其实是不值得提倡的。作为一个网络视频创作者，对他人作品版权的尊重其实也是对自身作品原创价值与商业价值的保护，不管是视频制作还是电影音乐制作，谁又希望自己辛苦创作出的作品被他人不负责任地随意使用呢？

6.6.1 如何正确地引用视频

尊重版权是每位视频创作者应该具备的素质，但这不意味着他人的作品都不能被再次引用。例如，我想做一个热门电影影评视频，那一定会引用该电影的部分原片段；或者我想做一个科技类产品的最新资讯报道，肯定会引用一些相关新闻或科技产品公司的发布会视频片段。这些状况都是不可避免的。那么在制作这种类型的视频时，应该如何正确地引用呢？为了帮助读者正确引用他人视频，作者总结了以下4个建议。

第1个：不能原封不动地直接将他人完整的视频或音频作为自己的作品，这是最直接的抄袭，已经明显地超出了引用的范畴。

第2个：明确原作内容，不要用经过二次加工或歪曲原意的虚构素材作为引用对象。因为这样的引用可能使观众产生对原作品的误导，对原作者造成恶劣的影响。

第3个：不可将引用的素材作为自己作品的核心素材。即被引用的素材只能作为自己视频的辅助素材，而不是作品的主要内容。例如，在制作电影影评时，切不可直接大段地播放原电影，却没有一点评论。读者应该以自己对电影的看法与观点为主要内容，引用少量的素材作为参考内容。通常情况下，作为评论材料，少于30秒的电影片段是比较好的。

第4个：不要使新作品影响甚至取代了原作品的市场价值，如引起原作品销量下滑。假设在制作一部电影影评视频时，避开优点不谈，只讨论该电影的雷点、穿帮等内容，使该影评的受众认为这部电影的观赏性极低而失去观看欲望。这种做法明显是对他人作品的不尊重以及对商业作品利益的损害。

切忌使用引用作品创作新作品，不要将引用的视频内容直接创建为新作品。

6.6.2 如何正确地引用音乐

随着知名网络音乐媒体网站等停止了大量有版权音乐的免费下载功能，视频音乐的合法使用也成了创作者必须考虑的问题。

各大视频网站目前基本都具备音频版权的保护机制，能够检测或审核出视频内背景音乐是否存在不合理使用行为。例如，在上传视频时，系统会自动对视频音乐进行鉴定，除了可自由使用的音乐外，都需要作者上传相关音乐的授权证明。因此，读者在为视频添加音乐时，有以下两个选择。

第1个：使用可公开使用的音乐素材，这些音乐都是可以引用的。

第2点：购买或通过其他形式获取音乐的使用授权，并上传到视频平台。

请读者在使用音乐素材前一定要确认音乐的使用权限，尊重他人作品就是尊重自己的作品。另外，建议读者可以搜集一些可公开使用的音乐素材，将其整理成音乐素材库，以备使用。

6.6.3 商用字体

精美好看的字体不仅能用于视频内，使视频的直接观感更加具有艺术感，还可以用于视频封面图的设计，为视频的点击量出一份力。很多优秀的视频创作者都注意到了这一关键点，所以都开始在网上挑选、下载、安装了形形色色的字体文件。但目前，国内大多数视频创作者会忽略字体本身的版权问题。一款好看的字体需要设计师对每个字母或偏旁部首进行精心专业的设计，需要耗费设计公司巨大的心血，若视频创作者直接拿来用在自己有商业价值的视频里，这就形成了侵权。

字体文件虽小，但若是在未授权的情况下随便使用非免费商用字体，则可能面临着巨额的赔款。所以在使用任何字体的时候都要弄清这款字体是否可免费商用。目前国内有很多字体分享网站，上面有多种多样的字体文件，让广大创作者激动不已，但是这些网站大多只提供个人目的使用权，而并非商用权。如使用者需用于商业用途，必须购买字体使用版权。

免费可商用字体推荐

字体虽小，但是其版权问题涉及的赔款金额却相当大，是任意一个创作者都不容小视的问题。为了视频创作者的创作过程更便捷，本书特此整理了少量免费可商用字体信息，更多的相关资源大家可以上网搜索。

站酷字体：由国人设计师自主研发，其7款字体站酷高端黑体、站酷快乐体、站酷酷黑体、站酷小薇LOGO体、站酷庆科黄油体、站酷文艺体、站酷意大利体都可免费商用。

方正字体：总计有4款免费可商用字体，分别为方正黑体、方正楷体、方正书宋、方正仿宋字体。注意，与其他免费可商用字体不同的是，使用方正字体商用时仍需要向方正公司申请授权。

旁门正道标题体：由旁门正道设计公众号和字游空间工作室共同研发，并免费商用。

第7章

自媒体网络视频案例剖析

在正式开始创作之前，还需要了解如何真正地将本书所讲解的视频剪辑技术、思路与真实网络视频平台的运作机制相结合，最终创作出有价值的视频。本章以当前自媒体视频流量较大，且运营模式与YouTube接近的哔哩哔哩为分析来源，详解现实中自媒体网络视频是如何运用本书中的剪辑技法与思路的。

7.1 创作背景与数据

VLOG作为时下流行的视频形式，不管是视频平台的高需求量、本身的强互动属性，还是强化个人品牌建设的功能性，都是各大自媒体创作者最想做的视频类型之一。作者本人的视频频道中自然也少不了VLOG。

这部VLOG发布于2019年3月24日，它的制作过程几乎运用了本书所述的所有剪辑技巧与思路，是本书讲解内容的应用实践作品。这部VLOG名为“搬家到别墅，翻身做大佬”，讲述了作者从一所公寓搬家到别墅之后的真实故事，包括新住所内部环境的展示及作者生活近况的分享。该视频上传1小时后的播放量仅为260，上传8小时后的播放量增长到了2500，之后播放量一直稳定增长，在上传第7天时播放量达到了29000（播放量仍在增加）。

这是一部个人主题较强的视频，视频的主要部分是VLOG典型的闲谈，且在没有蹭热度或是运用繁杂的剪辑技巧的情况下获得了不错的播放量，值得大家参考。

7.1.1 粉丝量对播放量的回馈度

可能会有很多读者认为这一VLOG的播放量较高是因为作者本身的粉丝基础好。作者在上传这部VLOG时有25000左右的粉丝，每人都看一遍这部视频的话就可以轻松达到第7天的播放量。但事实上，无论粉丝黏度多高的频道，也不可能一直达到100%的粉丝回馈率（视频播放量与频道总粉丝数的比例）。

根据作者的个人经验与数据分析，一个运营正常的频道，其新上传视频的粉丝回馈率最低为10%。例如，若你的频道粉丝数量为1000，那么你新上传的视频获得100个播放量属于正常且健康的现象；若你的频道粉丝为10000，那么你新上传的视频获得1000个播放量也是健康的。例如YouTube平台拥有339万粉丝的创作者Peter Mckinon，其新视频上传后的稳定播放量为35万（10.32%）。再如YouTube平台享有1108万粉丝的日更VLOG创作大咖Casey Neistat，其新视频上传后的稳定播放量为150万（13.5%）。此外，如果视频播放量大大超出这个范围（如100%、200%、300%……），则说明该视频触发了视频平台的推荐算法（推荐机制）或是被平台工作人员手动推荐了。

本节案例视频粉丝回馈率约为116%，粉丝实际贡献的播放量仅为6%，说明这部视频的主要流量来自于算法推荐，如图7-1所示。

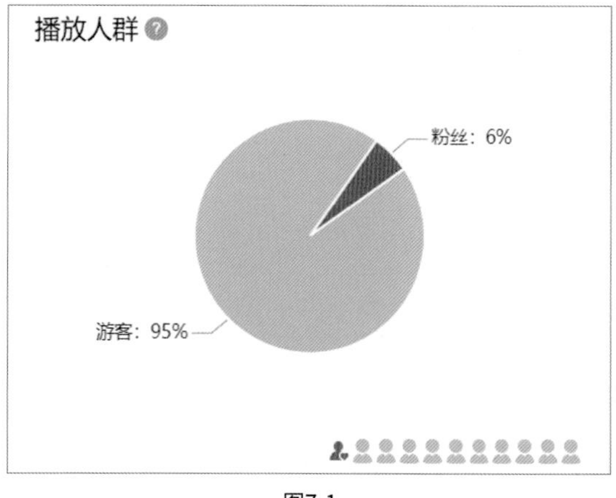

图7-1

7.1.2 如何让视频进入视频网站推荐算法

“不管视频质量如何，只要进入视频网站的推荐算法就能有流量”，这句话充满了对视频网站推荐机制的误解。视频网站的推荐算法是为了批量地对各领域的热门内容、优质内容进行推荐，而不是赚取流量的工具。为了维持互联网内容的持续性与平台自身发展的健康，任何一个平台都不会容忍自己的算法被恶意利用。所以，各大视频平台（如哔哩哔哩、优酷、YouTube……）对每位创作者来说都是公平的，推荐谁的视频完全取决于视频本身的质量以及受欢迎的程度。但是，视频平台也会有各自侧重的领域，比方说哔哩哔哩侧重对新型自媒体视频的推广，如VLOG、个人分享、热点内容混剪与吐嘈等视频，而优酷则更倾向于推广娱乐八卦、消费品体验视频以及平台本身的电视剧、电影流媒体业务。

以哔哩哔哩为例，该平台任意一部视频的受推荐程度与点赞量、评论量、收藏量、分享量、评论量、弹幕量、投币量呈正相关。简单地说，视频本身的热度越高，被推荐到用户手中的概率也就越高，所以并不是播放量决定了热度，而是热度决定了播放量。

回观本节案例视频的数据，视频在获得29000播放量时，点赞数为155，收藏数为96，评论数为116，弹幕数为54，硬币数为35，分享数为2，如图7-2所示。所以决定该视频能否进入推荐算法的主要因素是点赞量、收藏量、评论量。从观众观看行为的角度分析，即表现为观众喜欢这部视频（点赞），观众想学习拍这样的视频（收藏），观众看完视频之后产生了思想共鸣或思想冲突（评论）。这些行为也直接帮助这部完全没有蹭流量、蹭热度的日常视频进入了推荐算法，使视频获得了还不错的流量。

视频管理 > 搬家到别墅，翻身做大佬

互动分析 流量分析

35	155	96	2
硬币	点赞	收藏	分享

图7-2

值得注意的是，该视频上传8小时后的播放量为2500（主要来自于粉丝的贡献），这些基础流量的贡献也为后期的视频推荐提供了一些帮助。若是新手视频创作者上传的视频，由于在8小时内缺少初期粉丝贡献的流量，想要获得上万的视频播放量要相对难一些。

7.2 剪辑细节分析

本节对本VLOG的短片效果进行剪辑上的分析，有兴趣的读者可以观看视频进行学习和掌握。

7.2.1 视频结构分析

这部VLOG的内容仅是在作者住所中录制的生活片段，并非是一个具备丰富故事线与场景的微型纪录片。因此，这一视频并没有采用因果顺序或时间顺序的叙事结构来展开，而是采用了空间顺序的结构。以下楼梯、进入厨房、进入餐厅、进入客厅、进入后院这一系列的动作为连接点，作者将与这些空间位置对应的零散生活片段，按照顺应大众习惯的空间方位排列，构成一支虽内容零散，但具备结构框架的生活视频。

7.2.2 B-roll剪辑分析

对于这类故事和场景都相对简单的VLOG来说，为了让观众有更强的观看欲望，除了创作者本身的语言魅力之外，还需要加入吸引观众眼球的短片段。常用的剪辑思路为按照先后顺序将一连串的分镜头剪辑到一起，以及运用第5章介绍的电影感B-roll剪辑技术。

分镜头剪辑

例如，将取茶包、倒热水、放茶杯这些分镜头剪辑在一起就能让观众感觉到你做了一个连续的动作——泡了茶并放到桌子上。但在实际生活中，完成这一系列的动作花费的时间远不止成片内短短的几秒。在实际剪辑时一定要学会割舍，将赘冗的部分去掉，只留下能帮助叙事的部分即可，如图7-3所示。

图7-3

为了让视频中的动作更自然，在剪辑分镜时需要注意一些小细节。例如，在剪辑单手开门并走出门外的动作时，其实是在对两段单独的视频片段进行剪辑——将门完全打开和人走出门外。当门被打开的镜头结束后，最好衔接人从门框内走出的画面，而不是人已经站在门外的画面，如图7-4所示。这样可以使前后镜头的关联性更好，动作完成度更高，不会显得突兀。

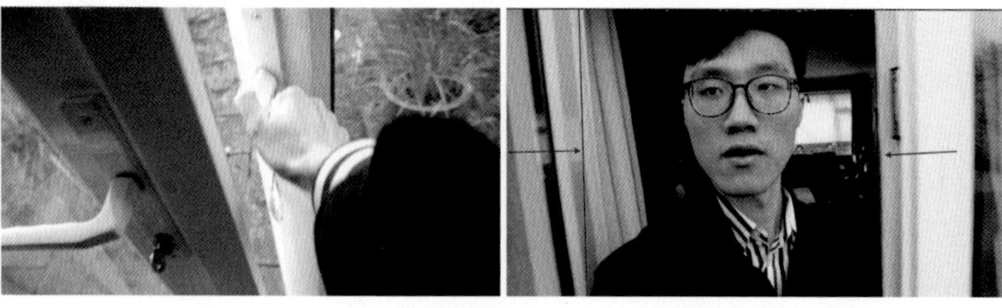

图7-4

试想一下，只有用手打开门，却没有走出门外等一系列的镜头时，是不能合理地说服观众视频里的人物是如何完成这一连续动作的，一个比较省时的VLOG剪辑方式就是使用人从门内走出来的镜头替代其余缺少的镜头。

电影感B-roll

当然，除了以上这些基本的B-roll之外，本书一直强调的电影感B-roll剪辑也是必不可少的，如图7-5所示。

图7-5

我选择直接把这段B-roll放在视频的开头部分，其目的为抓住观众的注意力。通常情况下，开头部分的B-roll若搭配动感的背景音乐和顺滑的转场效果，以及具备一定镜头的搭配，就能显著提高观众对视频的兴趣，以避免点开视频还没看几十秒便匆匆离开的尴尬状况出现。即使你的视频内容再好，一旦观众在开始时就对视频失去兴趣，后面的努力都将是徒劳的。在当今的网络视频中运用电影感B-roll剪辑是非常必要的。

这段B-roll的实际时长为19秒左右，使用了9个镜头。从镜头的数量来说是比较丰富的。丰富的镜头数量能增强画面的有趣程度，让观众感觉到有东西可以看，而不是纯粹地为了B-roll而做B-roll。此外，由于绝大多数VLOG都由剪辑者本人拍摄，容易导致VLOG中B-roll片段随意摆放，缺乏关联性的现象出现。这同样会使观众产生一定的困惑。所以在实际剪辑的过程中要尽量多选择具备逻辑关联性的镜头，舍去那些无关联的镜头。例如，在剪辑本案例B-roll时，舍去了大量的镜头，最终只留下了具备空间关联性和与新家参观主题相符的镜头。

7.2.3 视频调色分析

VLOG视频的素材一般比工作室制作的素材更繁杂，其校色与调色的工作量也很大。因为VLOG视频的观众对调色的敏感性不会太高，所以一般情况下有经验的VLOG剪辑者会直接套用LUT来批量调色，并根据素材的实际情况进行简单修饰。在这一VLOG中，为了保证VLOG更新的时间，剪辑者只对谈话镜头以及常规B-roll进行了简单的调节，并没有花太多时间，将省下的时间放在对电影感B-roll的调色上，使电影感B-roll的调色与其他片段产生明显的差异性，并保证了调色的一致性，如图7-6所示。

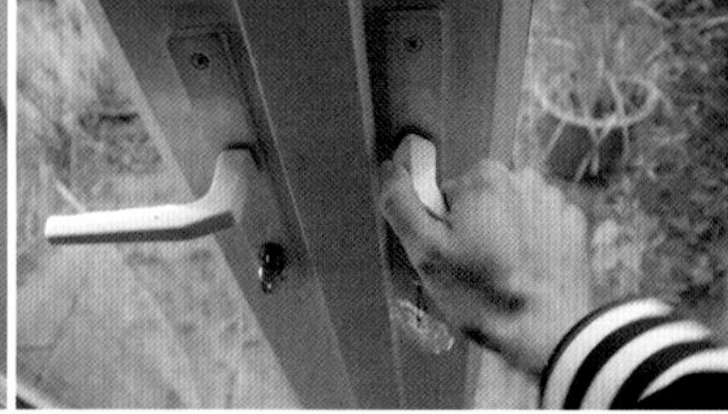

图7-6

可以很清晰地看出，常规镜头的对比度与调色的风格都比较日常化（只做了简单的校正），画面中阴影部分的留存度较少。而电影感B-roll片段中的调色则侧重于通过拉低阴影的方式制造对比度，来凸显与其余镜头的区别。这种双调色的操作方式也能增强对观众的吸引，如图7-7所示。

图7-7

从风格化调色的思路来看，这段B-roll通过略微调高饱和度并向高光中加入橙色的方式来使画面呈现暖色调，如图7-8所示。

图7-8

7.2.4 声音设计

在VLOG视频的剪辑过程中，作者倾向于直接使用前期录制的声音来减少后期剪辑的工作量，从而使自媒体视频制作达到质效平衡。有时也会对一些想要强调的声音加入声音设计，例如在B-roll片段中加入了转场风声、开门声、相机快门声。

VLOG是一种很生活化的视频形式，有时为了让部分无聊的生活片段更有趣，剪辑者不妨试着对一些可操作性的镜头进行声音设计。例如，我就对视频中撕蛋糕纸的镜头加入了声音设计，如图7-9所示。

图7-9

实际上，在VLOG的前期录制过程中，这些相对细微的声音是很难被完美记录的，最佳的解决方式是在后期剪辑的过程中对这些声音单独进行强化。为了让撕蛋糕纸的声音更加清脆，最终我选择了用撕胶带声强化了原本细微的声响。设计声音之后，视频中的音效也会更容易被观众察觉，甚至还会得到撕蛋糕纸的画面很有趣的效果。

7.2.5 个人品牌信息的嵌入

本书先前章节中已经介绍了嵌入视频品牌的重要性，在VLOG中自然也少不了自身品牌的嵌入，如个人Logo的嵌入及VLOG集号的显示，如图7-10所示。虽然这些小细节看起来只是在表面上做了一些花样，但是它们确确实实能让VLOG变得与众不同，独具创作者的个人标签。花不了多少时间，又能让视频看起来更高大上，何乐而不为呢？

图7-10

7.2.6 其他细节

除了以上这些比较明显的方面之外，这部VLOG也做了一些补充细节，如开篇的淡入效果。这是视频开篇的一个基础细节，但很多网络视频创作者往往会忽略这一细节。没有开篇的淡入效果会让人感到有一丝突兀。而且由于视频在观众未开始播放时可能会停留在视频的第1帧，如果没有做开篇的淡入效果，画面则可能停留在令人尴尬的一帧，如图7-11所示。

图7-11

再如电影感B-roll部分加入的电影黑边，也是新手视频创作者容易忽略的部分。电影黑边不仅能让VLOG有视觉上的电影感，还能将电影感B-roll部分和视频其余部分区分开，以提示观众抢眼的部分要开始了。

7.3 后期包装

除了前期的剪辑之外，视频还需要一定的后期包装来让视频更有吸引力，从而避免视频本身质量很高但没人看的尴尬局面出现。网络视频的后期包装主要分为两个部分：标题与封面图。

7.3.1 如何取一个好的视频标题

视频标题的拟定是令人头疼的地方，很多视频创作者因为没有意识到视频标题的重要性而与高播放量无缘。大体上，为视频拟定标题的方式有以下几种思路。

热度关键词法

视频的播放量一方面来自于平台对优质内容的推荐，另一方面来自于观众的自主搜索。SEO（搜索引擎优化）的取名理念同样适用于网络视频。即尽可能将搜索热度高的词都涵盖在视频标题内，以方便用户可以直接搜到你的视频。例如，一个小型视频创作者制作了一部iPhone Xs的使用体验视频，那么视频的标题绝不能只是“iPhone Xs使用体验”这几个字，因为这样的标题的热搜关键词仅含有“iPhone Xs”与“使用体验”。若想要优化这一标题，则可以考虑改成“最新款苹果手机iPhone Xs真实使用体验测评”。此时关键词则增加了最新款、苹果手机、测评。这样一来，在没有平台流量推荐的情况下，视频被用户通过关键词搜索到的概率就会大大增加。

另一种方式就是蹭热度法，即在不考虑内容关联性的情况下，一味地结合当前全网搜索热度最高的词汇来修改拟定好的标题。因为滥用这一方法的创作者很多，且非常容易产生文不对题的状况，遭到用户投诉的概率也很高，所以其实际效果也很一般，大家慎重使用。

疑问句法

疑问句法，顾名思义即使用疑问句来拟定标题，从而增强观众的点击欲望。这类标题可以与热度关键词法结合使用，也可以单独使用。常见的例子有“最新款苹果手机iPhone Xs到底值不值得买？”“我为什么购买了最新款苹果手机iPhone Xs？”。

负面词汇法

常言道“好事不出门，坏事传千里”，这一规则对视频的传播来说同样适用。虽然听起来有些奇怪，但是观众确实对有一些负面信息的视频更感兴趣。例如千万别买最新款苹果手机iPhone Xs、我不买最新款苹果手机iPhone Xs的理由这类标题的视频一般可以直击痛点来激发观众的点击欲望。这也是很多网络爆文的取名方式。但是，滥用这类标题易让视频创作者背负“标题党”的骂名，需谨慎使用。

言简意赅法

这一取名方式打破了以上所有的取名规则，不但没有尽可能多地增加关键词，而且要尽量减少关键词，如iPhone Xs上手实测体验。这一方式听起来很荒谬，毫无逻辑可言，但它确实在被很多大视频频道使用，并且使用这一方式命名并不会引起播放量的削减，反而会在与SEO标题的比较之下显得独树一帜。其实，这主要是因为大的视频频道已经打造好了自己的品牌与多平台引流体系，且本身粉丝较多，并不会过度依赖关键词搜索对视频带来的流量加成，故可以不在取标题环节上犹豫太多，以简洁美观为主。

本节案例视频“搬家进别墅，翻身做大佬”采用的就是言简意赅法。作者采用此取名思路的原因有三点，第一，为了贴合内容；第二，频道本身具备一定的粉丝基础，并不过度依赖标题，可以靠粉丝的点赞与互动来增加视频热度；第三，这类内容普通的VLOG相比于信息分享类视频来说并不是很好取标题，与其长篇大论，不如精简标题，以凸显与其他VLOG的不同之处。

7.3.2 视频封面图制作

与图书一样，任何视频都是有封面的，一个好的视频封面可以让观众在点开视频前就认可播主的视频。

封面图选择的关键点

封面图也是一个决定观众是否点击视频的关键因素，视频的封面图和电影的封面图（宣传图）一样，一定要谨慎选择与制作。

一个合适的封面图应该具备两点特性，第一点是内容匹配性，第二点是趣味性。内容匹配性决定着观众是否会在点入视频之后瞬间失去观看兴趣，即与心理预期不符。很多视频创作者一味地追求视频封面图的抢眼度，从而使用与视频核心内容无关的图片来做封面，这样很容易导致观众由于心理预期与实际所见产生冲突而形成的不满，甚至在严重的情况下会让视频创作者背上“标题党”的称号。若出现观众因为被封面图吸引点击进来，但是看到实际内容之后却立刻关闭的现象，视频的播放量不会增加，反而会造成视频本身的评级下降。

提示 观众在点击之后很短的时间内关闭的视频会被视频网站算法识别为垃圾视频，因此可能会停止推荐。

封面的趣味性是指当我们已经保证内容匹配性的情况下，要尽量选择有趣且能激发观众观看欲望的图片，切不可随机选择，更不可使用视频平台的封面图自动截取功能，这都是对视频前期剪辑花费精力的不负责。

通常来说，视频的封面图会直接截取视频中的一帧，并经过后期的图片编辑，从而形成最终的封面图。

所以这需要视频创作者对图片编辑软件的基础功能也有一些了解，本书不做过多讲解。但是值得一提的是，各大视频网站都有各自的封面图比例与文件大小限制，优酷与YouTube平台均只支持16：9的图片，所以1280×720分辨率是一个不错的选择。而哔哩哔哩的封面图比例则较为非主流，为1146×717分辨率，所以把16：9视频的画面截图直接当作封面不是非常友好，需做一些后期调整。

本案例视频的封面图则是截取了视频中走下楼梯的一帧作为最终的封面图，一个仰视视角的画面会显得人比较高大，非常符合标题大佬的理念，同时画面场景也体现出了别墅这一关键词，如图7-12所示。

图7-12

使用Premiere截取视频封面图

截取封面图时可以直接截取附带视频效果的画面，也可以截取视频初始素材的画面，从而使图片在Photoshop等软件中后期处理的可操作空间最大化。本案例视频则采用的是后者，因为电影感B-roll中作为封面图的这一帧截图来说，画面度饱和度都较高，不是非常适合。作者决定只选取不附带视频效果的初始素材截图，并对图片进行后期修饰。

01 使用Premiere截图作为封面图时，首先需要将时间线控制条移动到所要截图的画面帧位置，并将所有调整图层设置为不可见，以及要将视频素材上的所有效果都取消，如图7-13所示。如果截取附带视频效果的一帧则可以忽略这一步。

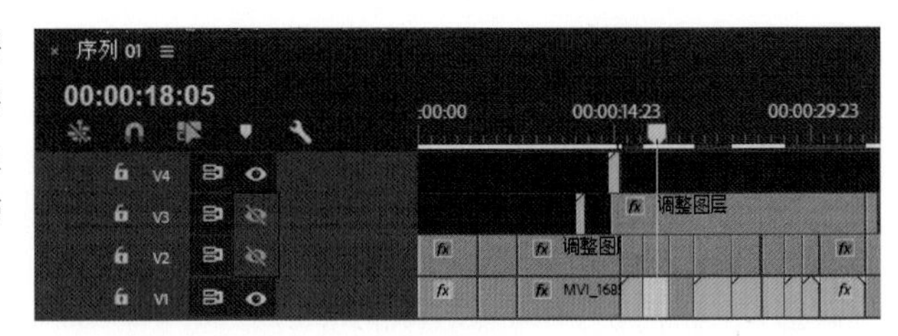

图7-13

02 单击“节目”面板右下角的“导出帧”按钮，如图7-14所示。

03 进行重新命名，选择导出格式并设置好导出路径即可，如图7-15所示。

图7-14

图7-15

附录A Premiere常见问题解决办法

A.1 快捷键无法使用

这一故障对于新手剪辑者是最常见的，它表现为在使用Premiere时会偶然出现快捷键无法使用的状况。很多人第一次遇到这一故障会理解为软件损坏、系统故障、硬件故障，从而去多次重启计算机或重新下载安装软件。其实这一故障大多是由于系统输入法锁定为中文状态造成的，所以如果想正常使用Premiere快捷键，请将计算机系统默认输入法改为英文状态，并记得在使用快捷键前切换回英文输入法。

A.2 软件无征兆崩溃

软件在使用的过程中无任何征兆的崩溃是Premiere很多版本都存在的问题，用户几乎很难找到这类崩溃问题的具体原因。为了避免这类问题，可以注意以下几个方面。

第1个：确保计算机配置满足Premiere正常运行要求。CPU推荐使用英特尔酷睿i系列标压型处理器，内存至少保证8GB，硬盘则推荐使用固态硬盘。

第2个：确保计算机的各项驱动安装正常，以保证各硬件运行正常。

第3个：确保使用正版软件。

第4个：确保软件为最新版。使用Adobe Creative Cloud定期接受官方的更新，能修复部分已知会导致崩溃的软件程序漏洞。

第5个：将“回放分辨率”调低。在剪辑操作时适当调低“回放分辨率”（推荐设置为“1/2”）能减轻计算机的硬件负荷，从而让剪辑更加高效流畅。

第6个：在剪辑的过程中，不要过快点击功能选项和各工作区的切换按钮。过快操作极大可能增大软件无响应的风险。

A.3 视频回放红场帧

在Premiere内回放预览剪辑好的影片时，剪辑者可能会遇到在播放到某个特定画面的时候，视频片段呈红色频闪状或连续的红色画面帧的情况，如图A-1所示。如遇到此问题，大多是在剪辑H.264编码的视频时，开启了软件本身的加速解码功能所致。

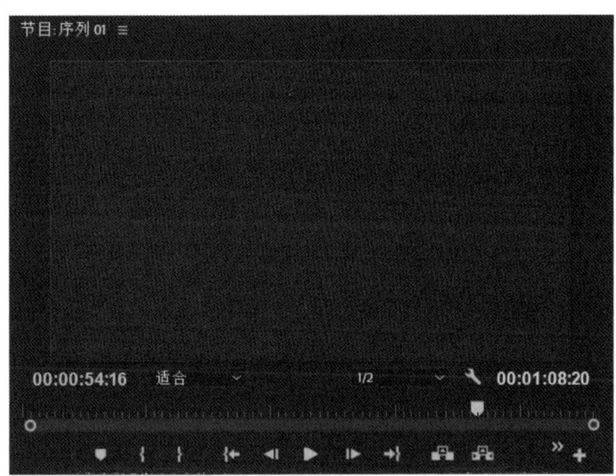

图A-1

(1) 执行“编辑”>“首选项”>“媒体”命令，如图A-2所示。

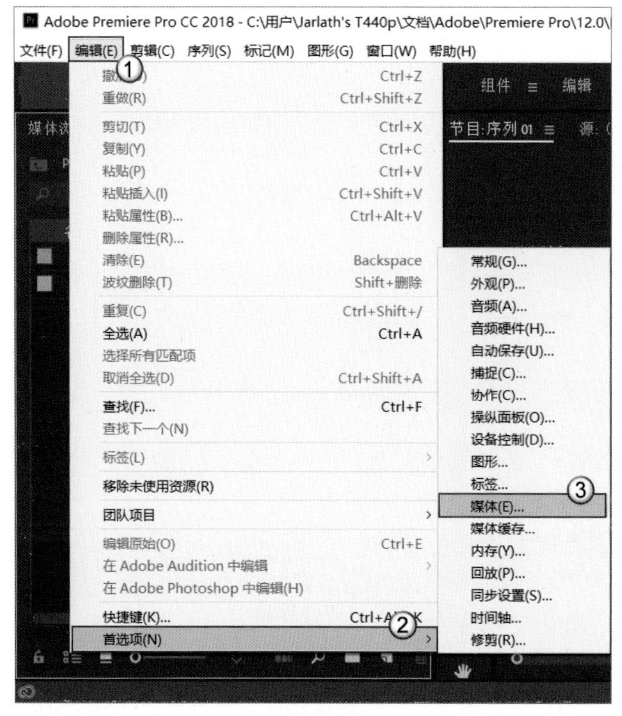

图A-2

(2) 在弹出的“首选项”对话框中取消勾选“启用加速H.264解码”选项，并重启软件，如图A-3所示。

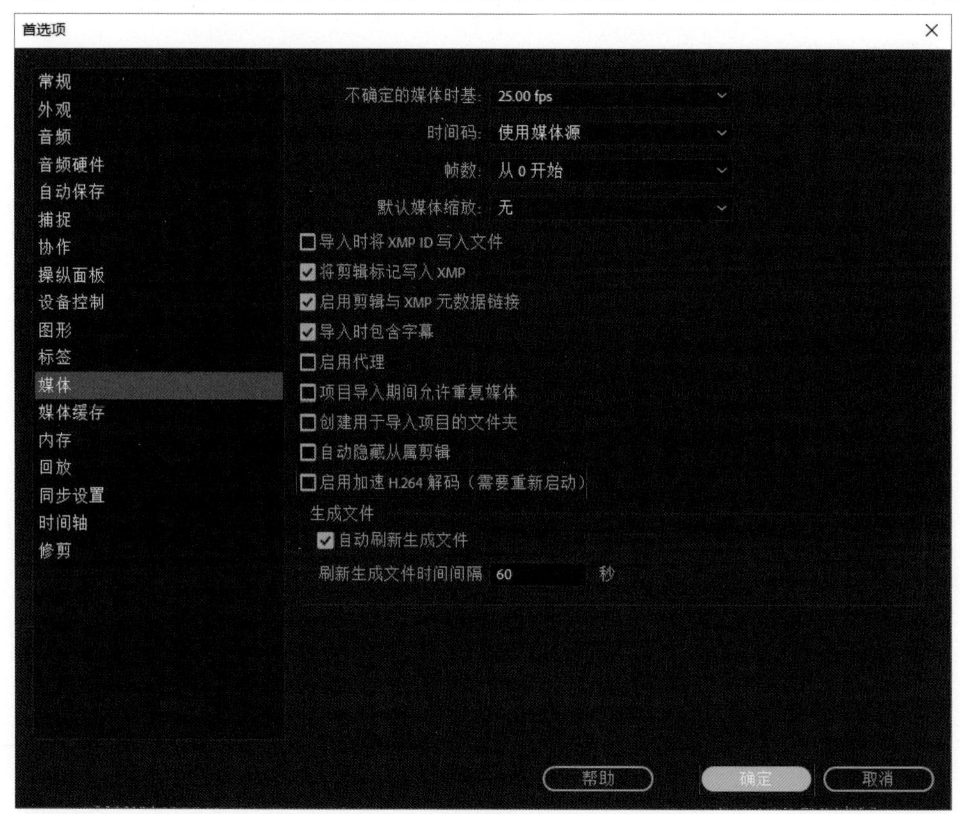

图A-3

A.4 渲染和压制时出现“Error compiling movie”错误

这一故障是令很多剪辑者极为头疼的问题，明明自己在剪辑与导出前的预览检查时一切正常，但是在最终使用Media Encoder导出与压制成片时，软件就会弹出“Error compiling movie”的错误提示，并告诉剪辑者本次压制失败。这一故障对于着急出片的剪辑者来说是非常致命的。

所幸的是，Media Encoder在出现这一压制故障时，都会生成一个名为AMEEncodingErrorLog.txt的日志文件，如图A-4所示。

```
Export Error
Error compiling movie.

Render Error

Render returned error.

Writing with exporter: H.264
Writing to file: \\?\C:\Users\Jarlath's T440p\Documents\Adobe\Premiere Pro\12.0\0.mp4
Writing file type: H264
Around timecode: 00:02:12:09 - 00:02:12:15
Rendering at offset: 132.000 seconds
Component: H.264 of type Exporter
Selector: 9
Error code: -1609629695
```

图A-4

该日志文件会大概记录软件所遇错误的类型、错误编码等基本信息。其中最为重要的就是Around timecode一栏，它记录着该错误产生的大概时间点位置（影片的时间点），图4中记录的错误时间点为2分12秒09到2分12秒15，那我们就可以打开项目文件去检查该时间点的剪辑部分，并做一些对最终剪辑结果无太多影响的修改。

此处的修改包含对该位置素材的剪裁、延长、重新编排，以及素材文件的重新导入与重剪辑等。虽然这一日志文件没有直接说明该错误的来源，但是它基本是由于某种效果或几种效果互相叠加而导致的。

如果剪辑者无法根据以上方法寻找到错误来源，那么可以尝试新建一个项目文件，并将原项目文件导入该项目文件中。

（1）在“项目”面板空白处右击，选择“导入”命令，并在弹出的对话框内选中出现错误的原项目文件，点击“打开”按钮，如图A-5所示。

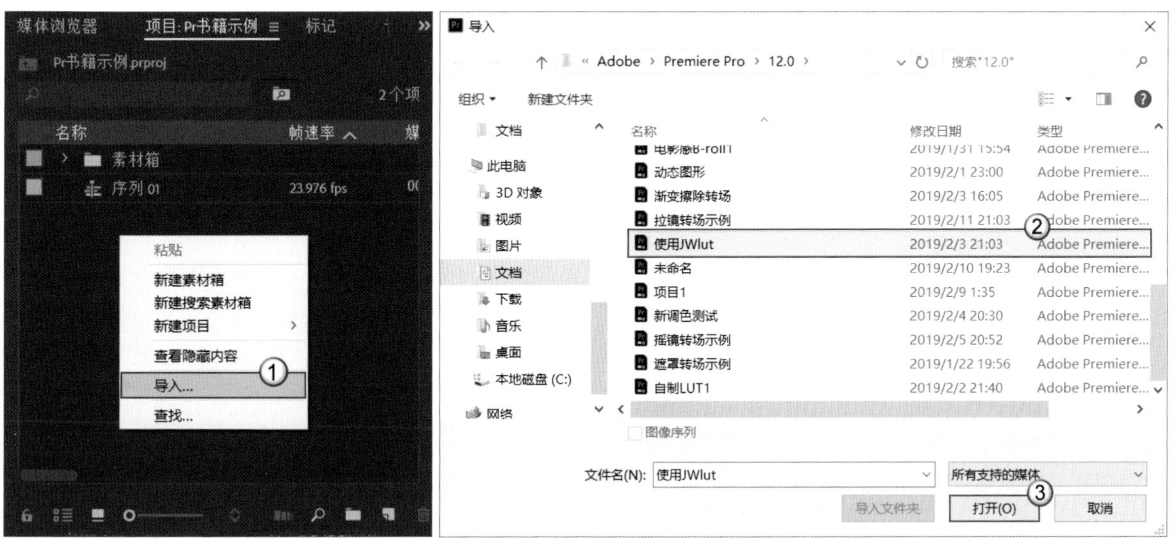

图A-5

（2）在弹出对话框内选择“导入整个项目”，点击“确定”按钮并等待软件完成导入操作，如图A-6所示。

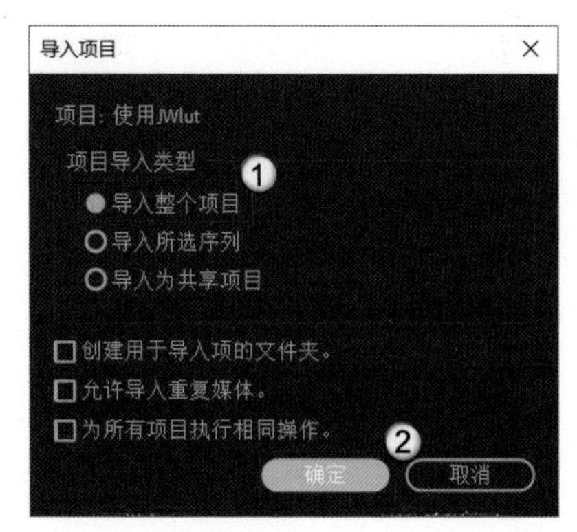

图A-6

A.5 切换到颜色工作区软件崩溃

这一故障具体表现为软件的剪辑、导出等基本功能一切正常，但是当切换工作区，尤其是切换到“颜色”工作区或自定义的工作区时，软件会立刻显示无响应，并进入卡死状态。大多数剪辑者在第一次遇到这一故障时往往会误以为是自身计算机的卡顿，但事实上它很可能是软件使用时间较长造成的缓存积累导致的。

打开Premiere软件同时按住Alt与Shift键直到软件出现加载界面后再松开。此时进入软件后会发现主界面恢复到初始状态，但所有的项目文件、素材文件都不会受到任何影响，如图A-7所示。

图A-7

A.6 可以渲染但无法压制

检测视频能否进行后期压制的方式就是在Premiere内进行预渲染。虽然预渲染并不是压制前必须要完成的步骤，但它是检测视频内容是否可压制的一种方式。如果担心序列中部分繁杂的效果会导致最终压制的失败，则可以先将这一部分单独预渲染一遍，若渲染成功，则代表可以正常压制；如渲染失败，则需要在压制前找到原因，避免压制失败而浪费时间。

但是，有时即使可以在Premiere内完成预渲染也会出现压制失败的状况，遇到这样的问题时，首先可以在打开Adobe Media Encoder软件时,按住Alt与Shift键清除Adobe Media Encoder软件的缓存。其次要自己阅读Adobe Media Encoder在压制失败后显示的失败警告。这一警告通常会提示压制失败的原因。如果显示为序列中的某一个效果，则需要考虑将效果取消或替换为其他效果。